曆算全書

六

〔清〕梅文鼎 撰

高峰 點校

本册目録

方程論

方程論自叙 …… 2239

方程目録 …… 2241

方程論發凡 …… 2243

數學存古序 …… 2249

方程論卷一 …… 2251

正名 …… 2251

和數方程例 …… 2252

較數方程例 …… 2256

和較相雜方程例 …… 2271

和較交變方程例 …… 2276

方程論卷二 …… 2287

極數 …… 2287

帶分方程例 …… 2287

瓔珞方程例 …… 2321

重審方程例 …… 2329

方程論卷三 …… 2335

致用 …… 2335

方程論卷四 …… 2361
刊誤 …… 2361
立負辨 …… 2362
同加異減辨 …… 2373
奇減偶加辨 …… 2379
法實辨 …… 2390
併分母辨 …… 2394
設問之誤辨 …… 2401
方程論卷五 …… 2422
測量 …… 2422
陰雲測法 …… 2422
宿度測法 …… 2430
方程論卷六 …… 2447
方程御雜法 …… 2447
餘論 …… 2504

少廣拾遺

少廣拾遺 …… 2509
小引 …… 2509
開方求廉率作法本原圖 …… 2510
古圖附説 …… 2511
廉率立成 …… 2515
廉率立成附説 …… 2516

初商表 …… 2518
諸乘方進位例 …… 2519
初商又表 …… 2521
方廉隅乘法圖 …… 2524
開諸乘方大法 …… 2524
開平方 …… 2528
開立方 …… 2531
開三乘方 …… 2534
開四乘方 …… 2536
開五乘方 …… 2539
開六乘方 …… 2541
開七乘方 …… 2543
開八乘方 …… 2545
開九乘方 …… 2549
開十乘方 …… 2552
開十一乘方 …… 2555
開十二乘方 …… 2558
論諸乘方簡法 …… 2560
演諸乘方遞增通法 …… 2561
附開多乘方求次商捷法 …… 2564

附録一　勿菴曆算書目

勿菴曆算書目自序 …… 2569

勿菴曆算書目 …… 2570

附録二　梅文鼎曆算書序跋

曆算全書跋 …… 2613
曆算全書序 …… 2615
曆算全書提要 …… 2616
兼濟堂曆算書刊繆引 …… 2618
曆算蘐書輯要序 …… 2620
梅氏蘐書輯要序 …… 2623
重刻梅氏蘐書輯要序 …… 2625
重刻梅氏蘐書輯要跋 …… 2627
曆算蘐書輯要凡例 …… 2629
曆算叢書提要 …… 2631
宣城梅氏算法叢書序 …… 2632
梅定九中西算學通叙 …… 2633
中西算學通序 …… 2635
中西算學通自序 …… 2638
中西算學通凡例目録 …… 2642
書算學通後 …… 2648
古今曆法通考序 …… 2649
古今曆法通考序 …… 2651
學曆説小引 …… 2653
學曆説跋 …… 2654

新刻曆學疑問序 …… 2655
曆學疑問序 …… 2657
筆算序 …… 2658
梅勿庵筆算序 …… 2660
曆算合要序 …… 2661
方程論序 …… 2662
刻方程論序 …… 2664
梅勿菴先生方程序 …… 2666
刻梅氏籌算跋 …… 2668
刻平三角舉要跋 …… 2669

附録三 梅文鼎傳記資料

送梅定九南還序 …… 2673
送梅勿菴遊武夷序 …… 2675
梅先生傳 …… 2680
徵刻曆算書啓 …… 2685
徵刻曆算全書啓 …… 2688
恭紀 …… 2691
梅定九恩遇詩引 …… 2693
雜記訓言後 …… 2694
祭梅勿菴先生文 …… 2698
梅徵君墓表 …… 2700
書李文貞公與梅勿菴先生手札後 …… 2702
文峰梅氏宗譜梅文鼎傳 …… 2704

兼濟堂纂刻梅勿菴先生曆算全書

方程論〔一〕

〔一〕勿菴曆算書目算學類著録爲六卷，爲中西算學通初編第六種。該書初稿成於康熙十一年，兩年後抄寫成帙。康熙二十六年，同里阮爾詢欲出資刊行，因事未果。康熙三十年，梅文鼎在京師結識李光地胞弟李鼎徵，相與討論甚歡。李氏爲之重新校訂方程論，並謄抄副本，攜歸福建。康熙三十八年，李鼎徵在泉州付梓刊行。李鼎徵泉州刻本今未得見。乾隆元年，鵬翮堂刻宣城梅氏算法叢書，收録此書，卷首有李鼎徵刻方程論序，其底本當爲李鼎徵刻本。鵬翮堂本卷首除李序外，另有潘耒方程論序與吴雲梅勿菴先生方程序各一篇。曆算全書本無潘序與吴序，而增梅文鼎數學存古序一篇。數學存古在勿菴曆算書目中著録爲九卷，爲中西算學通初編第九種，原稿佚失，今僅存此序文一篇。梅氏叢書輯要卷首收録潘序與梅文鼎自序，删數學存古序及卷末餘論，並將卷五測量與卷六方程御雜法前後順序調换，卷首目録後附梅瑴成識語云："測量原在雜法之前，但測量非方程事，雖略具所兼，而非其粹，先君固已言之矣，故移置於卷末。"四庫本收入卷三十九至卷四十六。

方程論自叙

方程於數，九之一也，何獨於方程乎？論曰：方程猶句股也，數學之極致，故二以殿乎九。今之爲數學，往往覃思句股而略方程，不寧惟略，抑多沿誤佹於闕矣。數九而闕其一，可以無論乎？議者謂句股測量，用以知道里之修、城邑之廣、山之高、水之深、天地日月之行度。若方程算術，多取近用米鹽凌雜，非其精且大。是不然，精觕小大，人則分之，而自一至九之數，無分也。且數何兆歟？當其未始有物之初，混沌鴻濛，杳冥恍惚，無始無終，無聲無形，無理可名，無數可紀，乃數之根也，是謂真一。真一者，無一也。一且非一，而况其分？及其自無之有，無一而忽然有一，有一則有萬。萬者，一之萬也。萬各其一，一各其萬，即萬即一，環應無端，又孰從而精麄之、小大之乎？故果蓏之有理，而星度齊觀，理實同源，數亦冥會。苟未達此，而侈言高遠，遺乎目睫，將日用之酬酢，有外乎理數以自立者哉，而二之也。古者數學，大司徒以備鄉之三物，教萬民而賓興之，其屬保氏掌之，以教國子，具曰九數，未嘗右句股於方程也。雖然，古之人以其進乎數者治數，故用之簡易而言之約。今欲於古學既湮之日，出獨是以信衆疑，使方程之沿誤皆正，而九數闕而復全，則意取共明，固不敢謬託簡古，以自文其疏，愚之論乃不覺其複矣。凡六卷，論成於壬子之冬，寫而成帙則甲寅之夏。

勿菴梅文鼎自識。

方程目録

正名第一

和數方程　　較數方程

方程和較之雜　　方程和較之變

極數第二

帶分　　疊脚

重審

致用第三

省算　　列位

刊誤第四

立負之誤　　加減之誤

法實之誤　　併分母之誤

設問之誤

測量第五

陰雲測量　　宿度測量

方程御雜法第六

雜法皆帶分之餘　　餘論

方程論發凡

一方程立法之始。

按：周禮九數，一曰方田，以御田疇界域。一曰粟米，〔一作“粟布”。〕以御交質變易。一曰差分，〔一名衰分。〕以御貴賤廪税。一曰少廣，以御冪積方圓。一曰商功，以御功程積實。一曰均輸，以御遠近勞費。一曰盈朒，〔一云嬴不足。〕以御隱雜互見。一曰方程，以御錯糅正負。一曰句股，〔一云旁要。〕以御高深廣遠。是則方程者九數之一，乃九章中之第八章也。通雅以九數爲周公之法，蓋自隸首作算數以來，有九章即有方程，淵源遠矣。

一方程命名之義。

方者，比方也。程者，法程也，程課也。數有難知者，據現在之數以比方而程課之，則不可知而可知，即互乘減併之用。

一方程殘缺之故。

按：七十子身通六藝，則九數在其中。自漢以後，史稱卓茂、劉歆、馬融、鄭玄、何休、張衡皆明算術。唐宋取士有明算科，六典算學十經博士弟子，五年而學成。宋大儒若邵康節、司馬文正、朱文公、蔡西山，元則許文正、王文肅，莫不精算。然則算學之疏，乃近代耳。

夫數學，一也，分之則有度有數。度者量法，數者算術，是兩者皆由淺入深。是故量法最淺者方田，稍進爲少廣，爲商功，而極於句股。算術最淺者粟布，稍進爲衰分，爲均輸，爲盈朒，而極於方程。〔詳見末卷方程能御雜法。〕方程於算術，猶句股之於量法，皆其最精之事，不易明也。而算學無關進取，皆視爲賈人胥史之事，而不屑從事。又其用近小，但於方田、粟布取之，亦無不足。故近代諸刻，多不具九章。其列九章者，不過寥寥備數，學者雖欲推明古法，孰從而求之？此方程〔一〕殘缺之由也。

一方程謬誤之故。

方程、句股皆不爲近用所需，然句股測望自昔恒有專書，近者西學驟興，其言句股尤備，故九章所載雖簡，而不至大謬。至若方程，别無專書可證，所存諸例又爲俗本所亂，妄增歌訣，立爲膠固之法，印定後賢耳目，而方程不復可用，竟如贅疣。周官九數，幾缺其一。愚不自揆，輒以管闚之見，反覆推論以明之，務求其理衆曉而不疑於用，庶不致謬種流傳，以亂古法云爾。〔詳第四卷刊誤。〕

一方程條件與舊不同之故。

舊傳方程分二色爲一法，三色爲一法，四色、五色以上爲一法，頭緒紛然，而和較之分款未清，法無畫一，所立假如，僅可施之本例，不可移之他處，然如此則爲無用之法，而方程一章爲徒設矣。竊以古人立法决不如此。今

〔一〕方程，原作"方城"，據四庫本、鵬翮堂本、輯要本改。

按：方程有和有較，有兼用和較，有和較交變，約法四端，已盡方程之用。不論二色、三色、四色、五色，乃至多色，其法盡同，正不必每色立法，反滋紛擾也。然惟如此，則有定法，而方程爲有用，且其用甚多。竊以古人立法必當如此。夫古人往矣，愚生千載之下，蓬户山居，耳目局隘，不能盡見古人之書，亦何以斷其然哉？夫亦惟是，反之心而無疑，措之事而可用，則此心此理之同，庶可共信，非敢好爲新奇以自炫也。天下大矣，鄴架藏書，豈無足攷？尚冀博雅好古君子惠示古本，庶有以證明其説，而廣其所未知，則所深望已。〔詳見第一卷及第四卷刊誤。〕

一方程以論名篇之故。

算學書有例無論，則不知作法根原，一再傳而多誤，蓋由於此。本書欲明算理，故論多於例。每卷之首，皆有總論以爲之提綱，然後舉例以實其説。〔即假如也。〕而例中或有疑似之端，仍各有説，以反覆申明之，令覽者徹底澄清，無纖毫之凝滯。凡爲論者十之七，而例居其三，以論名篇，著其實也。

一方程例有詳略可以互明。

既欲推明其理，則無取夸多，故首卷和、較、雜、變四端，不過數例，意在假此例以發吾論，但求大義曉暢，更不繁引多例以亂人思。其後數卷舉例稍繁，然每設一例，即明一義，務求委曲盡變，庶令用者不疑。前詳者後必略，前略者後乃詳，更無重複，細觀自見。

一方程著論校刻緣起。

鼎性耽苦思，書之難讀者，恒廢寢食以求之，必得其解乃已。有未能通，則耿耿胸中，雖歷歲時，未敢忘也。算數諸書，尤性所嗜，雖隻字片言，亦不敢忽，必一一求其所以然，了然於心而後快。竊以方程算術，古人既特立一章於諸章之後，必有精理。而中西各書所載，皆未能慊然於懷，疑之殆將二紀。歲壬子，拙荆見背，閉户養痾，子以燕偶有所問，忽觸胸中之意，連類旁通，若千門之乍啓。亟取楮墨，次第録之，得書六卷。於是二十年之疑涣然冰釋。然後知古人立法之精深，必非後世所能易。書雖殘缺，全理具存，苟能精思，必將我告。管敬仲之言，不余欺也。

論成後，冀得古書爲徵而不可得，不敢出以示人。惟亡友温陵黄俞邰太史、桐城方位伯廣文、豫章王若先明府、金陵蔡璣先上舍曾鈔副墨，而崑山徐揚貢明府、檇李曹秋岳侍郎、姚江黄黎洲徵君頗加鑒賞，厥後吴江潘稼堂太史尤深擊節。歲丁卯，薄遊錢塘，同里阮於岳鴻臚付貲授梓，屬以理裝北上，未遂殺青。續遇無錫顧景范、北直劉繼莊二隱君，嘉禾徐敬可先輩、朱竹垞供奉，淮南閻百詩、寧波萬季野兩徵士於京師，並蒙印可。又得中州孔林宗學博、杜端甫孝廉、錢塘袁惠子文學共相質正，乃重加繕録，以爲定本。謬辱安溪李大中丞厚菴先生下詢曆算，命之論撰，以質同人。獲與介弟安卿孝廉晨夕酬對，承其謬賞玆編，録副以歸，手校剞劂，視余稿本倍覺清明。嚮使湖上匆劇雕版，反不能如是之精良矣。感書成之非偶，驚歲月之易流，而良朋好我之殷，受益弘多，更僕難數。爰兹略紀，以志不忘。

宣城梅文鼎定九氏謹識。

數學存古序〔附録[一]。〕

六藝，古聖人用也，所以開物成務，垂澤將來。雖然，器久則毁，聲傳而失。彼其初非不窮神盡變，而後稍湮没，古聖人無如何也。今不盡亡者，數學耳。數之爲物，不藉器而存，稽實待虚，其道如易。故禮樂代更，而方圓不易；書契形名，世殊方别，而奇偶自如。數之不亡，不能亡也。顧不能亡者數，僅存者數之學。嘗稽漢·藝文志，許商算術二十六卷，杜忠算術十六卷。唐博士肄習，具有十經，今略不一覩。又古人製渾儀，往往有書説詳徵其故。又凡作曆，皆有測驗諸書，與曆術並垂。如史所載晉姜岌，劉宋祖冲之，隋劉焯，唐李淳風、一行，宋沈括，元郭守敬，著撰皆富，今其存逸，皆不可得攷。自漢趙氏周髀一經外，無可廣證。他緯書占候，傅會難信。然則今九章者，果周官舊邪？周官之舊，既以不可知，近世儒者又略之弗講，九數之學，益以荒蕪。於是泰西氏者，乃始孤行其測圜、三角諸術，以矜奇創。學其學者，至以大衍真寫九執未盡，授時陰用回回法，子雲、康節之書皆爲臆説，而隸首之術，必有所窮。嘻！其果然邪？夫謂西曆

〔一〕二年本無"附録"二字。

能兼古法之長，是也，而反謂古人陰用乎西法，此其說非也。不觀之書、御乎？御用於騎，書用於楷，楷與騎日以習，而古書、御亡。或者未攷輿輪，而輒以古御不如今騎；未窺籀篆，而謂古書不及今楷，遂欲駕王武子於造父，尊鍾元常於蒼頡，過矣。

愚生晚，不及見古人，僻處山陬，聞見固陋。間嘗於世傳九章者稍稍論列，補葺遺缺，而是正其紕繆，使讀者曉然知九數之學果不盡於今所傳，而其僅存者，猶能與泰西氏並行，而不得以相廢。雖不知於古人，萬一有當，然天下之大，不乏其人，尚其共出枕祕，以昭明而光大之，使古人之緒晦而復顯，或由是以發其端歟？是愚之所望矣。

方程論卷一

宣城梅文鼎定九著
柏鄉魏荔彤念庭輯　男　乾斆一元
士敏仲文
士説崇寬同校正
錫山後學楊作枚學山訂補

正　名

名不正則言不順。諸本方程，皆以二色、三色、四色等分欵立法，而不分和較，宜其端緒紛糾，而説之滋謬也，故先正其名。

正名有四，一和數，二較數，三和較雜，四和較交變。和者無正負，如只云某物如干、某物如干、共價如干，以問每物各價者是也。較者有正負，如云以某物如干與某物如干相較，多價如干，或少價如干，或相當適足者是也。雜者半有正負，半無正負，如一行云某物某物各如干，共價如干，而其一行則又云以某物如干較某物如干，差價如干，或價相當適足者是也。變者或先無正負而變爲有正負，或先有正負變而無正負。三色以往，重列減餘，兼用兩行者是也。

總論曰：萬算皆生於和較，和較可以御萬算分合之義也。萬物之未形，一而已矣。一且未有，況萬乎？及其有也，有一則有二，有二則有三，自此以至於無窮，而數生焉矣。和者，諸數之合也；較者，諸數之分也，分則有差，故謂之較。較與和相求，而法立焉矣。故一與一和則二也，一與二和則三也；一與二之較一也，一與三之較二也。萬算雖多，準此矣。故和較者，萬算之綱也。算之用，至於句股、方程，至矣盡矣。窺高致遠，探賾窮幽，無所不備，然其用不出於和較。且以方程言之，凡方程列位，皆以下位爲之端，如所列下一位爲上中兩位之總價，則和也；若下一位爲上中兩位相差之價，則較也。較故分正負，和故不分正負，雖不立正負，然必以兩和互乘對減，以得其差，然後其數可得而知矣。故三色以往，先無正負者，有時而正負立焉。故方程之法，以和求較而已矣。較者易知，和者難知，和之中有較，較之中又有較。此萬數之所由生，萬法之所由起。

和數方程例

方程用互乘對減，與差分章貴賤相和法同。但貴賤相和有總物總價，又有每物每價，不過以帶分之故，難用匿價分身，而變爲换影之術耳。方程則有總物總價，而無每數，又有三色、四色以至多色，頭緒紛然，自非遞減，何取之〔一〕？此古人别立一章之意也。

〔一〕自非遞減何取之，鵬翮堂本作"非遞減，何從取之"，輯要本作"自非遞減，何以取之"。

用法曰：二色者，任以一色列於上，以一色列於中，以總價列於下。於是以列上者爲乘法，左右互乘，又互遍乘中下，得數左右對減。其上一色必兩相若而減盡，其中一色對減必有相差之數，下價對減亦必有相差之數。數相差則減不能盡，於是取其餘數以爲用，一爲法，一爲實，以法除實，而得中一色每價。乃以中價乘原列中物，得中物總價。以中物總價減原列兩色之總價，得上物總價，以原列上物除之，得上一色每價。〔若更以中一色列於上，依法求之，亦先得上一色價矣，故上中之位可以互更也。詳見後。〕

假如有山田三畝，塲地六畝，共折輸糧實田四畝七分。又有山田五畝，塲地三畝，共折實田五畝五分。問：田地每畝折實科則各如干？

答曰：每山田一畝折實田九分，每地一畝折實田三分畝之一。

法各列位。

先以右上田三畝爲法，遍乘左行得數。

次以左上田五畝爲法，遍乘右行得數。上位各得田十五畝，對減盡。中位左得地九畝，去減右行卅畝，餘地

	左		右
上	左上　田五畝　得十五畝	減盡	右上　田三畝　得十五畝
中	左中　地三畝　得九畝	餘廿一畝	右中　地六畝　得三十畝
下	左下　折實田共五畝五分　得十六畝五分	餘七畝	右下　折實田共四畝七分　得廿三畝五分

廿一畝爲法。下位左折田得十六畝五分，去減右行廿三畝五分，餘折田七畝爲實。以法除實，不滿法，約爲三之一，爲地每畝折實田之數。〔地一畝折田三分三釐三毫不盡，即地三畝折田一畝也。〕就以右行折實田共四畝七分，内減〔一〕原地六畝折實田二畝，餘二畝七分，以右上田三畝除之，得九分，爲田每畝折實之數。〔或以左行折田内減左原地三畝，該折實田一畝，餘四畝五分，以左上田五畝除之，亦得九分，爲田每畝折實之數。〕

論曰：以右上田三畝遍乘左行得數，是各三之也，爲五畝田者三，爲三畝地者三，則爲田地共折實五畝五分者亦三也。

以左上田五畝遍乘右行得數，是各五之也，爲三畝田者五，爲六畝地者五，則爲田地折實共四畝七分者亦五也。

於以對減，而上位田各十五畝減而盡，則其數同也。

惟中位地餘二十一畝在右行，則是右行之地多於左行之地二十一畝也。

而下位折實數亦餘七畝在右行，則是右行折實之數亦多於左行折實之數七畝也。

合而觀之，此所餘折實七畝者，正是餘地二十一畝之所折也。

此以田地問折數，故以地二十一畝爲法，折七畝爲實也。若以折數問原田地，則以折七畝爲法，地二十一畝爲

〔一〕減，原作“除”，據輯要本改。

實，法除實，得每折一畝，原地三畝。於是以右地六畝折二畝，減折四畝七分，餘二畝七分爲法，除右田三畝，得每折一畝，原田一畝又九分畝之一，即一分一釐一毫一一不盡也。

若更置，以地列於上，則先得田折數，如後圖。

先以左上地三畝遍乘右行得數。

次以右上地六畝遍乘左行得數。

上位各得地十八畝，對減盡。中位左得田三十畝，内減去右得九畝，餘廿一畝爲法。下位折田左得三十三畝，内減去右得十四畝一分，餘十八畝九分爲實。以法除實，得九分，爲田每畝折實數。

就以右田三畝折二畝七分，減右折實共四畝七分，餘二畝。以右上地六畝除之，不滿法，命爲三分畝之一，爲地每畝折實數。〔或於左行折實五畝五分内，減去左田五畝該折四畝五分，餘一畝。以左地三畝除之，亦得地折實每畝三之一。〕

	右		左
上	地六畝 得十八畝	減盡	地三畝 得十八畝
中	田三畝 得九畝	餘廿一畝	田五畝 得三十畝
下	折實田共四畝七分 得十四畝一分	餘一十八畝九分	折實田共五畝五分 得三十三畝

論曰：以右上地六畝遍乘左行，是各六之也，爲三畝地者六，爲五畝田者六，爲地三畝、田五畝之折實田共五畝五分者亦六也。以左上地三畝遍乘右行，是各三之也，

爲地六畝者三，爲田三畝者三，爲地六畝、田三畝之折實共四畝七分者亦三也。以之對減，而地在上位者各十八畝，既對減而盡，則其各十八畝之折實在折實共數中者，亦必對減而盡也。田在中位者既對減去九畝，而僅餘左行之二十一畝，則其各九畝之折實在共數中者，亦必對減而盡也。由是以觀，則其所餘之左下折田十八畝九分，正是左中餘田二十一畝之所折也。故以餘田二十一畝爲法，而以餘折田十八畝九分爲實，即田之折數可知。知田數，知地數矣。

若以折〔一〕問田地，則一十八畝九分折爲法，二十一畝田爲實，實如法而一，得每折一畝，原田一畝又九分之一。於是以分母九通右行田三畝得二十七分，而以一畝又九分之一共一十分爲法除之，得二畝七分。以減共折四畝七分，餘折二畝。以除右地六畝，得每折一畝，原地三畝。〔以上二色例也。三色、四色以至多色，凡和數者皆同，但須重列減餘以求之。今不悉具，於後諸條中詳之。〕

較數方程例

凡較數方程，分正負之價，與盈朒略同。但盈朒章有盈朒，又有出率，方程則但有總物與盈朒，而無每出之率，又兼數色，所以不同。又盈朒者，是有每率而不知總，所言盈朒適足，是總計所出，以與原立總價相較之數也。方

〔一〕折，鵬翮堂本作"折法"。

程正負則是兩總物自相較之數，若不立正負，則下價之與上物，不知其孰爲同異矣。此正負之法異於盈朒也。〔負與正對，所以分别同異，蓋對數之所餘，即正數之所欠，故謂之負，與"負責"之"負"略相似。老子言"萬物負陰而抱陽"，蓋正即正面，負即反面也。開方法有負隅，言隅之空隙也。郭太史曆經三差法有負減，言反減也，本於平差内減去立差，今立差反多於平差，故於立差内反減平差，是爲負減。兼此數端，而正負之義可見矣。〕

法曰：任以一色爲正，則以相當之一色爲負。〔此據二色者言之，三色以上，或以一色與多色相當，或以多色與多色相當，其法皆同二色。〕正物之價多爲正價，負物之價多爲負價。正與負爲異名，異名相併；正與正、負與負爲同名，同名相減。

首位同名者，仍其正負不變。〔首位同數同名，即可減去，此正法也。〕

首位異名者，變其一以相從。〔首位亦同數，但不同名，故變而同之，則亦同數同名，而可減盡矣。首位既變，則其行内皆從而變，此通法也。蓋必如是，則同減異加，始歸畫一，而於和較交變之用〔一〕尤便也。〕

其法皆於互乘時以得數變之，蓋減併只用得數也。只變一行，其相對之行不必再變，二色、三色以至多色並同。何也？三色以上，行數雖多，而乘併〔二〕之用，皆以各相對之一行論同異，即同二色之理。

論曰：和數方程有減無併，皆同名故也。較數方程有

〔一〕鵬翮堂本"用"下有"爲"字。
〔二〕乘併，據文意，當作"減併"。

減有併，或同名或異名也。減併者，方程之綱要，正負淆則同異之名混，而減併皆失矣。今諸本所言正負同異誃離舛錯，雖加減得數，皆偶合耳。西人論句股三角八線割圜，幾何原本可謂詳密矣，至方程增立諸率，亦復草草，未窮其故也。

用法曰：以一色列於上，以相當之一色列於中，任以一色爲主而分正負。〔此亦以二色爲例。三色以上，皆以兩相當者主其一，以分正負，皆與二色法同。〕

以兩色相較之價列於下，以正物爲主而分同異。或正物所多之價命之爲正；或正物所少之價命之爲負；〔正物之所少，即負物之所多。〕或正物、負物之價兩相若，命之適足，則空位列之。亦以列上位者爲乘法，左右互乘，遍乘中下，以首位爲主而變正負，得數對減。其上一色必數相若且又同名而減盡，中一色與下價或同名或異名，異名者併之，同名者對減，取其減併之數以爲用，一爲法，一爲實，以法除實，得中一色每價。以原列中物乘之，得中物總價，以與原列下價同名相減，異名相併，得數以原列上物除之，得上一色每價。〔其上中亦可互求〔一〕。〕

假如以研七枚换筆三矢，研多價四百八十文；若以筆

〔一〕鵬翮堂本此後有"蓋以正負之分，凡開方而至句股，皆乘除並用。先乘而後除，乃得物之實數。若止乘止除，則有法有實。今乘除並用，必立一法，以除其實。然必先將實乘一數，而後以法爲除也。此以一物一事言之，若多色，必如比例矣。更須知開方爲始，在作點與立行欵。行欵定則法即在其中，是以此正負必言行欵，而後用變用乘用減也"。

九矢换研三枚，筆多價一百八十文，問：筆、研價各如干？

答曰：筆每矢價五十文，研每枚價九十文。

法各列位。

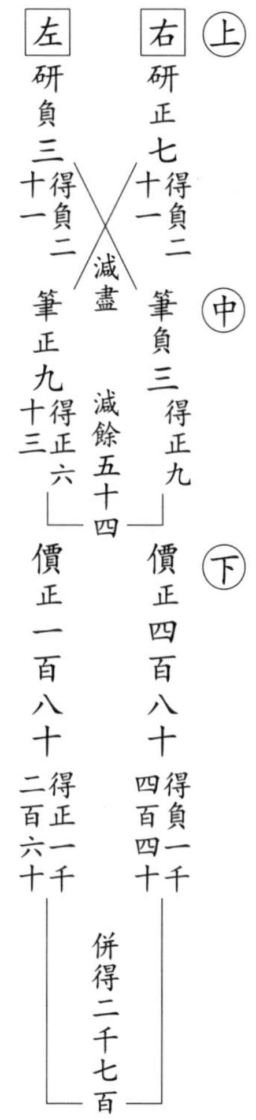

先以左行研負三遍乘右行得數。〔首位異名,須變一行以相從,故研正變爲負,筆負變爲正,價正變爲負,皆於得數變之。〕

次以右行研正七遍乘左行得數。〔右行既變,則左行不必再變,故研負、筆正、價正,皆仍舊。〕

於是以上研各負二十一同名相減盡。次以中筆兩正同名相減,餘五十四爲法。再以下價左正右負異名相併,得二千七百爲實。以法除實,得五十文爲筆價。以左行筆正九乘筆價得四百五十,内減同名價一百八十,餘二百七十,以左研負三除之得九十,爲研價。或以右筆負三共價一百五十加異名價正四百八十,共六百三十,以右研七除之,亦得研價九十。

論曰:左行原是九筆多於三研一百八十文,乘後得數則是六十三筆多於二十一研共一千二百六十文也。右行原是七研多於三筆四百八十文,乘後得數則是九筆少於二十一研一千四百四十文也。於是以兩行得數較之,上位研負二十一,兩行盡同,研之數同,則其價亦同。惟中位筆數,左行多五十四枝,則是左行筆多價一千二百六十文者,以多此五十四筆,而右行筆少價一千四百四十文者,以少此五十四筆也。夫右行筆價原少於二十一研者一千四百四十文,以左行多五十四筆,而反多於二十一研者一千二百六十文,是此五十四筆既補却右行之所少,而仍多此數也。故併右行之所少與左行之所多,共此二千七百,以爲五十四筆之價。知筆價,知研價矣。

若先求研價者，以研列中爲除法，以筆列上爲乘法，如後圖。

問者或云：筆三矢换研七枚，少價四百八十文；又有研三枚以换筆九矢，少價一百八十文，則其下價爲兩負。〔四百八十是筆少於研之價，一百八十是研少於筆之價。〕

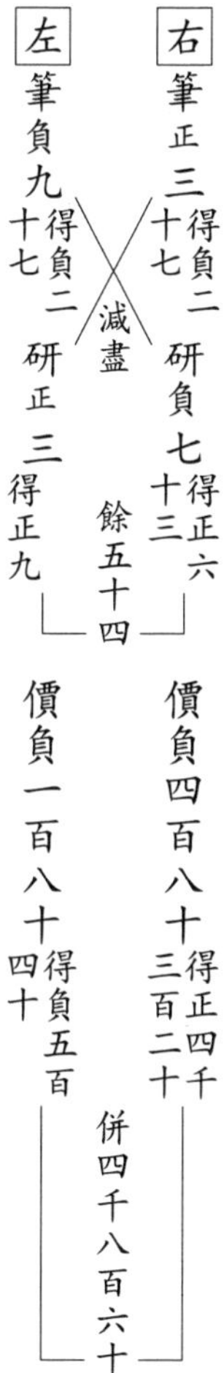

先以左行筆負九徧乘右行得數。〔首位異名，宜變一行，故其正負皆更之。〕

次以右行筆正三徧乘左得數。〔右變則左不變，故正負皆仍之。〕

於是以得數較其同異而爲之減併。筆各負二十七，同名減盡。研正同名相減，餘五十四爲法。價正負異名，併得四千八百六十爲實。實如法而一，得九十爲研價。以研價乘左正研三，得二百七十，異加價負一百八十，共四百五十。以左負筆九除之，得五十爲筆價。或以右研七價六百三十與價四百八十同減，餘一百五十，以筆三除之，亦得筆價五十。

論曰：左行原是研三少於筆九者一百八十文，乘後得數則是九研少於二十七筆者五百四十文也。右行原是三筆少於七研者四百八十文，乘後得數則是六十三研多於二十七筆者四千三百二十文也。

夫兩行筆皆二十七，則其價同也。而右行研價多於筆四千三百二十文，左行研價反少於筆五百四十文，是兩行研價相差者共四千八百六十文也。推求其説，則只是兩行中相差五十四研之故也。故減去相同之筆，用此相差之研以除此相差之研價，而每研之價可知矣。

若如難題所列，以研爲正，筆爲負，問者當云：以七研换三筆，研多價四百八十；以三研换九筆，研少價一百八十文，則價右正左負。〔難題係書名。〕

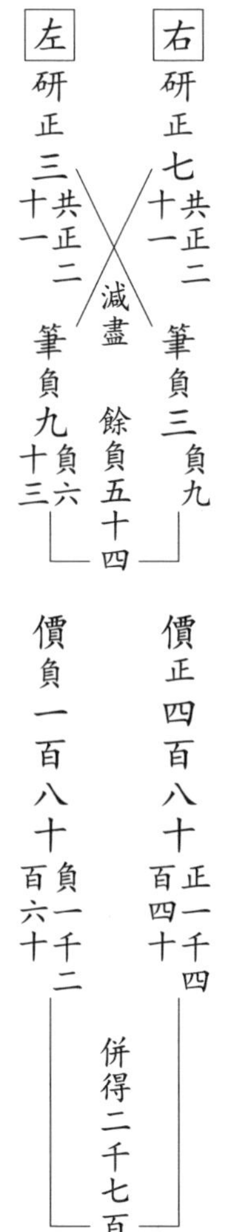

左右研正徧乘得數,〔首位本同名,故其正負皆不變。〕研減盡,筆餘五十四爲法,價異併二千七百爲實,法除實得筆價,以次得研價如前。若以筆爲正,研爲負,則其價右負左正。

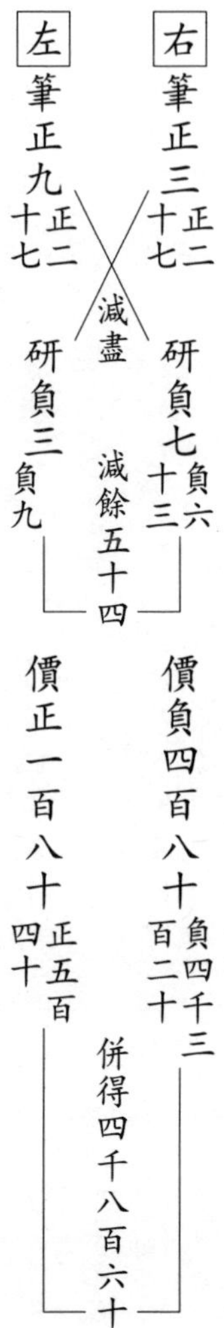

依法先得研價，如第一圖。

以前四圖，或以筆爲正，或以筆爲負；或以研爲正，或以研爲負；或以價爲兩正，或以價爲兩負，或以價爲一正一負，其所呼正負之名無一同者，要其爲同異加減之用則一也。

試以一行中同異言之，其左行之價必與筆同名，何也？左行之價乃筆多於研之數也，故與筆同名，而與研異名也。其右行之價必與研同名，何也？右行之價乃研多於筆之數也，故與研同名，而與筆異名也。

試以兩行中同異言之，其上位皆減盡，其中位皆相減爲法，其下價皆相併爲實，其減也皆以同名，其併也皆以異名。

此下價異併例也。

假如有大小餘句不知數，但云倍小餘句以當三大餘句，則不及一丈五尺三寸；若倍大餘句，則如七小餘句。

答曰：大餘句六尺三寸，小餘句一尺八寸。

法以正負列位。

先以左小餘句負七徧乘右得數。〔首位異名，宜變以相從，故小句變負，大句下負數皆變正。〕

次以右小餘句正二徧乘左得數。〔右行既變，則此行不變，下適足無乘，亦無正負。〕

乘訖乃較之。小餘句各十四，同減盡。大餘句同減，餘一十七爲法。下正數十丈零七尺一分，無對不減，就爲實。以法除實，得六尺三寸，爲大餘句。乃置左行二大句該一丈二尺六寸，以左行相當適

右
小餘句正二　負一十四
大餘句負三十一　正二十一
負一丈五尺三寸　正十丈〇七尺一寸

減盡
減餘一十七

左
小餘句負七　負一十四
大餘句正二　正四
適足

足之七小句除之,得一尺八寸,爲小餘句。〔或用右行三大句該一丈八尺九寸,以同名負一丈五尺三寸減之,餘三尺六寸。以右行二小句除之,亦得一尺八寸。〕合問。

論曰:以左小句徧乘右,是各七之也,爲小句二、大句三者七,其相較之數亦七也。以右小句徧乘左,是各二之也,爲小句七、大句二者二,其相當適足者亦二也。但以首位必同名,然後可減,故以右小句正變而爲負,以從左名也。小句變爲負,則所與相較之大句不得不變而正矣。於是小句同減盡,大句同名減去四,餘右行正十七,下較數無減,仍餘十丈〇七尺一寸。然則此所餘者,正是減餘大句之數矣。何也?小句十四,左右皆同,若只如左行四大句,則與小句相當適足矣。而今右行獨餘此較數者,非以右多十七大句之故乎?

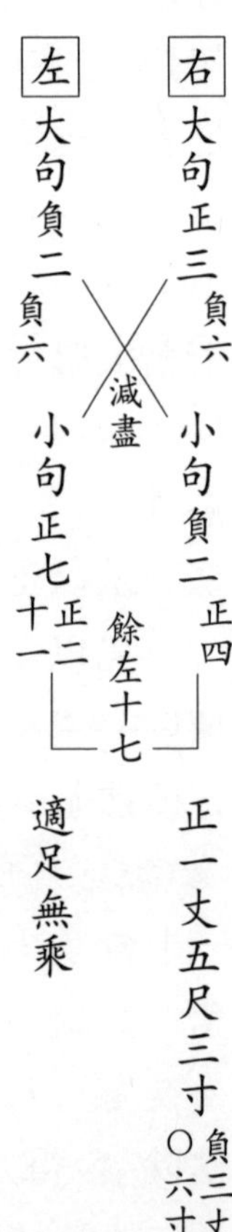

試以大句列於上,則先得小句,如後圖。

如法左乘右,更其正負;右乘左,仍其正負。大句同減盡,小句同減,餘正一十七在左行,爲法。下較數負三丈〇六寸在右行,無對不減,就用爲實。以法除實,得一尺八寸爲小句。就以左行小句七該一丈二尺六寸,以左相當適足之大句二除之,得六尺三寸爲大句。〔或於右行正一丈五尺三寸,加異名小句負二該三尺六寸,共一丈八尺九

寸，以右大句三除之，亦得六尺三寸。〕

論曰：左行原是小句七以當大句二，適足。今以右大句乘而各三之，則是小句二十一以當大句六，而亦適足也。右行原是大句三以當小句二，而大句多一丈五尺三寸。今以左大句乘而各二之，則是大句六以當小句四，而多三丈〇六寸也。以兩行之得數較之，大句既減盡，惟左行之小句餘一十七。則是左行得數所以相當適足者，以多此十七小句之故，而右行小句得數小於大句三丈〇六寸者，以少此十七小句之故也。然則此三丈〇六寸者，正是十七小句之數也。〔依此論，可見左行之所多即右行之所少，故左行名正者，用於右行即爲負，而隔行之異名。即爲同名。〕

此下較無減例也。

假如有大小方積不知數，但云一大方積以當二小方積，多數八十九；若以三大方積當七小方積，仍多二百五十一。

答曰：大方積一百二十一，小方積一十六。

法以正負列位。

先以右大積一徧乘左行，皆如原數。次以左大積三，徧乘右行得數。〔首位同名，故兩行正負皆不變。〕大積同減盡。小積同減，餘

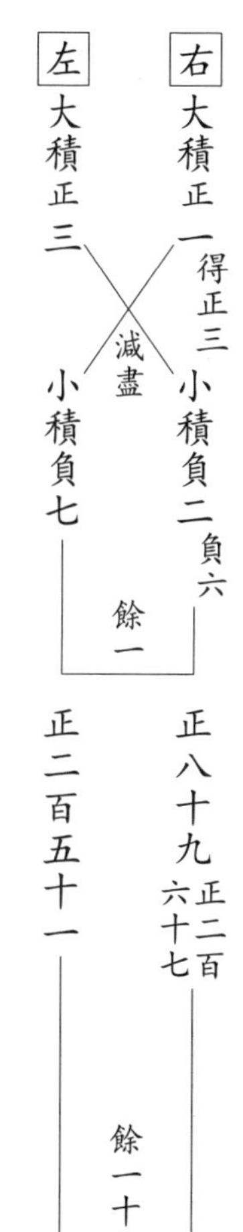

一爲法。較數同減，餘一十六爲實。法除實，仍得一十六爲小積。以右行小積負二該三十二，加異名正八十九，共一百二十一爲大積。〔或以左行小積負七該一百一十二，加異名正二百五十一，共三百六十三。以左大積三除之，亦得一百二十一爲大積。〕

論曰：左行原是大積三多於七小積者二百五十一，乘後得數亦同。右行原是大積一多於二小積者八十九，乘後得數則是大積三多於六小積者二百六十七也。於是以兩行〔一〕對勘，其大積既減盡，惟小積左行餘負一，其下較數則右行餘正十六。夫此十六數者與大積同名，是右行大積之數也。右行少一小積，而大積之盈數多十六；左行多一小積，而大積之盈數少十六。然則此十六數者，正是此一小積之數矣。

若以小方積爲正，則其下較數爲兩負。〔皆小積所少之數也，故皆爲負。〕

依法徧乘對減，餘大積一爲法，餘負一百二十一爲實。法除實不動，就以一百二十一爲大積。右大積一該一百

上　右：小方積正二　正十四　左：小方積正七　正十四

中　右：大積負一　負七　減盡　左：大積負三　負六　減餘一

下　右：負八十九　負六百二十三　左：負二百五十一　負五百〇二　減餘一百二十一

〔一〕輯要本“兩行”下有“之得數”三字。

二十一，同名減負八十九，餘三十二，以小積二除之，得一十六爲小積。

此是右行多一大方積，故多一同名之數一百二十一，同在一行易知，不須重論。

以上二圖，正負所呼迥異，然所同者，兩行之較數皆與大方積同名，何也？皆大方積多於小方積之數，故與大方積同名，而與小方積異名也。

此下較同減例也。

總論曰：凡較數方程，原列較數是本行中正與負之較也；其乘後得數同減異加而得者，則是兩行中正與正之較或負與負之較也。故本行中以異名相較，而兩行對減或加，是以兩行之同名相較。

假如原列較數與正物同名，是正多於負之較也；若列較與負同名，是負多於正之較也，故曰本行中異名相較也。

假如乘後得數，而兩行之較數皆與正物同名，則兩較亦自同名。乃以之對減而餘在一行，則知此一行正物必多於對行之正物，而其所多之數，即如此所餘之較數矣。

假如兩行較數皆與負物同名，則兩較亦自同名。以之對減而餘在一行，則知此一行負物必多於對行之負物，而其所多之數，正是此所餘之較數矣。此同名相減之理也。

假如右行較數與正同名，而左行較數却與負同名，則一是正多於負之數，而一是負多於正之數也。夫正與負原相待，負多於正之數，即正少於負之數也。於是用異名相加法，以左行負多於正之數變爲正少於負之數以相併，則知右行之正數必多於左行之正物，而其所多幾何，正是此兩較之併數矣。此異名相加之理也。

合同減異併而觀之，總是兩行中同名相較也。

又論曰：較數方程以兩相較而爲用，雖有三色、四色乃至多色，其相較也必兩，此正負所由立也。立正負以別同異，猶彼我也。夫彼我者，豈有一定之稱哉？以此爲正，則以彼爲負；若以彼爲正，則此反爲負矣。正負之相呼，猶彼我之相視也，故曰無定。雖然，無定者正負，有定者同異。其無定者，在未立正負之先；其有定者，在既立正負之後。既以一爲主，則同乎此者皆同名，異乎此者皆異名矣，是故無定而實有定也。

今試以所列方程最下位觀之，其言正負者，必上物之較數也；不言正負者，必上物之和數也。較數有盈有朒有適足，和則否。

假如下價盈，則爲正。正與正同名，試於正物價之中減去下同名正價之盈，則所餘之價必與負物之價相當矣。正與負異名，試又取上負物之價以加下異名正價，則又必與正物之價相當矣。

假如下價朒，則爲負。〔正物之朒，負物之盈也。〕負與負同名，試於負物價之中減去下同名負價，則所餘之價必與正物之價相當矣。負與正異名，試又取上正物之價以加下異名負價，又必與負物之價相當矣。

假如下價適足，空位無盈朒，則其上正負物價必自相當。

又論曰：正負之術，分别同異，全在有交變之法以通其窮。要其爲用，惟在使兩行之首位同名而已，何也？方程以互乘遞減立法，每乘一次，即減去一色。然惟和數，則一乘之後即可對減，若較數，則有同數而不同名之時，若不減首位，即不成方程。若徑以異名而減，勢必以同名而併，法不畫一，而於後條和較交變之時，益混淆而難用。故以法變之，使首位之同數者無不同名，而仍爲同名相減焉。首位既以同名減，則凡減者皆同名，凡併者皆異名，而其法畫一矣。故首位既變，則行内之正負皆變，何也？從首位也。行内之正負既皆從首位而變，由是而原與首位同名者，皆與隔行之首位同名也；原與首位異名者，即與隔行之首位異名也。如此，則隔行之同減異併亦清矣。正負猶陰陽也，牝牡也。各行中各有正負，猶兩儀之生四象也；乘而交變，猶剛柔相推而生變化也。隔行之正，本行以爲負；隔行之負，本行以爲正。真陰真陽，互居其宅也。同名相減者，陰陽之偏，不得其配也；異名相併者，陰陽得類，雌雄相食也。是皆有自然之理焉，可以思古人立法之原矣。

〔以上亦以二色者舉例。三色以上乃至多色，正負之用尤顯。詳具諸卷中，兹不贅列，然其理著矣。〕

和較相雜方程例

方程之用，以御隱雜，妙在雜與變。知其雜，則雜而不亂矣；知其變，則變而不失其常矣。諸書所論，胥未及此，故求之甚詳，去之愈遠也。

用法曰：凡方程和較雜者，和數從和法列之，不立正負；較數從較法列之，明立正負。其偏乘得數後，在較數行中者，仍其正負之名；在和數行中者，皆變從乘法之名。〔和數原無正負，則無可變，但乘後得數，取其與較數之首位同名而已。首位既同名，下不得不同名矣。〕

凡兩較者，下價或有減有併，而中物只同減。若一和一較者，下價亦有減有併，而中物皆異併。此以兩色言之，三色以上，隨數通變，皆以同異名御之。

假如有大小句不知數，但云三其大句，倍其小句，共三丈三尺；若倍大句，則如六小句，問：若干？

答曰：大句九尺，小句三尺。

法以一和一較列位。〔適足者，以相較而得名，即同較義。〕

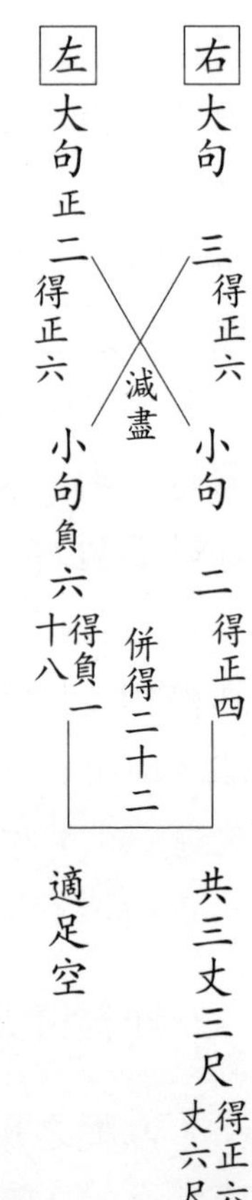

右行和數也，不立正負。左行較數也，明立正負。

右乘左而三之，和乘較也，故其正負皆如故。

左乘右而二之，較乘和也，故得數皆爲正，從乘法之名也。

如法遍乘訖，以兩行對勘。大句同名相減盡。小句異名相併，得二十二爲法。

正數六丈六尺無減，就爲實。法除實，得三尺爲小句。以左行小句六共一丈八尺爲實，以大句二爲法除之，得九尺爲大句。〔或於右行共三丈三尺內，同減小句二共六尺，餘二丈七尺。以大句三除之，亦得九尺。〕

論曰：右行大句三、小句二共三丈三尺，乘後得數則是六大句、四小句共六丈六尺也。左行大句二、小句六其數相當，乘後得數則是六大句、十八小句亦相當適足也。於以對減，而兩大句同減盡，則其數同也。而右行正數猶有六丈六尺，左則無有，其故何也？右行正數中有小句四，而左則無。且不惟無之而已，其相對之負數反有十八小句焉，是左行正數又自除却十八小句之數也。右行正數多四小句，左行正數又自除却十八小句，則是右行正數之多於左行正數者二十二小句也，故併此二十二小句，爲右行所多之正物。其六丈六尺則右行之正數也，以正物除正數，而小句可知。知小句，知大句矣。

又細攷之，六大句合四小句共六丈六尺，則以與六大句相當之十八小句合四小句，亦必六丈六尺也。

此亦西儒比例之理，而以同異名盡之，可見古人用法之簡快。試更列之，以小句居上，則先得大句，亦同。

先以右小句二徧乘左行得數。〔和乘較也，故仍其正負。〕

次以左小句六徧乘右行得數。〔較乘和也，故皆命爲負，與乘法同名。〕兩小句同減盡。兩大句異併二十二爲法。負數十九丈八尺無減，就爲實。法除實，得大句九尺。以右行大句三該二丈七尺，減共三丈三尺，餘六尺。以小二句除之，得小句三尺。

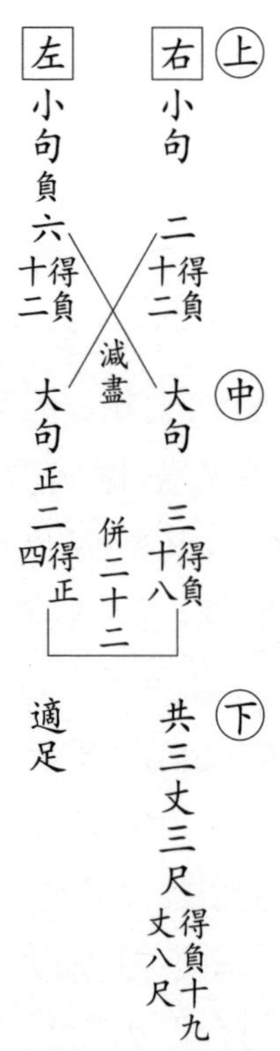

論曰：小句互乘之後，則其數同也。小句數同，則負數亦同。而右行之負數獨有十九丈八尺，左則無有者，以右之負數中有大句十八，而左則無。不惟無也，其所對之正數中反有大句四，是左行負數中又原少四大句也。右負數多十八大句，左負數少四大句，是右之負數多於左之負數者，共廿二大句也。然則右之負數獨有此十九丈八尺者，正是此二十二大句之數也。

此和數與適足偕也。

假如有江、湖兩色船載物，不知數，但云江船五以較湖船一，則江多二千八百石；江船三、湖船五，則共載二千八百石，問：船力若干？

答曰：江船六百石，湖船二百石。

法以一和一較列位。

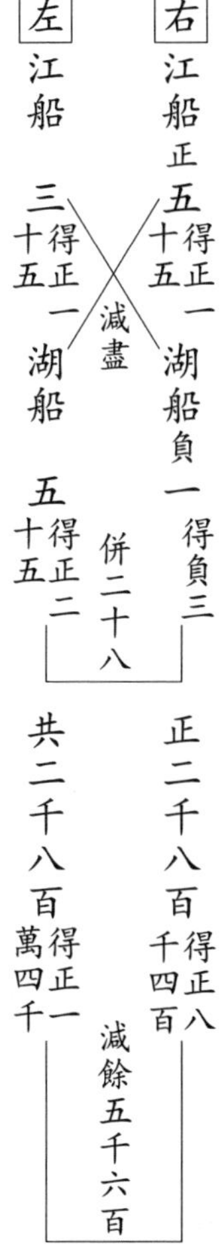

如法，左右偏乘得數。

江船同減盡。湖船異併二十八爲法，載物同減，餘五千六百石爲實。法除實，得二百石爲湖船數。以湖船數加右行異名正二千八百，共三千石。以右江船五除之，得江船數六百石。〔或以湖船五共一千石同減左行二千八百石，餘一千八百石。以左江船三除之，亦得六百石。〕

論曰：偏乘後江船數同，則其載數亦同。今以兩正數相減，而左多五千六百者，以左正數中有湖船二十五，而右則無。不惟無也，其所對之負數中反有湖船三，是右行正數中又自少三湖船也。左多二十五，右少三，是左正數多於右數者，共二十八湖船也。然則左之正數獨多五千六百者，正此二十八湖船之數也。

此和數偕一正也，負亦同。

和較交變方程例

凡方程三色以上，以減餘重列，則有和變較、較變和者，不可不察也。若非和較之雜，則二色方程之中物，有減無併矣。若非和較之變，則三色、四色方程和數者，有減無併矣。夫和數、較數，非自我命之名也，其下價之爲和爲較，不可誣也。

用法曰：和變較者，但和數減餘有分在兩行者，兼而用之，即變較數也。和既變較，即以較數法列之。其法以一行之餘數命爲正，以一行之餘數命爲負。其下餘價以與中位餘物同在一行者，即爲同名，從其正負而命之。若下價減盡無餘者，命爲適足。

若減餘只在一行者，無變也，只用和數法。

較變和者，但視較數減餘，或有一行内皆正，或皆負者，即變和數也，即如和數法列之，不立正負。〔其較數異併者，以一行爲主，而以隔行之異名從本行爲同名。〕

若減餘行内有正負者，無變也，只用較數法。

若有兩異併，而一位左正右負，一位右正左負，亦仍爲較數不變。雖減餘分在兩行，而一行餘正物，一行餘負物，亦和數也，何也？隔行之異名乃同名也。

若減餘同名，而分餘於兩行，即仍爲較數不變，何也？隔行之同名乃異名也。

若兩異併皆左正右負，或皆左負右正，亦和數也。

和數重列，有俱變爲較者，有只變一行爲較而餘行如故者；較數重列，有俱變爲和者，有只變一行爲和而其餘如故者，皆如上法，以和較雜列之。

若四色以上，有和變較、較復變和者，有較變和、和復變較者，皆以前法御之。

假如以衡校弓弩之力，但云大神臂弓二、弩九、小弓二，共重七百一十斤；又有神臂弓三、弩二、小弓八，共五百二十五斤；又有神臂弓五、弩三、小弓二，共五百一十五斤。問：各力。

答曰：大神臂弓力五十五斤，弩力六十斤，小弓力三十斤。

法先以和數列位。〔凡三色者，可任以一行爲主，與餘二行數相

乘而减併之,故前後之行可互更也。詳見第三卷。〕

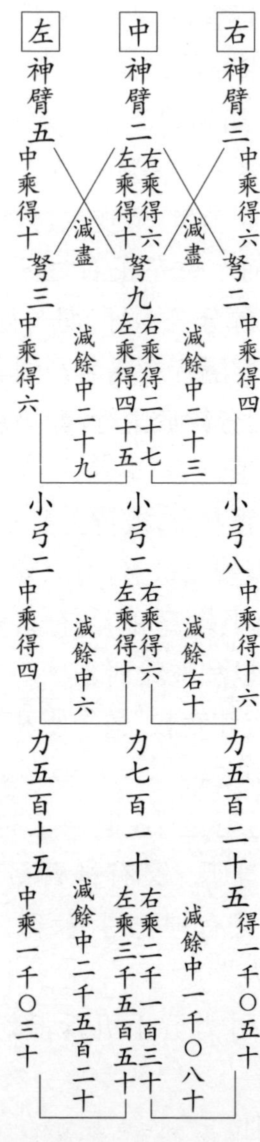

先以中行神臂弓二爲法，徧乘左右得數。〔此以中行爲主，與左右互乘，取其行間易爲減併之用也。〕

次以右行神臂三徧乘中行得數，與中行對減。神臂弓中右各六，對減盡。中弩二十七内減去右弩四，餘二十三。〔中行餘也。〕中小弓六去減右小弓十六，餘十。〔右行餘也。〕中力二千一百三十内減去右一千〇五十，餘一千〇八十斤。〔中行餘也。〕

以上減餘分在兩行，已變較數矣。即用較數之法，分正負列之，而以弩與力命爲同名。〔弩與力同在中行故也。〕

次以左行神臂五徧乘中行得數，而以中左兩行對減。神臂弓各十，減而盡。中弩得四十五，内減去左行弩六，餘三十九。中行小弓得十，内減去左小弓四，餘六。中力得三千五百五十，内減去左一千〇三十，餘二千五百二十斤。

以上減餘俱在中行，仍爲和數也，不分正負。

論曰：此和數方程變爲一和一較也，何也？中右得數，兩大弓減盡，則其力相若也。弩數相減而餘在中行，是中行之弩力多於右行也。小弓相減而餘在右行，是右行小弓之力多於中行也。弩力中多於右，小弓力右多於中，而今共力相減，惟中多一千〇八十斤，則是此一千〇八十斤者，非餘弩餘弓之共數，而餘弩所多於餘弓之較數也，雖欲不分正負，不可得矣。

如中左對減，而餘弩餘小弓俱在中行，則中行之餘力二千五百二十斤者，仍爲餘弩餘小弓共數，無正負之可分也。故以此兩減餘者，依和較雜法重列而求之。

如前對減，既於共力中清出首一色大神臂弓，不與弩、小弓雜矣。然所餘之力，尚爲弩、小弓共數與其較數，而未能分别此二色之每數也，故必重測。

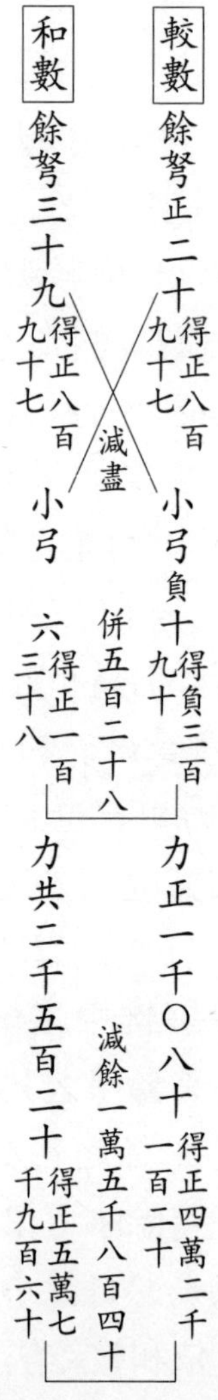

依和較雜法，以左右餘弩互徧乘得數。〔左乘右，和乘較也，故仍其正負；右乘左，較乘和也，故變從乘法之名，皆曰正。〕

弩同減盡，小弓異併五百廿八爲法，力同減餘一萬五千八百四十爲實。法除實，得三十斤爲小弓力。以小弓力乘右行餘小弓十，得三百斤，異加力正一千〇八十斤，共一千三百八十斤。以餘弩廿三除之，得六十斤爲弩力。〔或於左行共力二千五百二十斤内，同減小弓六該一百八十斤，餘二千三百四十斤。以餘弩三十九除之，得六十斤，亦同。即此可見兩減餘之爲一和一較。〕乃於原列任取右行八小弓力二百四十斤、二弩力一百二十斤，以減共力五百二十五斤，餘一百六十五斤，以大神臂弓三除之，得五十五斤，爲大神臂弓力。

論曰：兩弩正數同，而其力不同者，小弓之故也。左行和數也，是弩偕小弓之力也；右行較數也，是弩力中減去小弓之力而餘者也。合而觀之，則是左行之弩力有小弓一百三十八以爲之益，而右行之弩力反減去小弓三百九十。然則左行正數之多於右行者，凡共差小弓五百二十八。而左行正數所以多於右行一萬五千八百四十斤者，正是此小弓五百二十八之力也。

凡此減餘之數，亦可互求。若更置之，以小弓列上，則先得弩力，如後圖。

依法，右左徧乘得數。〔左乘右，和乘較也，故仍其正負；右乘左，較乘和也，故變從乘法之名，皆名之曰負。〕

小弓同減盡，弩異併得五百二十八爲法，力異併得三萬一千六百八十爲實。法除實，得六十斤爲弩力。以

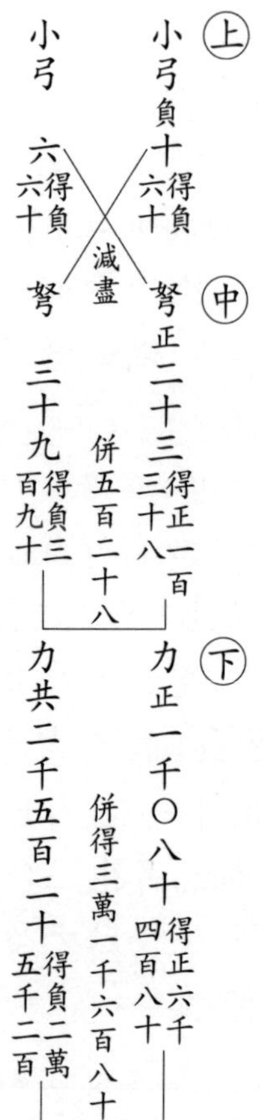

弩力乘右行弩二十三，得一千三百八十斤，同減正一千〇八十斤，餘三百斤。以小弓十除之，得小弓力。

論曰：兩小弓同名負，其數既同，而左行負數之力有若干，右則無之，而且反少於正數之力若干者，何也？以左行負數中有弩三百九十，右則無之，而其所對之正數，反有弩一百三十八以爲之除算，則是左負數之多於右者，共五百二十八弩也。右負數少此五百二十八弩，而正數力遂多六千四百八十斤；左負數多此五百二十八弩，則不但補却右行之所少，而又自有力二萬五千二百斤。然則左行共多於右三萬一千六百八十斤者，正是此五百二十八弩之力也。

此三色和變較例也。〔四色以上，雜見諸卷中。〕

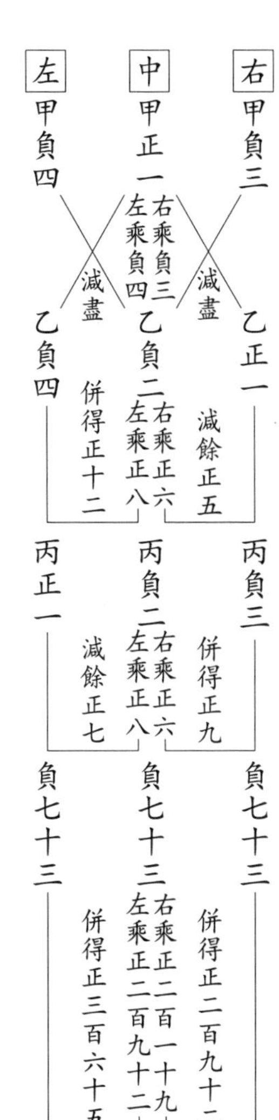

問：有甲乙丙三數，甲加七十三，得爲乙、丙數者倍；乙加七十三，得爲甲、丙數者三；丙加七十三，得爲甲、乙數者四，其本數各幾何？

答曰：甲七，乙十七，丙廿三。

法先以較數列位。

先以中行甲正一遍乘右左得數，皆如故。〔只變中行，故兩行之正負俱不變。又是一數爲乘法，故數亦不變。〕

次以右行甲負三徧乘中行，次以左行甲負四徧乘中行，各得數。〔左右既省不變，故變中行以從之，首位變負，下三位俱變正。〕

次以中右得數相減併，甲同減盡。中乙得正六，同減右得正一，餘正五。中丙得正六，異併右得負三，共得正九。中較數得正二百一十九，異併右負七十三，共得正二百九十二。

次以中左得數相減併，甲同減盡。中乙得正八，異併左得負四，共得正十二。中丙得正八，同減左得正一，餘正七。中較數得正二百九十二，異併左負七十三，共得正三百六十五。以上減併之數皆同名，又皆在一行，知已變爲和數矣。即用和數重列之，不分正負。〔依此顯雖同名，而或乙正在中，丙正在左，即不得變和數也。何也？左行之正，中行之負也。〕

論曰：此較數變爲和數也。以中右之得數言之，中行六個乙、六個丙，共多於三個甲者二百一十九。右行一個乙，少於三個甲、三個丙者七十三。於是以兩相對較，則兩行之甲皆三個，其數本同。而中行之乙丙多於甲二百一十九者，因中行之乙多於右行之乙者五個，又有同名之丙六個以益之，而中行之甲又非若右行之甲與三個丙同名，是又少三個丙也。夫甲股内少，則乙丙股内多，合而觀之，則是中行之乙丙股内，共多五個乙、九個丙，而右行之乙股内，共少此五個乙、九個丙也。夫中行之乙丙股内，多五個乙、九個丙，便多於三個甲者二百一十九；右行之乙股内，少五個乙、九個丙，則不惟不多，而反少於三個甲者七十三。然則併此多二百一十九、少七十三共二百九十二者，正是此五個乙、九個丙之共數，而非其較數也，故不分正負。

又以中左之得數言之，中行正數是八個乙、八個丙，負數是四個甲，而正數多者二百九十二。左行正數是一個丙，負數是四個甲、四個乙，而正數少者七十三。於是兩相對勘，則兩行負數之甲皆四個，其數本同。惟中行之正數内比左正數多七個丙，又加八個乙，而中行之負數又比左負數少四個乙。合而觀之，是中行之正數比左行共多十二個乙與七個丙，而左行之正數比中行共少十二個乙、七個丙也。然則中行正數之多於負數二百九十二者，以多此十二個乙、七個丙，而左行正數之反少於負數七十三者，以少此十二個乙、七個丙也。則是併此多二百九十二、少七十三之數共三百六十五者，正是此十二個乙、七個丙之共數，而非其較數也，故亦不分正負。

如法，以乙數左右互徧乘，得數相減。〔無正負，故有減無併。〕乙減盡，丙減餘七十三爲法，下位餘一千六百七十九爲實。法除實，得廿三爲丙數。以丙數乘左行丙七，得一百六十一，以減共三百六十五，餘二百〇四。以左乙十二除之，得一十七爲乙數。

又以乙數異加原列右行負七十三，共九十，内減原右行丙三該六十九，餘二十一。以原右行甲三除之，得七爲甲數。

論曰：此同文算指所立疊借互徵設問之一也。原法繁重，今改用方程，簡易如此。

此所設問三色方程耳，以西術求之，已不勝其難，況四色以往，乃至多色乎？此亦足見方程之不可廢，而古人別立一章之誠有實用也。

此三色較變和例也。四色以往，至於多色，則其變益多，要不出於和較。例具後諸卷中，兹不詳列。

方程論卷二

極　數

吾論方程，至和較之雜、之變，盡矣。雖然，不知帶分、疊脚、重審之法，無以窮其致，故極數次之。

極數有三，一帶分，二疊脚，三重審，皆不離乎和較之四術。

帶分方程例

法曰：視原問中有云幾分之幾者，則以分母通其全數而列之；或云有物幾數又幾分之幾者，以分母通其全數而納其子。如法列位，遍乘減併，以求一法一實。既得法，以除實，而得者即所求物之一分也。以所得一分之數，分母乘之，則爲物之全數矣。

或云幾分之幾又幾分之幾者，以兩分母相乘爲全數而列之，又以兩分母互乘其子，爲所用之分而列之。所用之分同在一行者，併而列之；分用於兩行者，不併也。併之而所用之分反大於全數者，以全數除之，命爲幾全數又幾分之幾，其入算乘除，仍用所併之分，得數後，則只以全數之分乘之爲全數。〔以上兩法，皆化整爲零，乘除竟用零分，故先得一分之數。〕

又法：

凡較數，有以此之全數當彼之幾分之幾者，則通其一行之内，皆以分母乘之而後列焉，則其所得即爲全數，而非其一分也。〔如云乙得甲三分之二，則以分母三乘乙全數，得全乙者三；乘甲之二分得六分，是爲全甲者二。則以三乙當二甲而列之，驟視之，如倒列其子母，其實皆全數耳。〕若有正負之數，亦以分母乘而列之，〔亦全數，非零分也。是爲以零變整，與化整爲零之法不同，故徑得其全數。所用乘除皆整數，非分故也。〕得即爲整。〔其所用分母只在本一行中，如一物有兩分母，又分用於各行，則各以其行中分母爲用。〕凡和數中有一位帶分，而餘只全數者，亦可以分母通乘而列之，其所得亦爲全數而非分。〔如甲三、乙二又三之一，共十六，則以分母三乘甲得九；乘乙二得六，乘乙之一得三，亦整一也，併得整七；乘共十六得四十八，是爲甲九、乙七共四十八。變零爲整，徑以整數乘除，所得即爲整數。〕

又法：

凡帶分之法，或化整爲零，或變零爲整，取其畫一也。此外又有雜用零整之法，亦所當知。〔如行中有幾位，或原帶有零分者，以化整爲零法列之；其原未帶分者，只以整數列之。但乘除得數後，整列者所得即爲整數，零分列者所得只爲零分之數，仍須以分母乘之爲全數。〕

又法：

視所帶之分有可以分母除之而盡者，則以所除分秒附於整數而列之，則其乘除後得數，亦爲所求之全數。〔若分母除其子不能盡者，則不用此法。〕

1　今有甲字庫貯金，丁字庫貯銀，各不知總，但云取甲四之三加丁五之二，則一百一十萬；若以甲加丁之倍數，則四百四十萬，問：各若干？

答曰：甲庫金四十萬，丁庫銀二百萬。

法以分子甲之三分、丁之二分列右。以分母四通甲整一得四分，以分母五通丁整二得十分，列左。

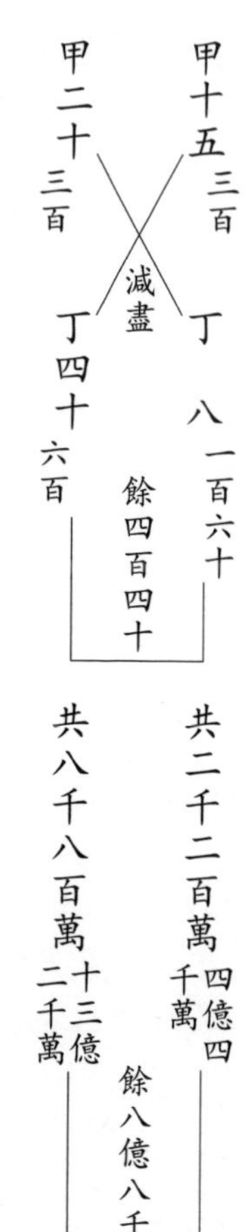

依和數法互乘對減，餘丁之分二十二爲法，餘八百八十萬爲實。法除實，得四十萬爲丁之一分，以丁之分母五乘丁之一分，得二百萬，爲丁庫銀數。乃以丁庫數倍之，得四百萬，減四百四十萬，餘四十萬，爲甲庫金數。

此化整從零法也。〔原列零分，故得亦零分之數。〕

又法以丁分母五互甲之三得十五，以甲分母四互丁之二得八，列右。又以兩分母〔五、四〕相乘，得二十，爲甲丁共母。以乘一甲得二十，乘倍丁得四十，列左。乃以甲丁共母乘一百一十萬，得二千二百萬，列右；乘四百四十萬，得八千八百萬，列左。〔分母相乘爲母，母互乘子，只是通分之法，妙在以分共母乘其和數，而零數皆爲整用矣。此用法之妙。〕

依法乘減，餘丁四百四十爲法，八億八千萬爲實，以法除實，得二百萬爲丁數。以丁四十計八千萬，減八千八百萬，餘八百萬。以甲二十除之，得四十萬爲甲數。

此變零爲整法也。〔原列整數，故所得即爲整數。〕

又法以甲分母四除之三，得七分五秒，以丁分母五除

之二，得四分，列之，則其餘數皆不變。〔一〕

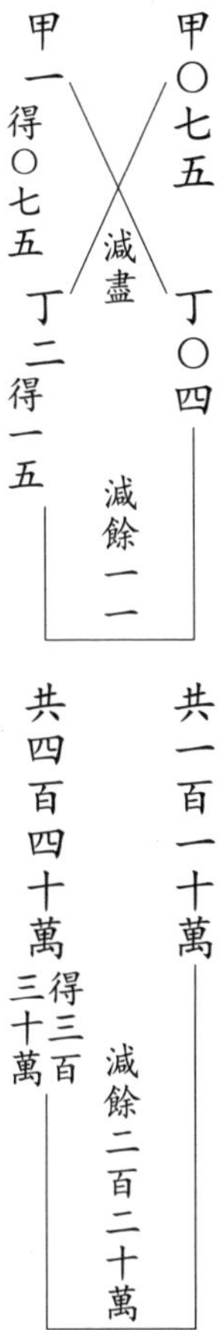

左甲一乘右行，皆如原數。右甲〇七分五秒乘左行，各得四分之三。甲各〇七分五秒，減盡。丁餘一一〔上一整

〔一〕圖中“減餘一一”，原作“減餘二”，據正文改。

數,下一一分,乃十分之一。〕爲法,共數減餘二百二十萬爲實,法除實,得二百萬爲丁數。以丁數倍之,減共數,餘四十萬,即爲甲數。

此除零附整法也。〔零分既除爲分秒,則乘除之際皆以整數爲主,故所得亦即爲整數。〕

2 今有甲乙二數不知總,但云取乙五之三,又取乙四之一,以益甲,則甲之數倍;取甲三之二,又取甲七之二,以與乙較,則乙多數二百四十,問:甲乙本數各幾何?

答曰:甲本數一千〇七十一,乙本數一千二百六十。

法以較數帶分取之。本二色也,却有三位,以分母通之,仍二位也。先以乙分母〔五、四〕相乘得二十,以當乙之全數。又以分母五互乘分子一得五,以分母四互乘分子三得十二,併之得十七,以當乙所益甲之分,是爲乙二十分之十七以益甲也。

次以甲分母〔三、七〕相乘得二十一,以當甲之全數。又以分母三互乘分子二得六,以分母七互乘分子二得十四,併之共二十,以當甲所與乙較之分,是爲甲二十一分之二十以與乙較也。

於是分正負列位。

依較數法乘減,乙餘八十分爲法,負

數無減，就以五千〇四十爲實。法除實，得六十三，爲乙之一分。以乙全分二十乘之，得一千二百六十，爲乙本數。乙本數同減負二百四十，餘一千〇廿，即甲與乙較之分也。以左行甲之廿分除之，得五十一，爲甲之一分。以甲全分廿一乘之，得一千〇七十一，爲甲本數。

乃細攷之。置乙本數，〔三〕因〔五〕除之，得七百五十六，爲五之三。又置乙〔一〕本數，〔四〕除之，得三百一十五，爲四之一。併兩數共一千〇七十一，則與甲數同，故以此益甲而甲倍也。置甲本數，〔二〕因〔三〕除之，得七百一十四，爲三之二。又置甲本數，〔二〕因〔七〕除之，得三百〇六，爲七之二。併兩數共一千〇二十，以此較乙，則不及二百四十。

此只是以乙之分與甲較，又以甲之分與乙較也。末卷所列諸率，則是以乙之分益甲，而轉與乙所存之分相較；又以甲之分益乙，而轉與甲所存之數相較，故自不同，合而觀之則見。

3　今有寶泉、寶源二局鑄錢，不知總，但云取寶源五之四，又四之三，以益寶泉，則寶泉〔二〕之數倍；若取寶泉三之二，以與寶源較，則多於寶源四十二貫。

答曰：寶泉原數一千九百五十三貫，寶源原數一千二百六十貫。

〔一〕乙，原作"一"，據輯要本改。
〔二〕寶泉，原作"寶錢"，據鵬翮堂本、輯要本改。

右 寶泉三分 正六分
寶源之三十一分 負六十二分
適足

左 寶泉之二分 正六分
寶源二十分 負六十分
正四十二貫 得一百二十六貫

減盡
餘二分

法先以寶源分母〔五、四〕相乘，得二十分爲全數。又以分母五互乘分子〔三〕得十五，分母〔四〕互乘分子〔四〕得十六，併之共三十一分，爲寶源所以益寶泉之分。全數二十分，所用以益寶泉者反有三十一分，是爲以寶源全數又二十分之十一以益寶泉也。其寶泉只一分母，故不用乘併。

乃列位。

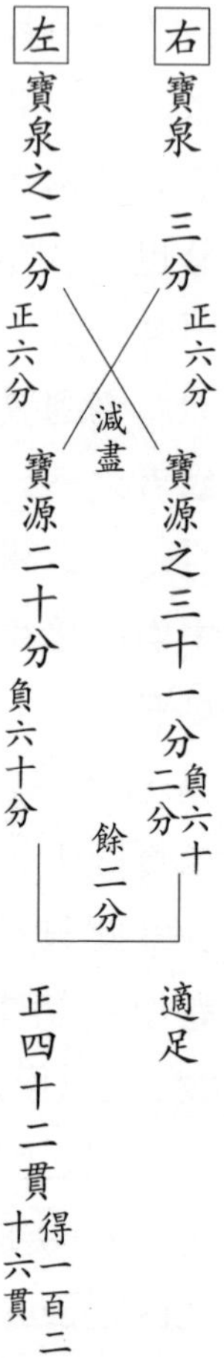

如法乘減，中位餘二分爲法，下位餘一百廿六貫爲實。法除實，得六十三貫，爲寶源局廿分之一分。以分母廿乘之，得一千二百六十貫，爲寶源數。以寶源數異加正四十二貫，共一千三百〇二貫，即寶泉局三分之二也。於是以分子之二除，以分母三乘，得一千九百五十三貫，爲寶泉數。〔置寶源數，四因五除之，得一千〇八，爲五分之四；又置寶源數，三因四除之，得九百四十五，爲四之三。併兩數，亦恰得一千九百五十三貫，如寶泉數。以加寶泉，是爲寶泉者倍也。〕

論曰：乘得數後，寶泉分數同，惟右行之寶源多於左行者二分，而遂能與寶泉等。若左行之寶源少此二分，而其少於寶泉者，遂一百二十六貫。然則此一百二十六貫者，正是寶源之二分矣。〔知分數，即知全數；知寶源，即知寶泉。〕

此二則皆化整爲零而分母不同也。

4　今有貨、泉、刀、貝四種之幣，各不知數，但云泉八之一，兼刀布七之二，則如貨數也；若刀布七之三，兼貝六之四，則其數如泉也；若貝六之五，又外加數八千九百七十，則如刀布也；若貨數自加九之一，則其數如貝也，問：本數各幾何？

答曰：貨五千一百三十，泉九千六百八十，刀布一萬三千七百二十，貝五千七百。

法以各分母通其原數，然後以正負列之。貨分母九，泉分母八，刀布分母七，貝分母六。〔丁行貨全數一，又九分之一，共十，是爲九分之十。凡全數帶分者準此。〕

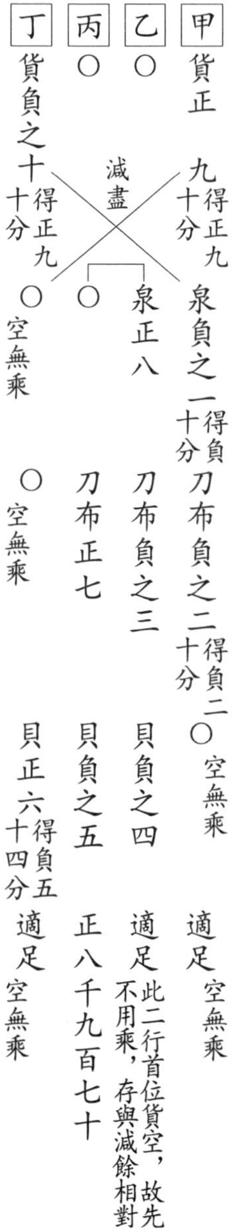

先以甲行貨正九分爲法，徧乘丁行得數。又以丁行貨負十分爲法，徧乘甲行得數。〔因首位異名，故變一行以相從，而以丁從甲。〕乃以甲丁兩行得數相減，貨同減盡。甲行泉負十分，刀布負二十分，皆無對不減。丁行貝負五十四分，亦無對不減。下適足，無乘無減，仍爲適足。

乃以泉、刀同名在甲行者爲一類，貝同名在丁行者爲一類，分正負

甲	乙	丙	丁	
貨正九 得正九十分	○	○	貨負之十 得正九十分	減盡
泉負之一 得負十分	泉正八	○	○ 空無乘	
刀布負之二 得負二十分	刀布負之三	刀布正七	○ 空無乘	
○ 空無乘	貝負之四	貝負之五	貝正六 得負五十四分	
適足 空無乘	適足 此二行首位貨空，故先不用乘，存與減餘相對	正八千九百七十	適足 空無乘	

重列而求之。〔丁行之負，甲行之正也。〕

因餘行已無貨位，當以泉爲乘法，尋乙行中有泉，徑用與減餘相對。

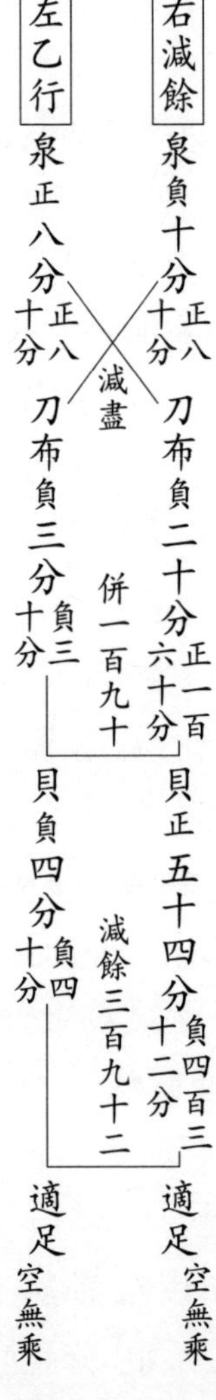

如法徧乘得數，乃相減併。泉同減盡。刀布異併，得〔正〕一百九十分。貝同減，餘負三百九十二分。

以減餘爲主，命其正負而重列之。

因餘行又已無泉，當以刀布爲乘法，尋丙行有刀布，徑用與減餘相對。

如法徧乘得數，刀布同減盡。貝同減，餘一千七百九十四分爲法。正一百七十萬四千三百無減，就爲實。法除實，得九百五十，爲貝之一分。以丙行貝之五分該四千七百五十，異加正八千九百七十，共一萬三千七百二十，爲刀布原數。以刀布分母七除原數，得一千九百六十，爲刀布之一分。以刀布之三分該五千八百八十，貝之四分該三千八百，併之得九千六百八十，爲泉數。〔用乙行也。〕以泉分母八除泉數，得一千二百一十，爲泉之一分。以泉之一分加刀布之二分三千九百二十，共五千一百三十，爲貨數。〔用甲行也。〕以貨分母九除貨數，得五百七十，爲貨之一分。以貨數加一分，共五千七百，爲貝數。〔用丁行也。〕

甲丁兩行乘減論曰：既互乘，則甲丁之貨等，而甲行之泉若刀布及丁行之貝，

右減餘
刀布正一百九十分
正一千三百三十分
貝負三百九十二分
負二千七百四十四分
適足
空無乘
無減

左丙行
刀布正
七分
正一千三百三十分
貝負五分
負九百五十分
正八千九百七十
正一百七十萬〇四千三百

減盡
餘一千七百九十四分

又各與其首位之貨等，則甲之泉若刀布必與丁之貝等也。故對減去貨，而徑以甲之泉若刀布與丁之貝分正負，而命之適足也。此即西學中比例之理，然方程中自有之，且簡快如此。

乙行減併論曰：左右兩行之正負皆適足，若於右正數内減左正，右負數内減左負，其所餘者亦必適足也。今右正内既減去同名之泉，右負内又減去同名之貝，而左負内有刀布不與右同名，不能相減，故反用以加。加則正數多，正數多則負數少，而其數亦必適足矣。

又論曰：隔行之異名，乃同名也。今兩行之正與負既皆適足，若以左之正〔泉。〕益右之負，〔貝。〕而共爲負；以左之負〔刀布、貝。〕益右之正，〔泉、刀布。〕而共爲正，則亦適足也。於是以兩者〔右泉、刀布，左刀布、貝爲一類；左泉、右貝爲一類。〕對減其相同之物，〔泉各減八十分，貝各減四十分。〕則其所餘之物必亦適足也。〔左右刀布爲正，右貝減餘爲負。〕

又論曰：右行刀布正數也，正多於負之數也；左行刀布負數也，正少於負之數也。合此二數，則是右正之多於左正者，此兩行之刀布也。然刀布之數右正雖多於左正，而貝之數右負亦多於左負，故兩行皆適足也。然則右正之所多與右負之所多，亦必相當適足矣。

丙行乘減論曰：刀布本同，惟右之貝多於左。右之貝多則左之貝少矣，左之貝少則刀布多矣。然則左之刀布獨有盈數者，正是此相差之貝也。

此亦化整爲零而又有整帶零。〔四色有空之例也。〕

5 問：品官月俸，六品爲五品八之五，七品爲六品四之三，八品爲七品十五之十三，九品爲七品十五之十一。倍九品，加八品、六品、七品各一，則如五品之倍數而多三石。各若干？

法以分母各通其原數，而正負列之。五品通爲八，六品通爲四，七品通爲十五，八品、九品以全數，原無分母故也。〔五品倍則爲十六。〕

先以甲行五品十六分遍乘乙行五品、六品得數，〔餘空位無乘。〕次以乙行五品五分遍乘甲行得數，乃對減。五品各八十分，同名對減盡。六品同名對減，餘四十四分。乙行之負物也，爲一類〔一〕。七品、八品、九品并禄米較數，皆無對不減，皆甲行之負物、負數也，爲一類。分正負列之〔二〕，與丙行相對。

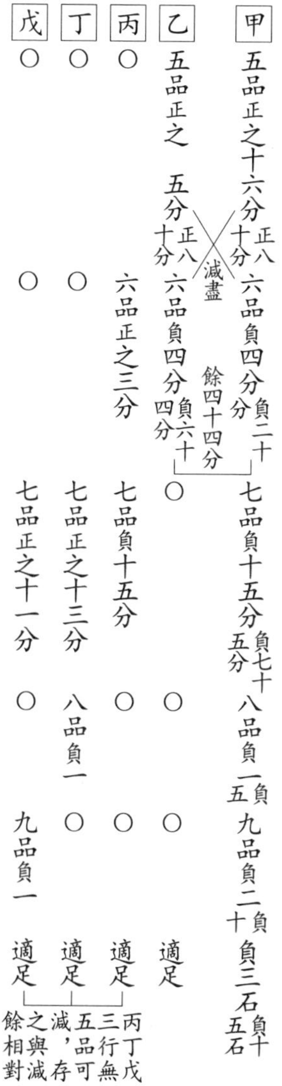

甲	乙	丙	丁	戊
五品正之十六分（正八十分）	五品正之五分（正八十分）	○	○	○
六品負四分（負二十分）	六品負四分（負六十四分）	六品正之三分	○	○
七品負十五分（負七十五分）	○	七品負十五分	七品正之十三分	七品正之十一分
八品負一（負五）	○	○	八品負一	○
九品負二（負十）	○	○	○	九品負一
負三石（負十五石）	適足	適足	適足	適足

甲乙五品：減盡。甲乙六品：餘四十四分。

丙丁戊三行無五品可減，存之與減餘相對。

〔一〕一類，原作“乙類”，據輯要本改。

〔二〕見次頁左圖。

右減餘 八品負十五（負十五） 七品正四百三十五分 九品負三十 負四十五石

［減盡］ ［餘正二百四十分］

左丁行 八品負 一（負十五） 七品正十三分（正一百九十五分） ○ 適足

右減餘 六品正四十四分（正一百三十二分） 七品負七十五分（負二百二十五分） 八品負五（負十五） 九品負十（負卅） 負十五石（負四十五石）

［減盡］ ［左餘四百三十五分］

左丙行 六品正 三分（正一百三十二分） 七品負十五分（負六百六十分） ○ ○ 適足

如法，以減餘六品分遍乘丙行六品、七品分得數，〔餘空無乘。〕又以丙行六品分遍乘減餘得數，乃以對減，六品得數各一百三十二分，同名減盡。七品同名，減餘四百三十五分，丙行之負物也，自爲一類。其餘三位無減，皆減餘之負物、負數也，共爲一類。分正負列之〔一〕，與丁行相對。

又因丁戊兩行皆有七品，是多一算也，乃更置之，以八品列首位。

如法，以丁行八品負一遍乘減餘，皆如故。〔首行同名，故兩行之正負亦皆不變。〕又以減餘八品負十五分遍乘丁行八品、七品得數。乃對減，八品同減盡。七品同減，餘二百四十分，右行之正物也，爲一類。九品三十無減，禄米四十五石亦無減，皆右行之負物、負數也，同名共爲一類。乃分正負重列之，與戊行相對。

如法，以左右七品分互遍乘得數。〔首行同名，故兩行之正負皆不變。〕七品同減盡，九品同減，餘九十爲法。禄米四百九十五石無減，就爲實。法除實，得五石五斗，爲九品月俸。置九品俸，以相當之七品之十一

右減餘
七品正二百四十分　正二千六百四十分
九品負三十　負三百三十
負四十五石　負四百九十五石

左戊行
七品正十一分　正二千六百四十分
九品負一　負二百四十
適足

減盡
餘九十

〔一〕見前頁右圖。

分除之,得五斗,爲七品月俸十五分之一,而以與八品相當之十三乘之,得六石五斗,爲八品月俸。又以七品之分母十五乘其一分,得七石五斗,爲七品月俸。又置七品俸,以相當之六品之三分除之,得二石五斗,爲六品四之一,而以其分母四乘之,得十石,爲六品月俸。置六品俸,以相當之五品之五分除之,得二石,爲五品八之一,而以其分母八乘之,得十六石,爲五品月俸。

計開:

五品每月十六石,六品每月十石,七品每月七石五斗,八品每月六石五斗,九品每月五石五斗。

論曰:此所列有二種。六品通爲四分者,問原云四之三,是可以四分者也。七品通爲十五分者,原云十五之十三、之十一,是可以十五分者也。五品通爲十六分者,原云八之五,是可以八分者也,又倍之而十六,則爲八分者二矣。此皆以分立算,化整從零之法也。八品則只是原數,九品亦是原數,而又有倍數,然只是原數之倍,非如五品倍其分也,此兩者皆不用分只用整。合而言之,乃零整雜用之法也。零與整雜,似不倫矣,然乘除得數則同。但用分者,所得數亦爲一分之數,故必以分母乘之,乃合原數。而其原不用分者,得即原數,更不須乘。能知此理,則用分無誤矣。

甲乙兩行論曰:兩行正數内,五品本同,而甲有負多於正之較,乙則無有,是此較數乃甲負多於乙負之較也。於是以兩負相減,以去其同之分,而觀其所不同之處,則甲有諸品，而乙惟六品之減餘。然則甲負之獨多此較者，乃甲諸品多於乙六品減餘之較矣。

丙行乘減論曰：兩得數對減而六品減盡，是其數同也。其與六品爲正負者，又減去相同之七品分，而左仍餘七品之餘分，右仍餘諸品之全分，則是兩行諸數皆同，而惟此二者有差也。然則右之獨有盈於六品之較者，正此二者之差數也。

丁行論曰：兩行對減，而於負數内減去相同之八品，惟餘九品；於正數内減去相同之七品分，惟餘七品之餘分。然則右行負數獨有盈於正數者，正是右行九品與其七品餘分之較也。何也？與之對減者乃左行適足之數，故於較數無關也。〔重列三次皆然。〕

戊行論曰：右行内減去左行適足數，惟餘九品數，則其下盈數必所餘九品之數也。此條遞減歸一，其理較明，學者翫之。

此零整雜列也，亦五色方程有空例也，有減無併，可悟偶加奇減之非。

6 問：有物一百七十四，以三人分之，乙所分如甲七之三，仍不足單六；丙所分如乙七之三，而多二，數各幾何？

答曰：甲數一百一十二，乙數四十二，丙數二十。

〔甲數三因七除得四十八，多於乙數六。乙數三因七除之得十八，少於丙數二。〕

法列位。以甲乙分母七化整爲零。丙無分，仍用整。

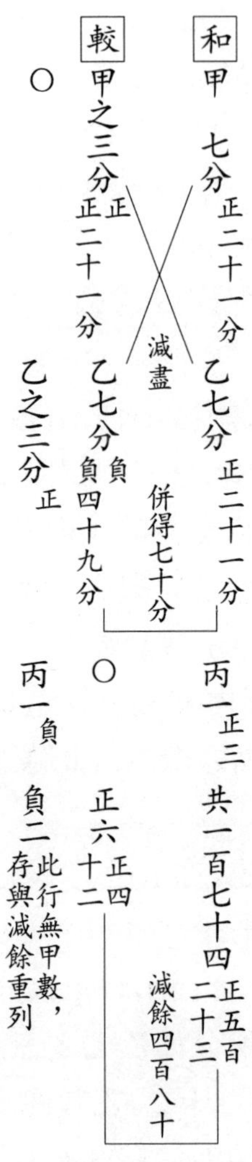

此三色有空，先以和較雜法，用兩行甲互遍乘之。和數甲全分七，乘較行得數。〔依其正負。〕以較數甲正三分乘和行得數。〔從乘法皆命爲正。〕甲各二十一分，同減盡。乙異併七十分,〔正。〕丙三無減。〔正。〕下數同減,餘四百八十。〔正。〕皆同名,不分正負。以和數重列,與第三行較數求之。

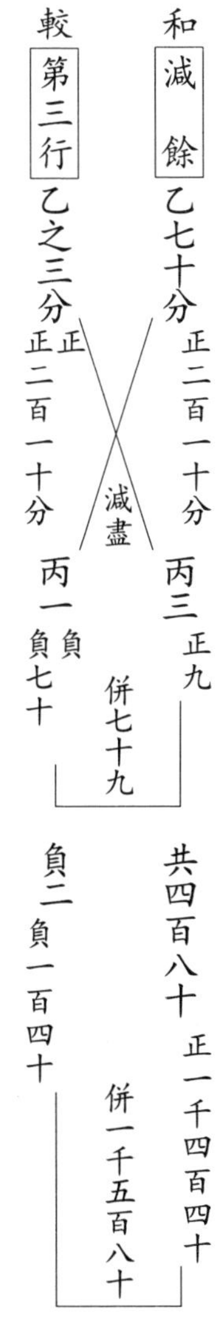

如法互乘減併，乙同減盡。丙異併七十九爲法，下數異併一千五百八十爲實。法除實，得二十爲丙數。丙數同減負二，得一十八，爲乙七之三。乃以三分除之，得六，爲乙七之一。以分母七乘之，得四十二爲乙數。乙數異加正六共四十八，當甲七之三。乃以三分除之，得十六，爲甲七之一。以甲分母七乘之，得一百一十二爲甲數。此亦零整雜用之法也。

若依變零從整法，則以分子母倒位列之，其正負以分母乘之，乃與和數列而求之。

論曰：倒位何也？非倒位也，分母遍乘則然也。以分母七乘子三而皆七之，則爲三分者七。爲三分者七，是爲全數者三矣。而其所當者全數也，七之則爲全數者七矣。是乙以全數當甲七之三者，七乘之，則七乙當三甲也，故如倒位。然皆全數也，非分也，故非倒位。正負亦分母乘，何也？乙一當甲七之三而少六，則七乙當三甲，而共少七個六爲四十二也。丙一當乙七之三而多二，則七丙當三乙，而共多七個二爲十四也〔一〕。

如法以前兩行遍乘減併，又重列之，與第三行遍乘減併。乙減盡，丙異併七十九爲法，下數異併一千五百八十爲實。法除實，得二十爲丙數。

七因丙數得一百四十，同減負十四，餘一百二十六。以乙三除之，得四十二爲乙數。

〔一〕圖見次頁。

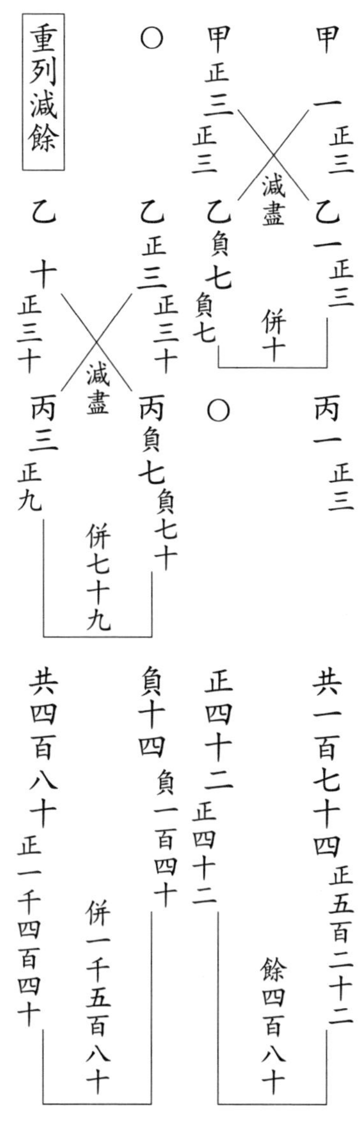
甲
一
正三
乙一
正三
丙一
正三
共一百七十四
正五百二十二
甲正三
正三
乙負七
負七
○
正四十二
正四十二
減盡
併十
餘四百八十
○
乙正三
正三十
丙負七
負七十
負十四
負一百四十
重列減餘
乙
十
正三十
丙三
正九
共四百八十
正一千四百四十
減盡
併七十九
併一千五百八十

七因乙數得二百九十四，異加正四十二，共三百三十六。以甲三除之，得一百一十二爲甲數。

此變零從整而分母同者也。亦有分母不同，但取其本一行中所用之分母，遍乘本行以爲用，不必齊同，如後條。

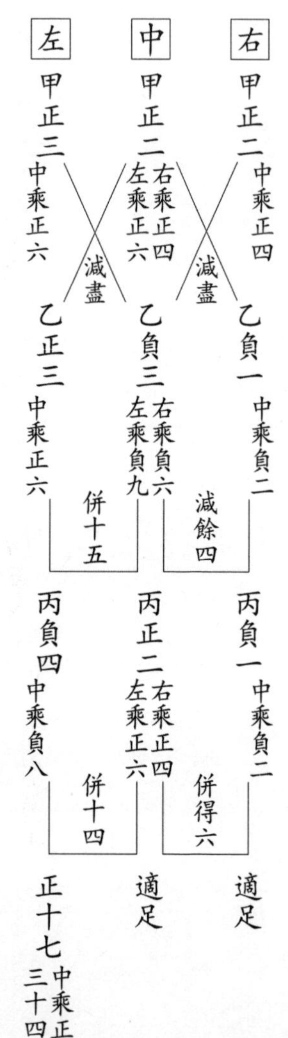

7 問：有數不知總，以三人分之，亦不知各所分之數，但云甲如乙丙共數二之一，乙如甲丙三之二，丙如甲乙四之三，而不足四又四分之一，總數、分數各幾何？

答曰：總數十五。甲五，乙六，丙四。

乙丙共十，其二之一則五，如甲。甲丙共九，其三之二則六，如乙。甲乙共十一，其四之三則八又四之一，以丙相較，不足四又四之一也。

法曰：此各行分母不同，〔如甲有三之二，又有四之三；乙有二之一，又有四之三；丙有二之一，又有三之二，皆有兩分母。〕宜用變零從整之法，以不同同之。〔用分則不同，變而用整，則不同而同矣。〕以分母各遍乘其本行而列之，右行分母二，中行三，左行四。

如法互乘減併，以三色較數變

爲二色，而重列之。〔雖減併不同，皆仍爲較數不變，宜翫。〕

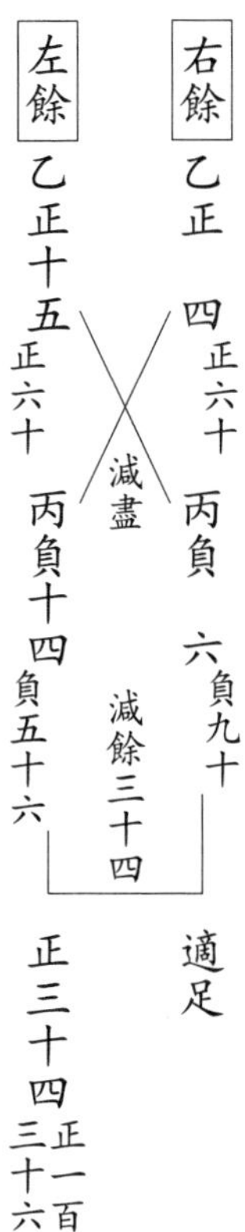

如法互乘，乙同減盡。丙同減，餘負三十四爲法。正一百三十六無減，就爲實。法除實，得四爲丙數。六乘丙數得二十四，以相當適足之四乙除之，得六爲乙數。以原列右行乙丙各一共十，以相當適足之甲二除之，得五爲甲數。

論曰：甲爲乙丙二之一，則是二甲當一乙一丙也，皆二因之也。乙爲甲丙三之二，則是三乙當二甲二丙也，皆三因之也。丙爲甲乙四之三，而不足四又四之一，則是四丙以當三甲三乙，而不足十七也，皆四因之也。〔甲、乙、丙各有兩分母，若化整爲零，當以分母相乘爲原數，母互乘子爲所用之分，殊多事矣。〕

二因甲得二，二因乙丙二之一，得乙丙各一。

三因乙得三，三因甲丙三之二，得甲丙各二。

四因丙得四，四因甲乙四之三，得甲乙各三。四因正四又四之一，得正十七。〔以一丙與甲乙四之三較，不足四又四之一。若以四丙與四個甲乙四之三較，亦不足四個四，又四個四之一，是爲十七。〕

8 問：有數九百六十，以四人差等分之，乙與甲如二與八，丙與乙如三與七，丁與丙如四與六，各幾何？

答曰：甲六百七十二，乙一百六十八，丙七十二，丁四十八。

法以共數命爲和，相當數命爲較，依和較雜法列之〔一〕。

乙二而甲八，是乙得甲八之二，故八乙可當二甲也。丙三而乙七，是丙得乙七之三，故七丙可當三乙也。丁四而丙六，是丁得丙六之四，故六丁可當四丙也。〔推此知二八、三七、四六各種差分，皆可以方程御之。〕

首、次兩行，如法互乘減併訖，重列之，取出第三行與之爲耦〔二〕。

如法減併訖，又重列之。〔兩次減餘皆和數，可見立負之非。〕

又取末行與之爲耦而列之〔三〕。

如法乘，丙減盡。丁併得四百八十爲法，正二萬

〔一〕見次頁左圖。

〔二〕見次頁中圖。

〔三〕見次頁右圖。

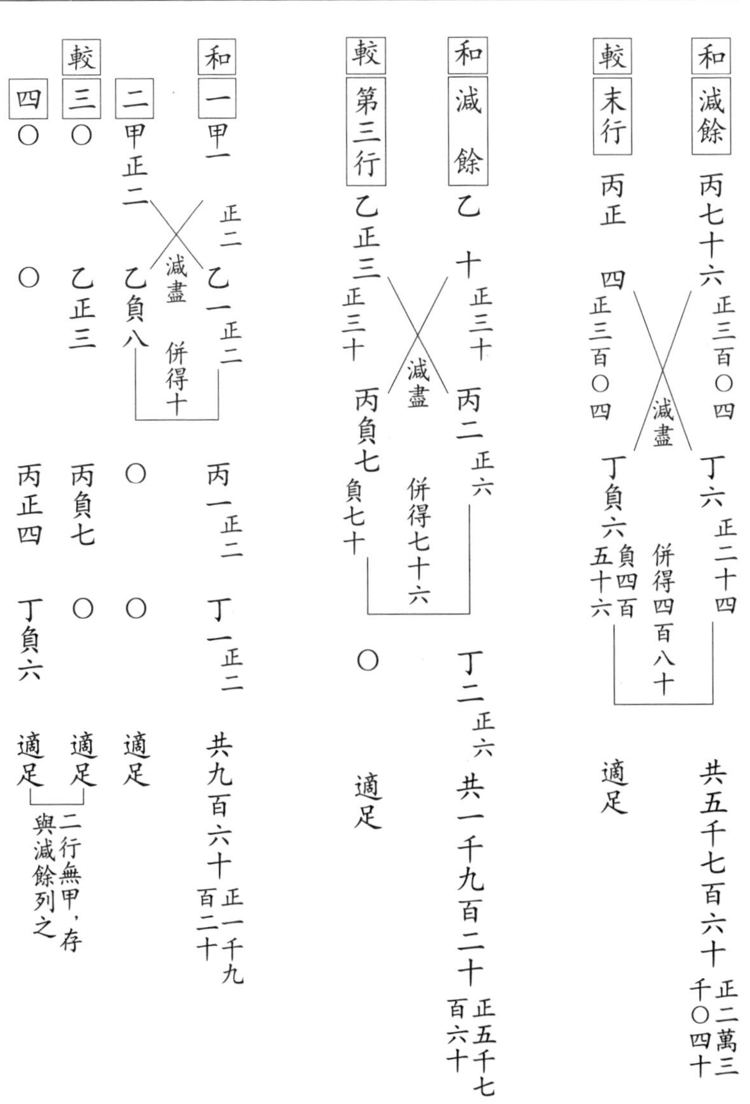

三千〇四十無減，就爲實。法除實，得四十八爲丁數。六因丁數，得二百八十八，以相當之四丙除之，得七十二爲丙數。七因丙數，得五百〇四，以相當之三乙除之，得一百六十八爲乙數。八因乙數，得一千三百四十四，以相當之二甲除之，得六百七十二爲甲數。

試以甲併乙，共八百四十，以八因之，得甲數；若二因，亦得乙數，是乙與甲二八差分也。試以丙併乙，共二百四十，以七因之，得乙數；若三因，亦得丙數，是丙與乙三七差分也。併丙丁共一百二十，以六因之，得丙數；若四因，亦得丁數，是丁與丙四六差分也。

又試以八除甲數得八十四，以二除乙數亦得八十四。若以八十四除甲數，必得八；以八十四除乙數，必得二也。又試以七除乙數，以三除丙數，皆得二十四。若以二十四除乙數，必得七；除丙數，必得三也。以六除丙數，以四除丁數，皆得十二。若以十二除丙數，必得六；除丁數，必得四也。

9 問：有數七百四十一，以四人分之，乙於甲爲三之二，丙於乙爲五之三，丁於丙爲七之五，各幾何？

答曰：甲三百一十五，乙二百一十，丙一百二十六，丁九十。

法曰：乙得甲三之二，是三乙當二甲也。丙得乙五之三，是五丙當三乙也。丁得丙七之五，是七丁當五丙也。故皆命以適足而列之。

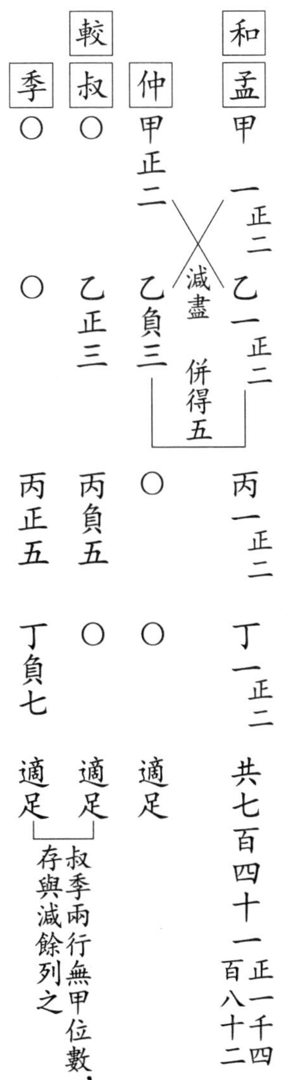
和
孟
甲
一正二
乙一正二
丙一正二
丁一正二
共七百四十一正一千四百八十二
仲
甲正二
乙負三
〇
〇
適足
減盡
併得五
較
叔
〇
乙正三
丙負五
〇
適足
季
〇
〇
丙正五
丁負七
適足
叔季兩行無甲位數，存與減餘列之

先以孟、仲兩行如法互乘減併訖，列其餘數，取出叔行相對。

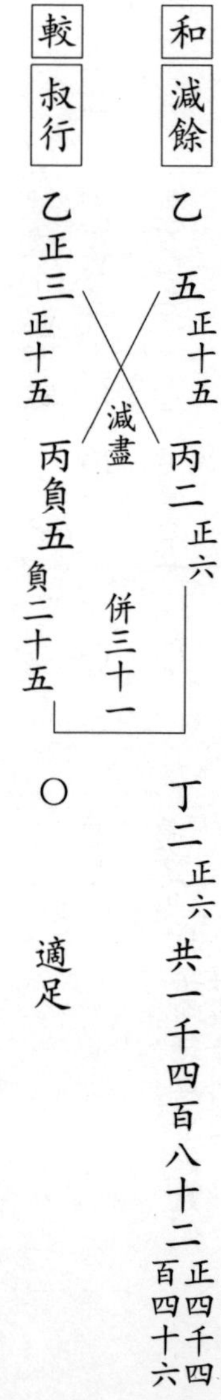

如法減併，又列其餘，與季行相較。

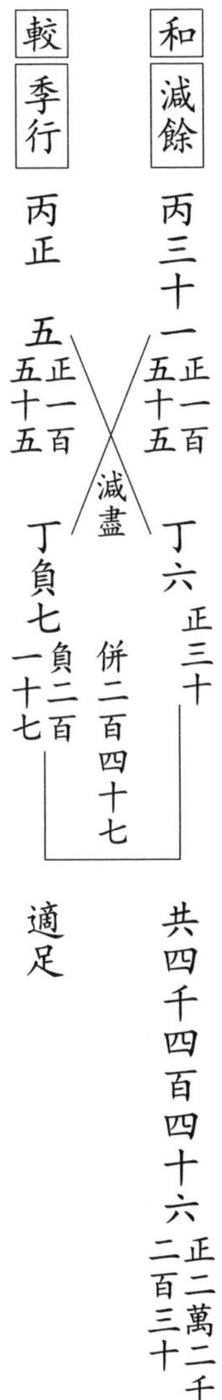

如法減併，丁二百四十七爲法，正二萬二千二百三十爲實。法除實，得九十爲丁數。七因丁數，五除之，得一百二十六爲丙數。五因丙數，三除之，得二百一十爲乙數。三因乙數，二除之，得三百一十五爲甲數。

10　問：有數七百四十一，以四人分之，乙如甲三之二，丙如甲五之二，丁如甲七之二，各幾何？

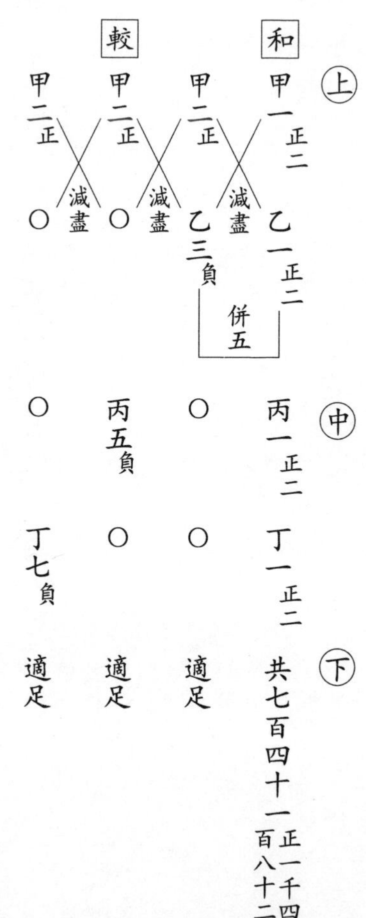

因前問中有疊數，故作此問以互明之。

乙三當甲二，而丙五又當乙三，是丙五亦當甲二也。

丙五當甲二，而丁七又當丙五，是丁七亦當甲二也。〔又丁七亦當乙三，今云爾者，以甲爲主也。〕

在西法謂之連比例。

首行互乘次行如故。次行乘首行，皆二之。甲減盡，乙異併得五。〔正。〕丙二，〔正。〕丁二，〔正。〕正一千四百八十二，皆無減。〔皆仍爲和，同名在一行故也。〕

次行乘三行，因兩首位同，不用乘，竟以對減。甲

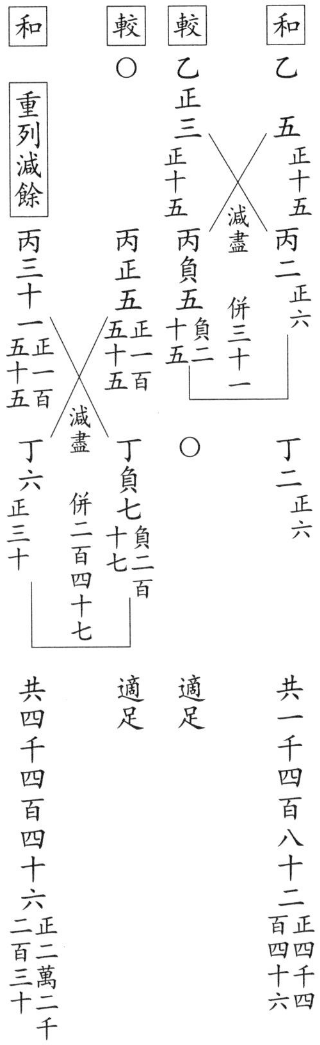

減盡。乙三,〔次行負也。〕丙五,〔三行負也。〕皆無減,命爲正負適足。〔同名在兩行,故爲較數。〕

三行、末行首位亦同,亦徑減。甲減盡。乙空,丙五,〔三行負也。〕丁七,〔末行負也。〕皆亦無減,命爲正負適足。〔亦同名在兩行。〕

乃以減餘重列之,如三色有空之法。

如法減併,得二百四十七爲法,二萬二千二百三十爲實。法除實,得丁數。以次求得甲、乙、丙數,皆如前問之數。

和　乙五正十五　丙二正六　丁二正六　共一千四百八十二正四千四百四十六

較　乙正三正十五　丙負五負二十五　○　適足

減盡　併三十一

較　○　丙正五正一百五十五　丁負七負二百十七　適足

減盡　併二百四十七

和　重列減餘　丙三十一正一百五十五　丁六正三十　共四千四百四十六正二萬二千二百三十

11　問:有米三百八十五石五斗二升,令二等人户以四六差分出之,甲上等二十六户,乙下等四十户,下户出率則如上户六之四。

答曰:上户各七石三斗二升,廿六户共一百九十石〇三斗二升;下户各四石八斗八升,四十户共一百九十五石二斗。

法以和較列位。

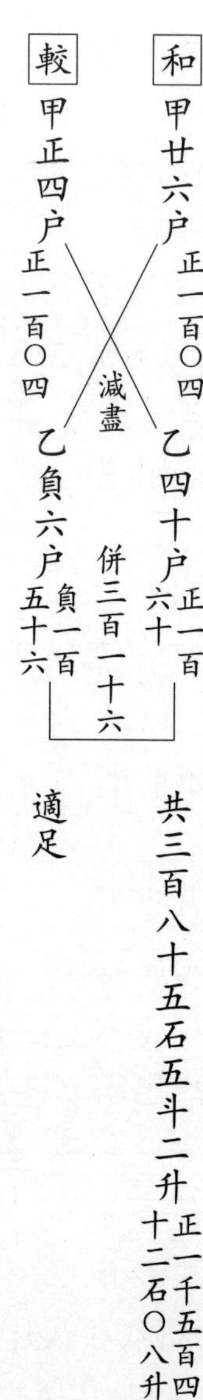
較
甲正四户
正一百〇四
乙負六户
負一百五十六
適足
和
甲廿六户
正一百〇四
乙四十户
正一百六十
減盡
併三百一十六
共三百八十五石五斗二升
正一千五百四十二石〇八升

如法互乘得數，甲同減盡。乙異併三百一十六户爲法，米一千五百四十二石〇八升無減，就爲實。法除實，得四石八斗八升，爲下等户則例。以下等六户乘其則例，得二十九石二斗八升，以相當之上等四户除之，得七石三斗二升，爲上等户則例。

12　問：有米三百一十七石，給與四色人户，甲二十户，乙三十户，丙四十户，丁五十户，丁每户如丙户七之三，丙每户如乙户六之四，乙每户如甲户八之二，各幾何？

答曰：甲每户八石四斗，廿户共一百六十八石；乙每户二石一斗，三十户共六十三石；丙每户一石四斗，四十户共五十六石；丁每户六斗，五十户共三十石。

法列位。

首行甲廿户，十倍於次行甲正二，但以首行甲退一位作二，則齊同矣。甲退十爲單，其下各位皆退十爲單，即如互遍乘，而

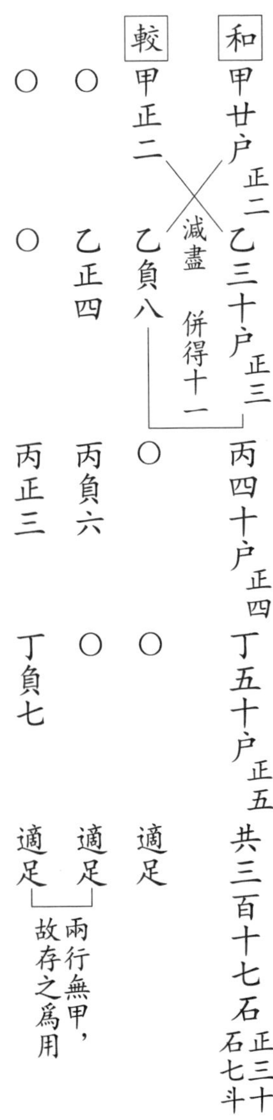

可以對減矣。

乃以減併之餘，重與第三行列之。

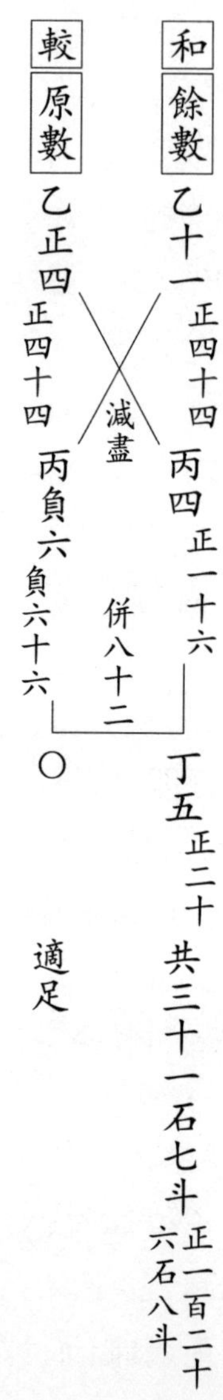

又以減併之餘，重與第四行列之。

依法求得六百三十四爲法，三百八十石〇四斗爲實。法除實，得六斗，爲丁户則例。七因丁則，得四石二斗，丙三除之，得一石四斗，爲丙則。六因丙則，四除之，得二石一斗，爲乙則。四因乙則，得八石四斗，爲甲則。〔此條有省算法，説見後卷。〕

此上數條，皆變零從整法也。

有兩數相較而爲十之八、十之七者，即非二八、三七差分也，有二例見末卷。

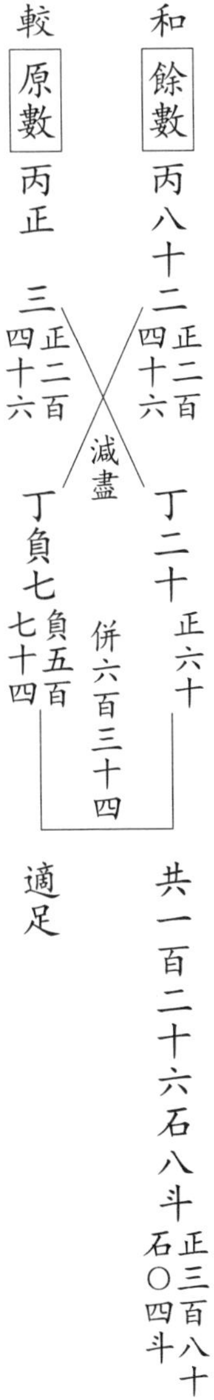

和
餘數
丙八十二　正二百四十六
丁二十　正六十
共一百二十六石八斗　正三百八十石〇四斗

較
原數
丙正三　正二百四十六
丁負七　負五百七十四
適足

減盡
併六百三十四

瓔珞方程例

瓔珞者，言其聯綴而垂象瓔珞也，謂之疊脚。

凡算方程，皆以多色遞減至一法一實，以先知一色之數。然此所先求之一色，却原帶有不同之數，則法一而實非一，故以一總法而除多實，非疊脚之法不可也。〔亦有以下爲法，上爲實者，則實一而法有多名，在合問者之所求而定之，詳刊誤條。〕

1　今有大江南北兩處糧艘載米不同，因水程遠近，給耗米亦不等，但云南船三隻，北船兩隻，共運米一千九百七十石，外給耗米共六百六十八石；又南船一隻，北船四隻，共運米一千九百九十石，外給耗米五百五十六石。問各船正、耗米數，以便稽核。

答曰：北船每隻正運米四百石，給耗米一百石，共正耗米五百石，每正米一石耗米二斗五升；南船每隻正運米三百九十石，給耗米一百五十六石，共正耗米五百四十六石，每正米一石給耗米四斗。

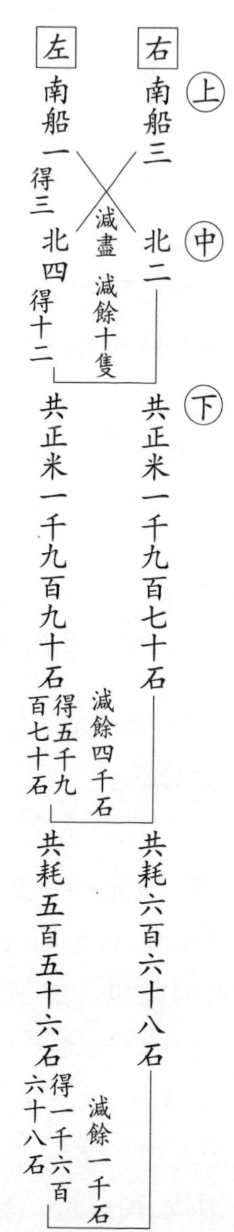

法各列位。

先以左行南船一遍乘右行，各得原數。

次以右行南船三遍乘左行得數。南船三與右減盡。北船十二，減去右二，餘十隻爲總法。

正運米五千九百七十石，減去右一千九百七十石，餘四千石爲運米實。

耗米一千六百六十八石，減去六百六十八石，餘一千石爲耗米實。

以總法除正運米實，得四百石，爲北船每隻運數。

以總法除耗米實，得一百石，爲北船每隻耗米數。〔總計正、耗，得北船每隻米五百石。〕

任於左行總運米一千九百九十石

内，减北船四隻該運米一千六百石，餘三百九十石，爲南船一隻運數。〔一故不除。或於右行運一千九百七十石内，减北船二隻運八百石，餘一千一百七十石。以南船三隻除之，亦得三百九十石。〕

於左行總耗米五百五十六石内，减北船四隻該耗四百石，餘一百五十六石，爲南船一隻運數。〔或於右行耗六百六十八石内，减北船二隻耗二百石，餘四百六十八石。以南船三隻除之，亦得一百五十六石。〕總計正、耗，得南船每隻米五百四十六石。

以北船四百石除其耗米一百石，得每石給耗米二斗五升。以南船三百九十石除其耗米一百五十六石，得每石給耗四斗。

此問每船米數，故以船爲法，米爲實。

若問每米一萬石，該用幾船，則以减餘船十隻，用異乘同除，以一萬乘得十萬，爲總船實，以運米减餘四千石爲法。法除實，得二十五，爲每運米一萬石用北船之數。於是任以右行北船二隻，亦用異乘同除，以一萬石乘之，二十五船除之，得八百石。以减共米一千九百七十石，餘一千一百七十石，又用爲法。以右行原列南船三乘一萬石，得三萬石爲實。法除實，得二十五隻又三十九分之二十五，爲每米一萬石用南船之數。

若問耗米給過五千石，該得幾船者，則亦用異乘同除，以五千石乘减餘十隻爲北船實，以减餘耗米一千石爲法，除實得五十隻，爲每耗米五千石給北船之數。任以右行北船二隻五千石乘之，五十隻除之，得二百石。以减共耗六百六十八石，餘四百六十八石，又用爲法。以原列南船三乘五千石爲實，法除實，得三十二隻又三十九分之二，爲每耗米五千石給南船之數。

2 假如有南運艘二隻，以比北三隻，則南船運米不及北四百二十石，其南船帶耗米反多於北一十二石。若以南船三當北船五，則南船運米不及北八百三十石，其耗米亦不及北三十二石。問：各幾何？

法以正負列位。

如法乘減，餘北船一隻爲總法。

運米同減，餘四百石爲運米實，即爲北船每隻運數。〔總法一，故不除，下同。〕耗米異併，得一百石爲耗米實，即爲北船每隻耗數。

任以右行北船三乘其運數，得一千二百石，同減負四百二十石，餘七百八十石。以南船二除之，得三百九十石，爲南船運數。

以右行北船三乘其耗數，得三百石，異加正十二石，共三百一十二石。以南船二除之，得一百五十六石，爲南船耗數。

若問每米一萬石須幾船運者，則以減餘北船一，以一萬石乘之爲船實，以減餘四百石爲運米法。法除實，得二十五

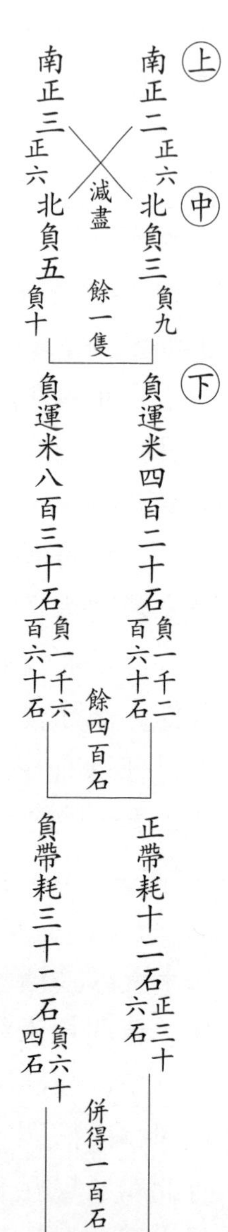

隻，爲北船每運一萬石之數。又以一萬石任乘右行北船三，以二十五隻除之，得一千二百石，同減負四百二十石，餘七百八十石，又爲法。以一萬石乘南船二爲實，法除實，得二十五隻又三十九分船之二十五，爲南船每運一萬石之數。

若問耗米五千石該給幾船者，則亦以五千石乘減餘北船一隻爲船實，以減餘一百石爲耗米法。法除實，得五十隻，爲北船耗米五千石之船數。又以五千石乘右行北船三，以五十隻除之，得三百石，異加正十二石，共三百一十二石，又爲法。以五千石乘南船二爲實，實如法而一，得三十二隻又三十九分船之二，爲南船耗米五千石之船數。

此因耗米與正運不同故也。若耗米亦以一萬石爲問，則北船之實皆同。

3　今有墨一百二十七錠，研六十六枚，給與修史局六十人、校書局六十三人；又有墨五十八錠，研三十二枚，給與修史局二十四人、校書局四十二人，問：各幾何？

答曰：史局每人墨一錠又六分之四，〔六人十錠也。〕研四分之三；〔四人共三研。〕校書局每人墨七分之三，〔七人共三錠。〕研三分之一。〔三人共一研。〕

法各列位〔一〕。

如法乘減，餘校書一千〇〇八人爲總法。

〔一〕圖見次頁。

墨餘四百三十二爲墨實。

研餘三百三十六爲研實。

以總法除墨實，得七分之三，爲校書局給墨數。〔七人得墨三錠。〕就以七人除右行校書六十三人，以墨三錠乘之，得二十七錠，以減總給一百二十七錠，餘一百錠。以史局六十人除之，得一錠又六分之四，〔六人得四錠，并整數，爲六人十錠。〕爲史局給墨數。

又以總法除研實，得三分之一，爲校書局給研數。〔三人共一。〕就以三除校書六十三人，得二十一研，以減總給研六十六，餘四十五研。以史局六十人除之，得四分之三，〔四人三研。〕爲史局給研數。

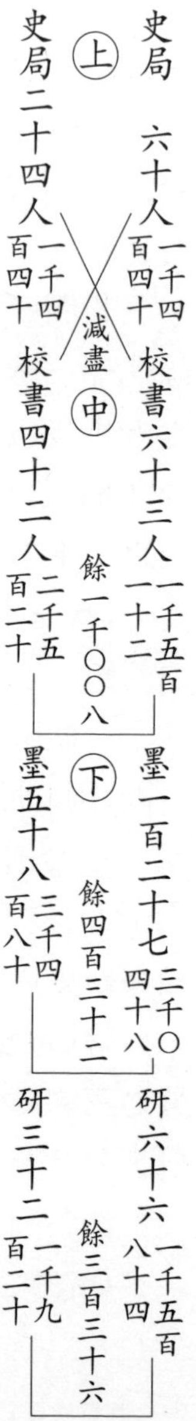

4　問：修艙船隻，内有舊船二隻、新船一隻，共用桐油二百六十斤，麻一百三十斤，釘十七斤，石灰二百一十斤，計工兩月有半。又舊船一隻、新船三隻，共用桐油二百八十斤，麻一百四十斤，釘十六斤，灰二百三十斤，工兩月有半。其新舊船各幾何？

答曰：每新船一隻，用桐油六十斤，麻三十斤，釘三斤，灰五十斤，每工一月修兩隻；每舊船一隻，用桐油一百斤，麻

右行		左行
史局六十人　一千四百四十	㊤ 減盡	史局二十四人　一千四百四十
校書六十三人　一千五百一十二	㊥ 餘一千〇〇八	校書四十二人　二千五百二十
墨一百二十七　三千〇四十八	㊦ 餘四百三十二	墨五十八　三千四百八十
研六十六　一千五百八十四	餘三百三十六	研三十二　一千九百二十

五十斤，釘七斤，灰八十斤，每工一月修一隻。

法各列位。

右	中	左	左旁
舊船二	上　減盡	舊船一	得二
新一	中　餘五	新三	得六
油二百六十	下　餘三百	油二百八十	五百六十
麻一百三十	餘一百五十	麻一百四十	二百八十
釘十七	餘十五	釘十六	三十二
灰二百一十	餘二百五十	灰二百三十	四百六十
工兩月半	餘十五	工兩月半	五月

先以左舊船一遍乘右行如故,次以右舊船二遍乘左行得數,乃相减。上位舊船對减盡,中位新船减餘五,爲總法。

下位油相减,餘三百斤,爲新船油實。〔以總法除之,得六十斤,爲新船油數。〕

麻相减,餘一百五十斤,爲新船麻實。〔以總法除之,得三十斤,爲新船麻數。〕

釘相减,餘一十五斤,爲新船釘實。〔以總法除之,得三斤,爲新船釘數。〕

灰相减,餘二百五十斤,爲新船灰實。〔以總法除之,得五十斤,爲新船灰數。〕

任以左行新船三隻乘其油數,得一百八十斤,以减總油二百八十斤,餘一百斤,爲舊船一隻油數。

以新船三隻乘其麻數,得九十斤,以减總麻一百四十斤,餘五十斤,爲舊船一隻麻數。

以新船三隻乘其釘數,得九斤,以减總釘一十六斤,餘七斤,爲舊船一隻釘數。

以新船三隻乘灰數,得一百五十斤,以减總灰二百三十斤,餘八十斤,爲舊船一隻灰數。

此爲以船求油、麻等,故以船爲法,以麻、油等爲實。

乃以减餘新船五隻爲總實,以减餘工兩月半爲法,法除實得二隻,爲每工一月修新船之數。就以二隻除左行新船三隻,得一月有半,以减總工兩月半,餘一月。以除舊船一隻如故,得每工一月修舊船一隻。

此以工求船，故以工爲法，船爲實，與前相反。

重審方程例

凡算方程，皆以有總數無各數，故遞減以求之。然有并其總數亦隱者，此當用兩次求之，故曰重審。

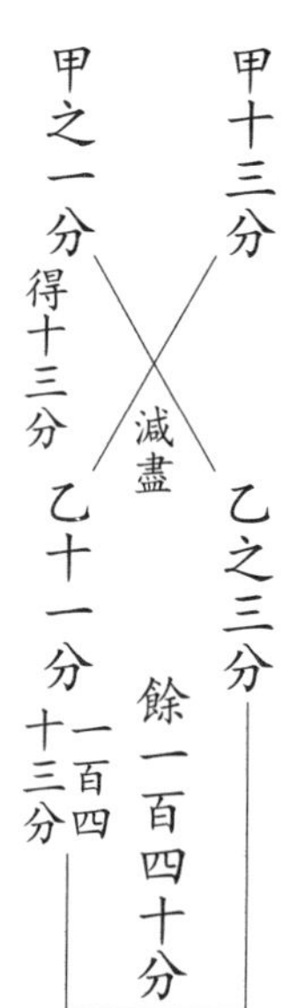

1　假如品官禄米不知數，但云甲支三品俸四個月，又帶支四品俸五個月；乙支三品俸六個月，又帶支四品俸五個月。亦不知甲乙各得數，但云以甲十三分之一益乙，則三百五十石；若以乙十一分之三益甲，亦三百五十石。問：兩品禄米各幾何？

答曰：三品每月俸三十五石，四品每月俸二十四石。

法曰：此當先求出甲乙兩家支過禄米，再求各品月俸，謂之重審。先以帶分法列位。

左甲之一分遍乘右行如故。

右甲之十三分遍乘左行得數。

甲減盡。乙減餘一百四十分爲法，餘俸四千二百石爲實，法除實得三十石，爲乙之一分。以乙分母十一乘其一分，得三百三十石，爲乙支過米數。以乙支過米數減總三百五十石，餘二十石，爲甲之一分。

以甲分母十三乘其一分,得二百六十石,爲甲支過米數。

既得兩家支過米數,乃重列之,以求品俸。

如法左右乘減,餘四品十月爲法,餘俸米二百四十石爲實,法除實得二十四石,爲四品每月俸。以四品五月計

一百二十石，減甲支二百六十石，餘一百四十石。以甲支三品四月除之，得三十五石，爲三品每月俸。

2　假如品官支俸，本折兼支，不知數，但云甲支一品俸四個月，又帶支二品俸五個月；乙支一品俸六個月，又帶支二品俸十個月。亦不知甲乙支過數，但云取乙本色三分之一以益甲，共五百六十六石；若取甲本色三分之二以益乙，則八百六十五石；取乙折色五分之二以益甲，共四百九十八石；若取甲四分之一以益乙，則五百七十九石。問：各幾何？

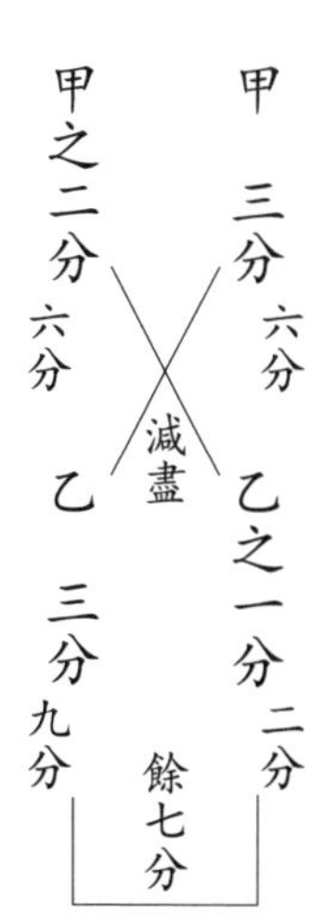

答曰：一品月俸八十七石，内實支本色一半，四十三石五斗；折色鈔一半，數同。

二品月俸六十一石，内實支本色六分，三十六石六斗；折鈔四分，二十四石四斗。

法當重審。先求本色，依帶分法列位。

如法乘減，餘乙之七分爲法，餘本色一千四百六十三石爲實。實如法而一，得二百〇九石，爲乙本色之一分。以減右行共本色五百六十六石，餘三百五十七石，爲甲支過本色數。又以乙分母三乘其一分，得六百二十七石，爲乙支過本色數。

共本色五百六十六石
一千一百三十二石
餘一千四百六十三石
共本色八百六十五石
二千五百九十五石

計開：

甲支過本色三百五十七石。〔内一品俸四個月，二品俸五個月。〕

乙支過本色六百二十七石。〔内一品俸六個月，二品俸十個月。〕

次求折色。亦依帶分法列位。

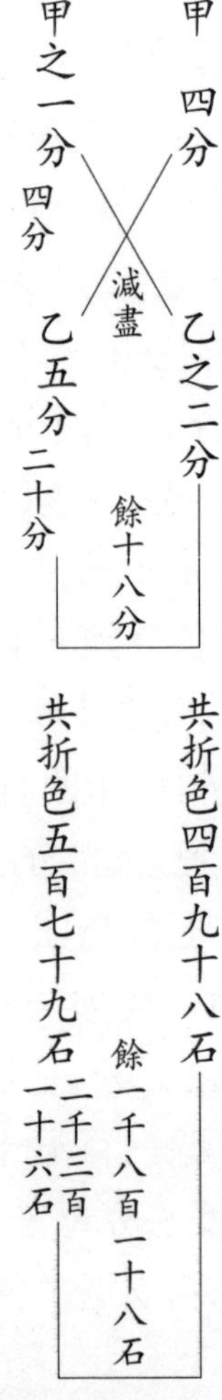

如法左右乘減，乙餘十八分爲法，餘折色一千八百一十八石爲實。法除實得一百〇一石，爲乙折色之一分。

以乙分母五乘之，得五百〇五石，爲乙支過折色數。以乙之二分乘其一分，得二百〇二石。以減共折色四百九十八石，餘二百九十六石，爲甲支過折色數。

計開：

甲支過折色二百九十六石。〔内亦一品俸四個月，二品俸五個月。〕

乙支過折色五百〇五石。〔内亦一品俸六個月，二品俸十個月。〕

既得甲乙兩家支過本、折，然後乃求各品月俸。

依疊脚法，列其所得本、折而重測之。

如法遍乘得數。上位一品減盡，中位二品餘十個月爲總法。下位本色餘三百六十六石爲本色實，折色餘二百四十四石爲折色實。

乃以總法除本色實，得三十六石六斗，爲二品每月俸本色數。以乙二品十個月計三百六十六石，減乙共本色六百二十七石，餘二百六十一石。以乙一品六個月除之，得四十三石五斗，爲一品月俸本色。

又以總法除折色實，得二十四石

	甲		乙
上	甲一品四月　二十四月	減盡	乙一品六月　二十四月
中	二品五月　三十月	餘十月	二品十月　四十月
下	共本色三百五十七石　二千一百四十二石	餘三百六十六石	共本色六百二十七石　二千五百〇八石
	折二百九十六石　一千七百七十六石	餘二百四十四石	折五百〇五石　二千〇二十石

四斗，爲二品月俸折色。以乙二品十個月計二百四十四石，減乙共折色五百〇五石，餘二百六十一石。以乙一品六個月除之，亦得四十三石五斗，爲一品月俸折色。〔其右行亦可互求，則先得甲數也。〕

於是以一品本色、折色併之，得每月俸八十七石。〔本、折各半支。〕以二品本、折併之，得每月俸六十一石。〔四六支本色六分，折色四分。〕

方程論卷三

致　用

筭之用惟捷，其説惟詳。詳説之，斯能捷用。省筭列位諸法，由是以生也，故致用次之。

致用有二，一者省筭，一者列位。〔例雜見諸卷中，故不具列，而備論其理。〕

省算法亦有二，一者行有空則省算，一者數偶同則省乘。

凡方程之法，去繁就簡，同者去之，異者存之，歸於一法一實而已矣。故三色以上有空位，則可徑求。

若三色方程無空位者，必須乘減得數，變爲二色以求之，此常法也。若内有一行中空一位，則以所空之位列於首，而先以其餘兩行不空者，如法乘減得數，即重列之，與原有空位者相對，如二色方程也，〔以兩行無空者相乘對減，則減去一色，惟餘二色。其有空者原只二色，故可相對如二色也。〕則省一筭。〔原法乘減三次，今只兩次，故曰省一筭。〕

凡三色方程，不論一行有空，或兩行各有空，或三行各有空，皆只省一算，何也？其各行中雖有空位，而不相對故也。何以知其不相對？若兩行有空而又相對，則徑可以二色算之矣，即不成三色方程。三色有空例雜見前卷。

凡四色、五色以至多色，有幾行空位者，如上省算徑求，最爲簡捷。若中行無空，則必如法乘減，以五色變四色，四色變三色，三色又變二色，漸次求之，不可徑求而省算也。今諸書所載，皆其各位之有空者耳，非通法也，而欲以此盡方程，可乎？

凡四色方程，有乘減六次者，常也。若有一位空，則省一算。一行中空兩位，或兩行各空一位而相對，則省二算。若一行空兩位，又一行空一位，則省三算止矣。或有四行中各空一位而不相對，亦只省一算而已，何也？惟首位空，乃能省算。若首位不空，而空在下數位，則乘減之後，自然補實，不能省矣。亦有兩行各空兩位，而只省二算者，亦以空位相左，乘後補實耳。故雖四行中各空兩位，亦只省三算也。

假如四色中有一行空兩位，則將此無空之三行，如法乘減，變爲兩行。又將此兩行如法乘併，變爲一行。此減餘一行，却有二位恰與空兩位之行相對矣，便以重列，如二色方程取之。此最方程中要法，而諸書未及也，故詳論之。

若四色方程有兩行各空一位，而又相對，則將其無空之兩行如法互乘，而減去此不空之位，變爲一行，與空位之兩行同列，如三色法取之，尤爲易見。

其四色各行空兩位而省三算，即今諸書中所載是也，可無更贅。然但欲知其爲省算方程，而非常法耳。

其四色無空，乘減六次者，竟無其式，故誤以省算爲常。然既明其理，亦不必一一爲式矣。

凡五色方程無空，則有乘減十次者，常法也。〔五色變四色，則有四算；四色又變三色，則有三算；三色又變二色，則有二算；二色又一算，乃得法實。合之爲十算。〕故五色而爲四圖者，亦常法也。〔原列一圖，以減餘重列爲四色，而三色，而二色，又各一圖，合之爲四圖。〕

若有空一位，則省一算。或空兩位而省二算，〔須兩位空在一行，或兩行俱空首位，乃可。〕空三位而省三算，〔須空在一行；或三行同空首位；或一行首位空，一行首、次兩空，則可。〕空四位而省四算，〔須一行空三位，而一行又空一位，恰與空三位者同；或二行俱空首位，而一行又空首、次兩位，乃可。或兩行俱空首、次，亦可。〕空五位而省五算，〔須兩行空首位，而一行空首、次、三位；或兩行空首、次，而一行空首位；或一行空首、次，而一行空首、次、三之位，乃可。〕空六位而省六算。〔須一行空首位，一行空首、次，一行空首、次、三之位，乃可。〕

省至六算止矣。六算以上，雖多空位，無關省算也。

今諸書有載五色方程者，皆其各行空三位者耳。總計之，有空十五位，而其爲法亦必用四算，然後得數。則所省者，亦只六算，而竟不知其爲省算之法，則習而不察也。

假如五色方程，内只一行空三位，法當以有空之三色列於上，而先以其無空之四行如法乘減，變爲四色者三行；又以乘減，變爲三色者二行；又以乘減，變爲二色者一行，則恰與空位之行相對矣。再乘減一次，得所求矣。故

曰省三算也。〔變四色時省一算,變三色時省一算,變二色時省一算,共省三算。〕

假如五色方程,内有兩行各空二位而相對,法當以有空之二色列於首、次,而先以其無空之三行如法乘減,變爲四色者二行;又以乘減,變爲三色者一行,則恰與空位之兩行相對矣。於是以三色法取之,得所求矣。故曰省四算也。〔變四色時省二算,變三色時亦省二算。〕

假如五色方程,内有兩行空首位,又一行空首、次、三之三位,法當以無空之兩行如法乘減,變爲四色者一行,則恰與空首位之兩行相對矣。乃以原數兩行減餘一行,相並列之,用相乘減,變爲三色者兩行;又相乘減,變爲二色者一行,則又恰與空三位者相對矣。乃以原空三位者與減餘列而求之,即得之矣。故曰省五算也。〔變四色時省三算,變三色與二色又各省一算。〕

若五色方程,内有兩行各空三位者,即如一行空兩位、一行空三位也。法以無空之三行先用乘減,變爲四色者兩行;又以乘減,變爲三色者一行,則恰與空首位、次位者對矣。取出原空兩位者,與減餘列而求之,變爲二色者一行,又恰與空三位者相對矣。又取出與減餘列而求之,即得所問。故亦省五算也。〔變四色、三色時,各省二算;變二色時,又省一算,共五。〕其兩行雖各空三位,而不相對故也。〔若各空三位而相對,即成二色方程矣。〕

若五色方程,各行俱有空位不等,要之省六算止矣。省六算者,必一行空首位而省一算,一行空首、次而省二算，一行空首、次、三之位而省三算。其餘空位必不相對，不能省算，與無空同也。

其法先以不空之兩行乘減得數，變爲四色，與空首位者相對。又乘減變爲三色，與空首、次者相對。又乘減變爲二色，與空三位者相對。再乘減，即得所求。

諸例不能悉具，智者反隅可也。

論曰：常與變相待而成，吾論方程省算，而特詳其不省之算者。欲窮其變，先得其常也。

以上所論，雖止五色，引而伸之，若六色、七色、八色、九色，乃至多色，其理一也。

以常言之，二色者一算，三色者三算，四色者六算，五色者十算，六色者十五算，七色者二十一算，八色者二十八算，九色者三十六算，十色者四十五算，十一色者五十五算，十二色者六十六算。

以空位言之，三色者有省一算，四色者有省一算至三算，五色者有省至六算，六色者有省至十算，七色有省十五算，八色有省二十一算，九色有省二十八算，十色有省三十六算，十一色有省四十五算，十二色有省五十五算。

以省算所用而言之，三色者有只用二算，四色者有只用三算，五色有只用四算，六色有只五算，七色有只六算，八色有只七算，九色有只八算，十色有只用九算，十一色有只十算，十二色有只十一算。

總而言之，二色則只一算，三色則有二算或三算，四色則有三算以至六算，五色則有四算以至於十算，六色則自五算至十五算，七色則自六算至二十一算，八色則自七算至二十八算，九色則自八算至三十六算，十色則自九算至四十五算，十一色自十算至五十五算，十二色則自十一算至六十六算。

擴而充之，猶舉一隅耳。然其法不外於和較與和較之雜與變，愚故不欲以四色、五色等分爲之目也。必如此，則方程之法乃爲通法。若諸書所列，四色者必各行空二位，五色必各空三位，非通法也。方程者，所以御雜糅正負也，而必遞空相等，乃可用算，是法有所不及而窮於問也，豈古人立法之意哉？

此以上論空位省算。省算者，乘減併俱省之也。非若省乘者，但省互乘而不省減併。

凡方程互遍乘者，取其首位齊同耳。故乘減一次，則少一色，以首位之齊同，必減而盡也。然亦有其首位之數偶爾相同者，法當徑以對減，而省其互乘。此雖省其乘，而不省其減併，故與前論省算同而微異也。

假如和數方程，首位同則徑減矣。若較數者，又須論其正負之名。同數矣而又同名，徑對減矣；同數而不同名，則更其一行之正負以相從，而後減併焉，此要訣也。不則首位雖減去，而其下之同異淆，則加減皆誤矣。若和較雜者，首位之數同，亦必以較數首位之名，名其和數之一行，而後減併之，但省其互乘可也。

以上論同數省乘。

亦有首位數雖不同，而可以分數相命者，則以其分數改其一行之數，以從一行，則首位齊同而可以對減，省其互乘焉可矣。若較數或和較雜，皆如前法齊同其首位之名，斯減併無誤耳。〔較數首位同名，則仍之；異名者，改一行以相從。和較雜者，以較首位之名，名其和數之一行。〕

假如兩首位爲五與十，是倍數也，則半之。蓋五與十互乘，各得五十，而其下諸數從之而溢矣。今但以首位十半之爲五，而其下諸數皆半之以相減併，則五之行可無乘，而數亦簡明，殊散人懷也。

若兩首位爲二十與二，是十之一也，則以退位之法乘之，使二十之一行皆爲十之一。若爲八爲四，亦倍數也。若爲八與二，是四之一也，四除其八之行，則得矣。若九與三，則三之一也，以三除九，則亦三，而其一行皆三除之，則可減併矣。然三除多有不盡，不如只以三因其三之行也，此活法也。若爲五與三，則六因其五之行而退位。五與二則四因退位，五與四則八因退位，皆同。若六十四與八，則八之一也，八除其六十四之行，猶互乘也。若此類者，不可枚舉。得其意者，酌而用之可也，尤要在首位之必同名。

亦有不可强齊者，如七與二、九與四之類，只用互乘爲無弊也。省乘者，爲省事而設也，强齊之反多事矣。

此以上論分數省乘。

此外又有不拘首位者，但數同則徑以對減，施之二色爲宜。蓋二色方程只須減去一色，其所餘即一法一實矣。然亦須同名，方可減去；若異名者，改而齊之可也。

假如較數方程，其中一色同名，而又同數，徑減去矣。若但同數而不同名，則更其一行之正負，乃減去之。

假如和較雜，其中一色同數，則以之爲主，使和數一行皆與此一色同名，乃減去之。

若和數則不須爾，但同數者，即減去之。此二色捷法。

合此三者，省算之理備矣。

1　問：田糧七則起科，甲有上田一畝，上次田一畝，輸糧七斗。乙有上田一畝，上次四畝，上中一畝，糧一石八斗。丙有上次、上中田各一畝，糧五斗。丁有上中田、中田各二畝，糧五斗。戊有中田三畝，中次五畝，中下五畝；己有中下八畝，下田十三畝；庚有中下田、下田各十畝，皆糧五斗。問：各則若何？

法曰：此方程斷續法也。以甲乙丙借作三色，己庚借作二色，各如法求得田則，則其中兩色自知〔一〕。

先以甲乙兩行徧互乘，減去上田，餘上次田三畝，上中田一畝，糧一石一斗。用與丙行乘減，上次田減盡，餘上中田二畝爲法，糧四斗爲實，法除實得二斗，爲上中田則例。

就以上中田則減丙糧五斗，餘三斗，爲上次田則例。

以上次田則減甲糧七斗，餘四斗，爲上田則例。〔以上三色法也。〕

又以上中田則例乘丁田二畝，得四斗，以減丁糧五斗，餘一斗，以二畝除之，得五升，爲中田則例。

〔一〕圖見次頁。

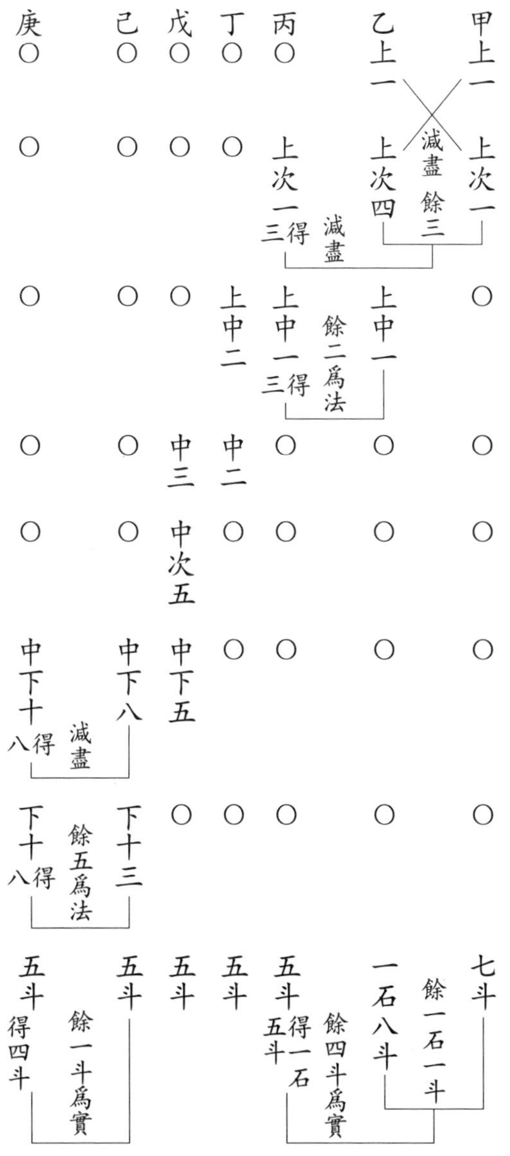
甲上一
上次一
○
○
○
○
○
七斗
減盡
餘三
餘一石一斗
乙上一
上次四
上中一
○
○
○
○
一石八斗
丙○
上次一三得
上中一三得
○
○
○
○
五斗五斗得一石
減盡
餘二爲法
餘四斗爲實
丁○
○
上中二
中二
○
○
○
五斗
戊○
○
○
中三
中次五
中下五
○
五斗
己○
○
○
○
○
中下八
下十三
五斗
庚○
○
○
○
○
中下十八得
下十八得
五斗得四斗
減盡
餘五爲法
餘一斗爲實

又以戊中田三畝乘其則例,得一斗五升,以減戊糧五斗,餘三斗五升,爲戊田中次、中下各五畝之共數。

因此處斷而不屬,故又先求末兩行。

再以二色法,用己庚兩行如法遍乘,減去中下田,餘下田五畝爲法,糧一斗爲實,法除實得二升,爲下田則例。〔以八因庚行而退位,省乘法也。〕

以庚下田十畝乘其則例,得二斗,以減庚糧五斗,餘三斗。以中下田十畝除之,得三升,爲中下田則例。〔以上二色法也。〕

乃以戊中下田五畝乘其則例,得一斗五升,以減戊中下、中次共三斗五升,餘二斗。以戊中次五畝除之,得四升,爲中次田則例。

計開:

上田每畝糧四斗,上次田每畝糧三斗,上中田每畝糧二斗,中田每畝糧五升,中次田每畝糧四升,中下田每畝糧三升,下田每畝糧二升。

論曰:此雖七色,因行中斷續,即非七色。借三色、二色之法,知其首尾,而中行亦見焉。所省良多,然非省乘,其勢則然也。以其疑於省算也,故附之其末。

又有數偶相同,不論三色、四色,但一減之後,即得一法一實者,非省算也。然亦省算之類,故亦附録一條,以見其例。

2 假如緞、紗、絹不知價,但云以緞一匹、紗五匹易絹九匹,餘價二兩六錢;又以緞二匹、絹八匹易紗四匹,餘價六兩八錢；又以緞三匹，易紗六匹、絹七匹，少價一兩二錢。

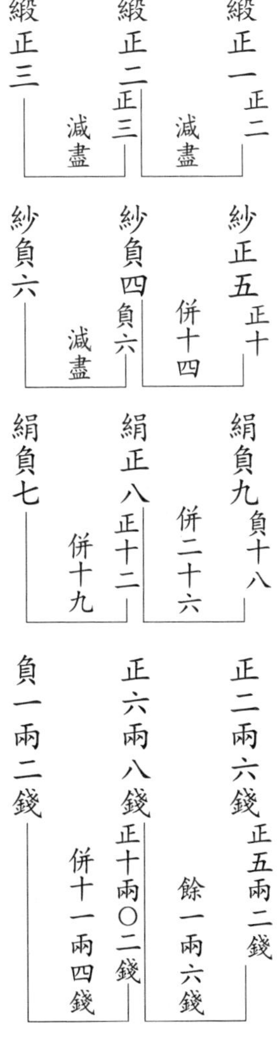

答曰:緞每匹價銀三兩,紗每匹一兩,絹每匹六錢。

法列位。

乃以減餘重列。

因中左紗減盡,只餘一色,即以絹十九爲法,除十一兩四錢,得絹價每匹六錢。以絹餘二十六匹乘價,得十五兩六錢,同減負一兩六錢,餘十四兩,紗價也,以紗餘十四匹除之,得紗價每匹一兩。〔用中右減餘得之。〕以原左行紗六匹、〔價六兩。〕絹七匹,〔價四兩二錢。〕共價十兩二錢,同減負一兩二錢,餘九兩,緞三匹價也,三除之,得緞價每匹三兩。

紗正十四 絹負廿六 負一兩六錢

○ 絹十九 共十一兩四錢

紗空不用乘

論曰:此方程之變例也。一減之後,即得其數。若多色方程,除首位外有減盡者,先雖無空,而減餘重列,即成有空方程矣。〔例見本卷齊軍列陳條。〕

若三色俱減盡,則不能成算。或三色方程中左三色俱減盡,中右只減一色,則所餘者二色,而無相較,乘減無因,不能別其二色,亦不能成算也。

假有問水銀三斤,硃砂二斤,共價四兩四錢;又水銀九斤,硃砂六斤,共價十三兩二錢,問:各價若干?

答曰:此不可以方程算,何也?彼雖兩宗,而其後一宗之物價,皆三倍於先一宗,互乘之後,必須減盡故也。

凡左行之物俱倍於右行,或俱半,俱四之一等,互乘之後,得數齊同,不能分核,具如前論。方程立法,正以諸物雜糅，多寡錯居，同異參伍而得其端倪也。

又或三色方程而問只二宗，則減餘仍有二色，不能分别。故問三色必有三宗，問四色必有四宗，五色、六色以上悉同，何也？方程立法，乘減一次，始能分去一色。若少一行，則少一次乘減，而不能得其一法一實矣。故行中可有空位，而不可有空行。

行中有空者，分一行言之也。若總列爲圖，則位皆無空。凡此皆治方程者所當知。

知其有不可算，斯無疑於算；知其有必不可省，斯善爲省矣。

列位之法亦有二：

一者更其上下之位以互求也，或爲省算之計。

凡方程立法，務須首位齊同，以便減去，故每徧乘一次，則減去一色，遞減之，則一法一實矣。今行中有空，則是不待徧乘，而其一色已先減去也，故取而列之於上位，則能省算，不則上位不空，而下反空，則對位無減，補成不空，而不能省算矣。

其法於列位時覆視之，有横列中空位多者，取作首位。首位空一行，則省一算矣。

若首位原有空位，而欲更定次位者，不必改列，但於重列減餘時，檢點更定之可也。

又横列中有數偶相同，或可以分相命者，取作首位，亦省徧乘。或横列中有單一數多者，取作首位省乘。〔單一數則不須乘故也。〕

以上論上下之位。

一者更其前後之行也。

凡首位多空，而其不空者隔遠，則更而聯之，便乘減也。其各行空位不等者，不必更列，但以與減餘相對者，取出對列而乘減之。〔例見前諸卷。〕

若各行首位有可以分相命，或數偶相同，而爲他行所隔，亦可更置，使之相接。

又多色方程，有各行中對位總空者，取出另列。而先乘其他行之不空者，乃於重列之時，漸次添入，可免細書跼蹐。〔例見後卷。〕

以上論前後之行。

法曰：凡多色方程，先任意列位，竟乃覆視之。若首位有空而下則無之，此不必更置也。或首位多空而下則少，亦不必更置也。惟首位不空而下反有，或首位空少而下反多，則更而置之。故上下可以互居，前後亦可易位。或云以末行爲主者，非也。

3 問：古今曆術屢更，其所用日法無一同者。如以漢太初曆日法十有一，外加四十九，則如殷曆日法也。若以太初日法二、殷曆日法三，再加五十八，則如唐大衍曆日法也。若太初日法十有四、大衍日法二相並，以比宋紀元曆日法，仍少七十六。若太初日法九十倍之，即紀元日法。其各數若干？

法以正負列位〔一〕。

〔一〕見次頁左圖。

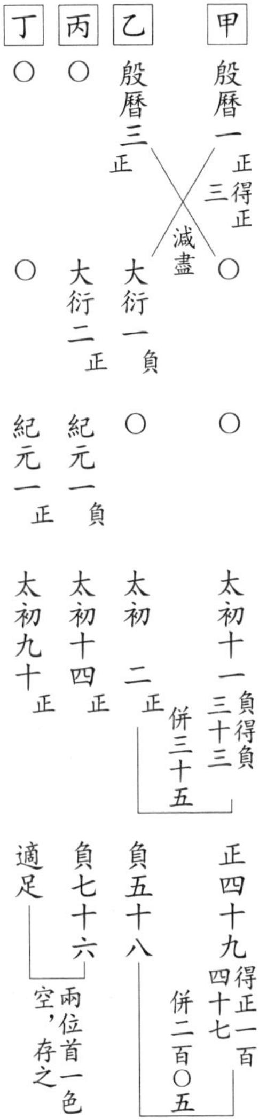

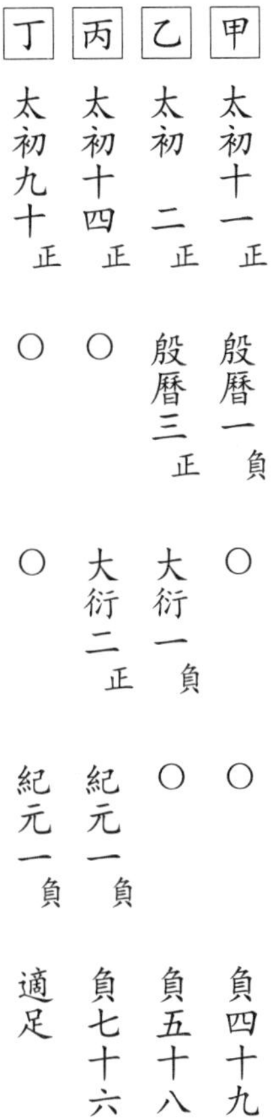

〔如右圖，太初曆横列皆滿，須用遍乘對減者三，而後能減去太初之一色。其餘雖多空位，自然有無減之對位相補，不能省算。〕

如法改列〔一〕。〔以最多不空之太初列下爲第四位，則殷曆居上，而成有空位之方程矣。〕

先如法以甲乙兩行互乘減併，殷曆各正三〔二〕，對減盡。大衍負一無減。太初異併負三十五，下數異併正二百〇五。〔因異併，故併從甲行之名，而大衍在乙行，與下數同名，亦改負爲正。〕

乃重列之〔三〕。

丁	丙	乙	甲
太初九十正	太初十四正	太初二正	太初十一正
○	○	殷曆三正	殷曆一負
○	大衍二正	大衍一負	○
紀元一負	紀元一負	○	○
適足	負七十六	負五十八	負四十九

丁	丙	乙	甲
○	○	殷曆三正	殷曆一正　三得正
		減盡	
○	大衍二正	大衍一負	○
紀元一正	紀元一負	○	○
太初九十正	太初十四正	太初二正	太初十一負　三得負三十三
		併三十五	
適足	負七十六	負五十八	正四十九　得正一百四十七
兩位首一色空，存之		併二百〇五	

〔一〕見本頁右圖。
〔二〕三，原作"十五"，據輯要本改。
〔三〕見次頁左圖。

減餘　紀元負一　太初正八十四　負四百八十六

丁行　紀元負一　太初正九十　適足

減盡　減餘六

減餘　大衍正一（得正二）　〇　太初負三十五（得負七十）　正二百〇五（得正四百一十）

丙行　大衍正二　紀元負一　太初正一十四　負七十六

減盡　無減　併得正八十四　併得負四百八十六

〔取出丙行，與減餘相對。〕

如法互乘減併，大衍各正二，對減盡。紀元負一無減。太初異併得正八十四，下數異併得負四百八十六。

又重列之[一]。〔以減餘與丁行相對。〕

首位同名同數，省互乘。紀元各負一，對減盡。太初同減，餘六爲法。負四百八十六無減，爲實。法除實，得八十一分，爲太初日法。以丁行太初九十乘其日法〔八十一分〕，得七千二百九十分，爲紀元日法。以甲行太初十一乘日法〔八十一〕，得八百九十一，異加負四十九，得九百四十分，爲殷曆日法。以乙行殷曆三乘日法〔九百四十〕，得二千八百二十，又太初二乘日法，得〔一百六十二〕，又異加負〔五十八〕，共得三千〇四十分，爲大衍日法。

計開：

殷曆日法九百四十分。

〔一〕見本頁右圖。

漢太初曆日法八十一分。

唐大衍曆日法三千〇四十分。

宋紀元曆日法七千二百九十分。

又按：列位之法，原與省乘省算之法相生，故共爲一卷，合觀之可也。今以六色無空者，爲例如後。

4　問：齊軍千乘，其陳有先驅、申驅爲前軍，有啓與胠爲兩翼，有戎車、貳廣爲中軍，有大殿爲後軍，各不知數。但以前軍居餘陳七之三。合兩翼、貳〔一〕廣與殿，多餘陳四十乘。合前軍、兩翼與中、後較，則多二十乘。前軍合殿與翼、中軍較，則少二十乘。先驅、大殿居餘〔二〕陳二之一，而少五乘。各若干？

答曰：前軍共三百乘，内先驅一百四十乘，申驅一百六十乘。兩翼共二百一十乘，内〔三〕啓與胠各一百〇五乘。中軍共三百乘，内戎車一百八十乘，〔帥。〕貳廣一百二十乘。〔副。〕後軍一百九十乘，是爲大殿。

法以和較雜列位。

有七之三、二之一，依變零爲整，以分母各乘而後列之〔四〕。

如法互乘減併，變爲五色，有空而重列之。

空者，偶也。若不空，亦儼然變爲五色矣〔五〕。

前三行減餘首位申驅皆空，故不須乘減，但以末二行

〔一〕貳，原作“二”，據輯要本改。

〔二〕餘，原作“與”，據輯要本改。

〔三〕内，原作“去”，據輯要本改。

〔四〕見次頁左圖。

〔五〕見次頁右圖。

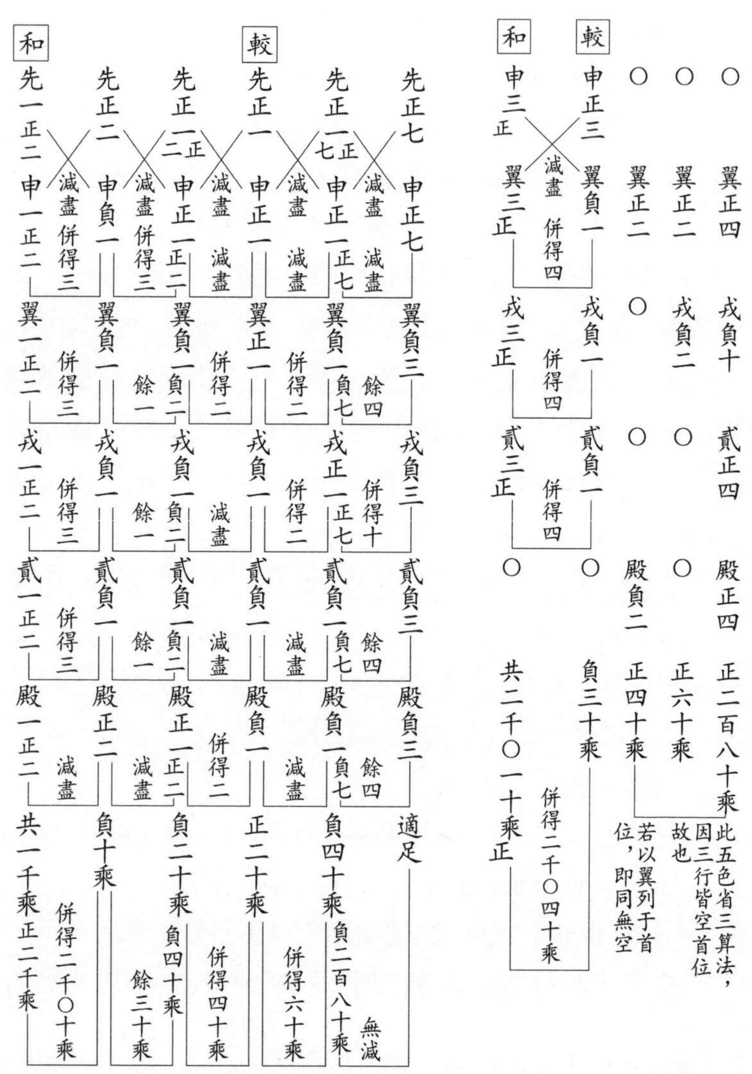
○ 翼正四 戎負十 貳正四 殿正四 正二百八十乘
○ 翼正二 戎負二 ○ ○ 正六十乘
○ 翼正二 ○ ○ 殿負二 正四十乘
此五色省三算法，因三行皆空首位故也。若以翼列于首位，即同無空
較
申正三 翼負一 戎負一 貳負一 ○ 負三十乘
減盡 併得四 併得四 併得四 併得二千〇四十乘
和
申三正 翼三正 戎三正 貳三正 ○ 共二千〇一十乘正
先正七 申正七 翼負三 戎負三 貳負三 殿負三 適足
減盡 減盡 餘四 併得十 餘四 餘四 無減
先正一七正 申正一正七 翼負一負七 戎正一正七 貳負一負七 殿負一負七 負四十乘負二百八十乘
減盡 減盡 併得二 併得二 減盡 減盡 併得六十乘
較
先正一 申正一 翼正一 戎負一 貳負一 殿負一 正二十乘
減盡 減盡 併得二 減盡 減盡 併得二 併得四十乘
先正一二正 申正一正二 翼負一負二 戎負一負二 貳負一負二 殿正一正二 負二十乘負四十乘
減盡 併得三 餘一 餘一 餘一 減盡 餘三十乘
先正二 申負一 翼負一 戎負一 貳負一 殿正二 負十乘
減盡 併得三 併得三 併得三 併得三 減盡 併得二千〇十乘
和
先一正二 申一正二 翼一正二 戎一正二 貳一正二 殿一正二 共一千乘正二千乘

乘而減之，減去申驅，即變四色矣。又以申驅數本同，故不須乘，而竟以對減，乃以四色法重列之。

四色無空法也。雖有空而非首位，不能省算，與無空同。

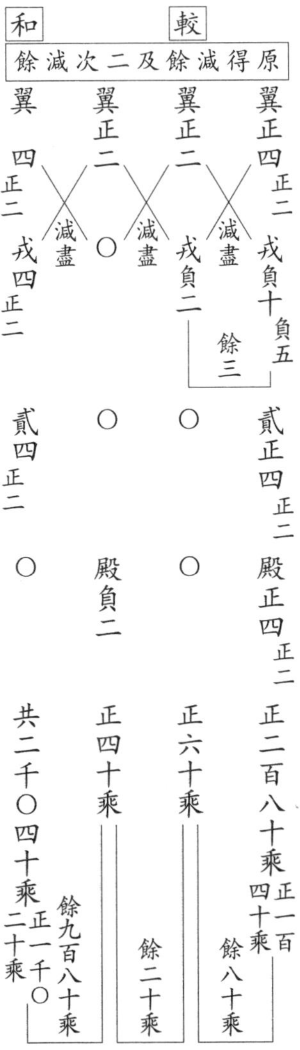

因首末兩行之翼數皆倍於中兩行，故省互乘，但以首末兩行皆半之，使其翼數齊同，乃原數對減，而變爲三色，又重列之。

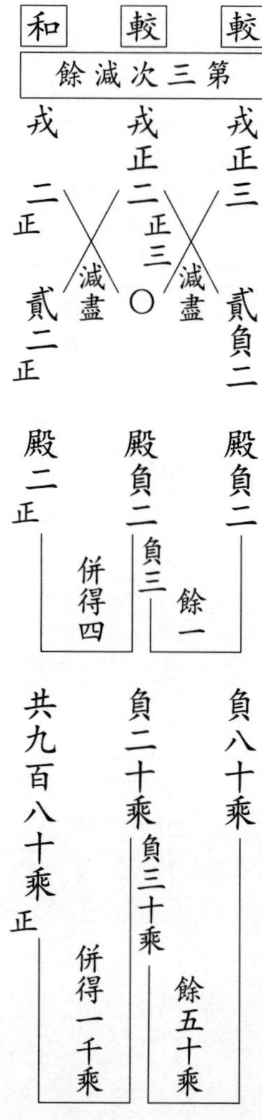

因次行、末行戎車同，但首行多於次行二之一，故省互乘，但以次行二分加一，與首行對減，其次行與末行竟以原數對減，變爲二色而重列之。

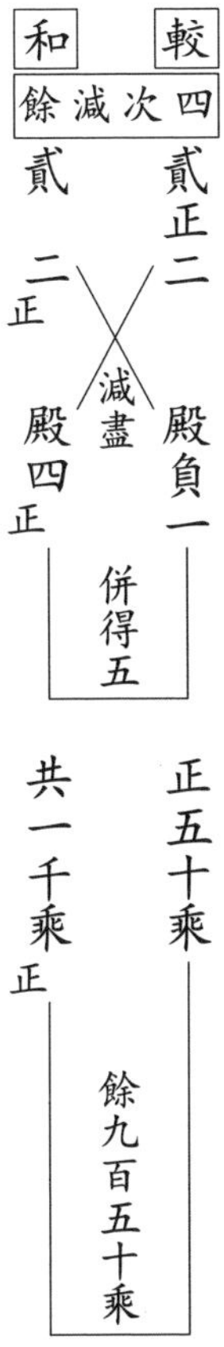

貳廣同，故省互乘，竟以對減盡。大殿異名，併得五爲法。車同名減，餘九百五十乘爲實。法除實，得一百九十乘，爲大殿車數。以大殿車數異加正五十乘，共二百四十乘，以貳廣二除之，得一百二十乘，爲貳廣車數。〔用末次右行數。〕二乘大殿車數，同減負二十乘，戎車二除之，得一百八十乘，爲戎車公卒數。〔用第四次三色中行數也。〕二乘戎車，異加正六十乘，兩翼二除之，得二百一十乘，爲兩翼共數。〔用第三次所列四色之次行。〕又半之，即啓與胠數。合計兩翼〔二百一十〕、戎車〔一百八十〕、貳廣〔一百二十〕，共數〔五百一十〕，同減負三十乘，餘〔四百八十〕，以申驅三除之，得一百六十乘，爲申驅數。〔用第二次所列五色之第四行。〕合計申驅〔一百六十〕、兩翼〔二百一十〕、戎車〔一百八十〕、貳廣〔一百二十〕，共〔六百七十〕，同減負十乘，餘〔六百六十〕，又減去大殿二計〔三百八十〕，餘〔二百八十〕，以先驅二除之，得一百四十乘，爲先驅之數。〔用原列六色之第五行數。〕

試細攷之，合計兩翼〔二百一十〕、戎路〔一百八十〕、貳廣〔一百二十〕、大殿〔一百九十〕，共七百乘；合計先驅〔一百四十〕、申驅〔一百六十〕，共三百乘，三七差分也，故曰前軍爲餘陣七之三。

合計兩翼〔二百一十〕、貳廣〔一百二十〕、大殿〔一百九十〕，共五百二十乘；其餘前軍〔共三百〕、戎路〔一百八十〕，共四百八十乘，故曰翼、廣、殿多餘陣四十乘。

合計前軍〔共三百〕、兩翼〔二百一十〕，共五百一十乘，以較中軍〔共三百〕、後殿〔一百九十〕共四百九十乘，則多二十乘，故正二十乘與前軍、翼同名。

合計前軍〔三百〕、大殿〔一百九十〕，共四百九十乘，以較兩翼〔二百一十〕、中軍〔三百〕共五百一十乘，則少二十乘，故負二十乘與前軍、殿異名。

合計先驅〔一百四十〕、後殿〔一百九十〕，共三百三十乘；又合計申驅〔一百六十〕、中軍〔三百〕、兩翼〔二百一十〕，共六百七十乘，其二之一爲三百三十五乘，故曰先驅、大殿居餘陣二之一而少五乘。〔以全當其半而少五乘，則以倍當其全而少十乘矣。此與第一行皆變零爲整，詳見帶分條。〕總計之，則千乘矣，故以和數參焉。

論曰：此一例中能兼數法，皆省算之捷訣也。

其第二圖，五色變四色[一]，當有互乘減併者四次。今以申驅空位，省其三次，此空位徑求省算之法也。

其申驅偶爾數同，徑以對減，與第五圖二色之貳廣數同，徑以對減，皆省乘定法[二]也。但皆和較之雜，故雖不乘，必以較行首位之正負補於和數之行，不然，則減併誤矣。此要訣也。

其第三圖四色之首位偶有倍數，故半其倍者以相從，此亦省乘法也。

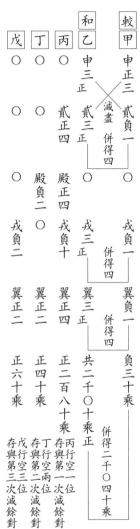

較 甲		和 乙	丙	丁	戊
申正三	減盡	申三正	○	○	○
貳負一	併得四	貳三正	貳正四	○	○
○		○	殿正四	殿負二	○
戎負一	併得四	戎三正	戎負十	○	戎負二
翼負一	併得四	翼三正	翼正四	翼正二	翼正二
負三十乘	併得二千〇四十乘	共二千〇十乘正	正二百八十乘	正四十乘	正六十乘
			丙行空一位存與第一次減餘對	丁行空兩位存與第二次減餘對	戊行空三位存與第三次減餘對

〔一〕五色變四色，二年本、鵬翮堂本作“五色之首色”。

〔二〕定法，輯要本作“之法”，刊謬云：“‘之法’訛‘定法’。”

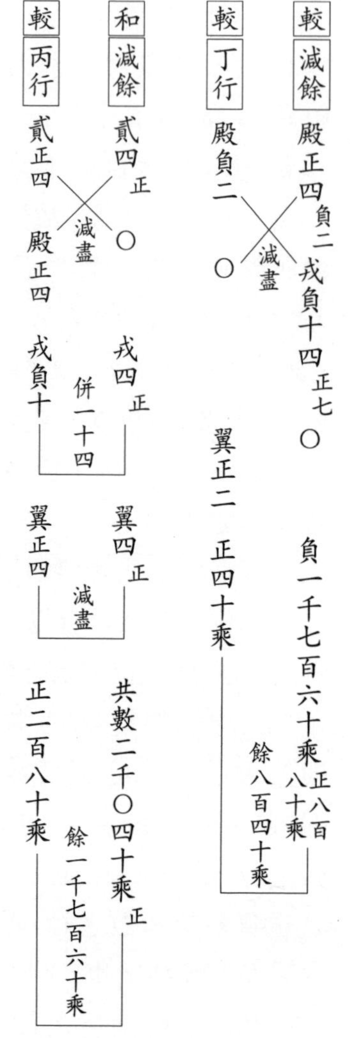

其第四圖三色之首位爲三與二，故加二爲三，是二加一也，故其下皆二分加一，則如遍乘矣。然亦首位正負偶同也，若不同者，須更其一行以同之。首位雖同數，又必同名，然後可減而去之，尤省乘之要訣。

又論曰：方程無空者，常法也，如第一圖六色是也。若不減併五次，何以求之？亦偶而多有首位相同者，故亦能省乘。然雖省乘，不能省減併矣。其有空位者，偶然也，如第二圖五色有空是也。空位多，若更置列之，所省尤多，雖不更置，而減併之餘自然能補其空，亦可見方程之有常法矣。

若更置之，則自五色起，如後圖〔一〕。〔因五色始有空也，如此圖則省六算。戌、翼不空，故更之下位。後行不空者，更之前行以先乘。〕

甲乙行如法減去申驅，以

〔一〕圖見前頁。

其餘四位重列之，與丙行相對[一]。〔一和一較也。〕

如法減去貳廣，又重列之，與丁行相對[二]。〔皆較數也，如後。〕

如法半減餘數，以從丁行，乃對減而重列之，與戊行相對。〔又以翼同，故更置之。〕

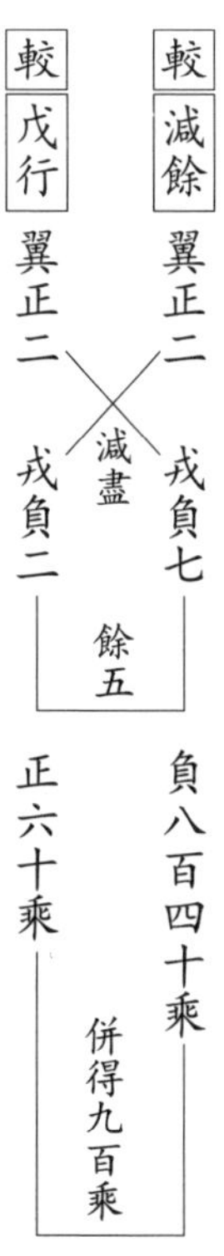

如法徑以對減，餘戎路五爲法，併得正負九百乘爲實。法除實，得戎路數。既得戎路數，以次得餘軍之數。合問。

〔一〕見前頁左圖。
〔二〕見前頁右圖。

又術：以一圖而爲減併，如後所列。

依法先得戎路亦同，但其間和較交變，錯然雜陳，非深知猝不能了，不如前術之爲安穩明白也。

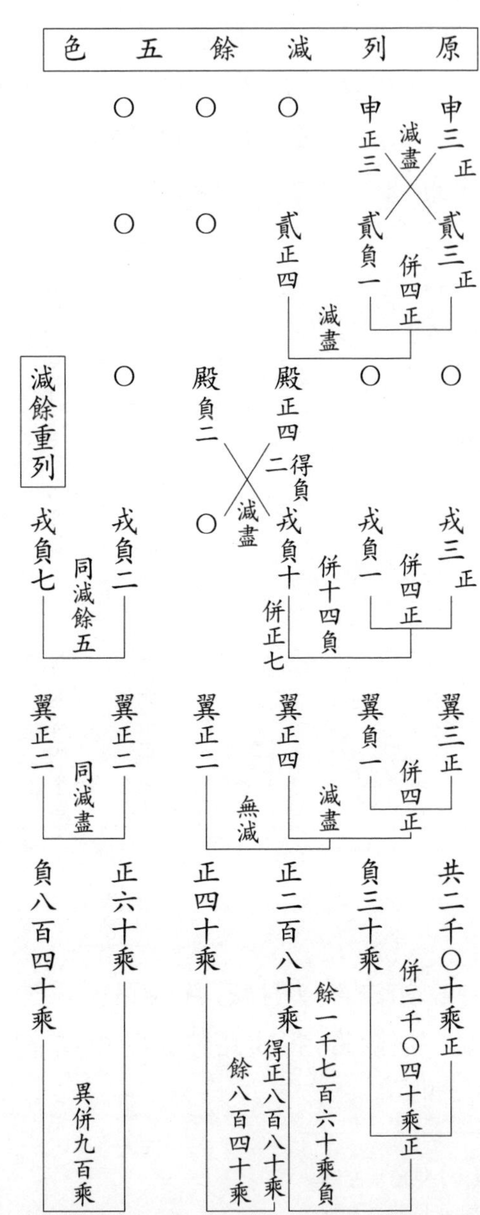

方程論卷四

刊　誤

古之爲學也精，故其立法也簡，而語焉不詳。闕所疑而敬存其舊，無臆參焉，斯善學也已。不得其理，而强爲之解，以亂其真，古人之意乃不可見矣。意不可見而訛謬相仍，如金在沙，淘之汰之，沙盡而金以出，故刊誤次之。

方程之誤，厥有數端：

一曰立負之誤。〔立負誤也，四色、五色期於立負以爲法，誤之誤也。自騾馬遞借一問，諸書沿訛，而加減之誤因之矣。〕

一曰加減之誤。

同加異減，一誤也。〔誤沿於牛羊豕相易之一問，由不知正負之有更也。〕

奇減偶加，二誤也。〔誤沿於桃梨問價，以不知和較之交變也。〕

一曰法實之誤。〔以上爲法，下爲實，拘也；以法必少，實必多，亦謬也。〕

一曰併分母之誤。

一曰設問之誤。〔如井不知深，而以除法爲井深，問中先已大誤。〕

立負辨

立負非古人法也,何以知之?有負則有正,今立負而不言正,非正負之本旨也。或曰:"有正則有負,則言負可不言正矣。"是又不然。凡和之變而較也,有减其和數而盡者,亦有减其和數而餘者。其减而盡者命爲適足,而無較數,則但言此之爲負,以見彼之爲正可矣。若减而餘者,是有較數也,而但言負不言正,何以知其較數必與正物同名乎?即使同名,而竟不明言其爲正,何以分别同異而爲加减乎?至於以有空位而立之負,則又不可,何也?和之或變而較也,固不必以空位也。但减餘分在兩行而兼用之,即變較數矣。今必以有空位者而立之負,則無空位者即不立負乎?然則和數之無空位者,終於同减而無異併乎?將進退失據矣,故曰非古人法也。

凡言正負者,分其物以相較也;不言正負者,合其物以言數也。皆自然而有之名,非立之也,而立負乎哉?夫不知正負之出於自然而强立之負,則同異之旨淆而加减之用失。種種謬誤,緣之以生,故謹爲之辨。

今以諸書所載立負例,攷定如左。

1 假如米四石二斗,以馬一、騾二、驢三載之,皆不能上坡。若馬借騾一,騾借驢一,驢借馬一,則各能上坡。問:馬、騾、驢力各幾何?

答曰:馬力二石四斗,騾力一石八斗,驢力六斗。

法各以和數列位。〔馬借騾一,則一馬一驢也。騾借驢一,則二

騾一驢也。驢借馬一，則三驢一馬也。各以其本數加借數而列之，於方程法則和數而已。〕

左	中	右
馬一	○減盡	馬一
○	騾二	騾一 對空無減
驢三 對空無減	驢一	○
共四石二斗 減盡	共四石二斗 中行無馬，故無乘減，存與左右減餘爲二色之用	共四石二斗 減盡

此三色有空法也。中行無馬，原只二色，故不須乘減，但先以左右兩行首位不空者對乘。又因兩行馬數皆一，乘皆如故，故徑以對減，馬減盡。右騾一、左驢三，皆無對不減。米各四石二斗，亦對減而盡。乃視減餘，騾一在右行，驢三在左行，分在兩行，是有正負也。米亦減盡，是正負適足也。重列之。

論曰：此和數變爲較數也，何以言之？兩行之馬相若，而其載物又相若，則其所偕以共載之騾一與驢三，其力亦自相若矣，故命之適足。適足者以兩相較而成，故曰變爲較數也。然謂之適足可也，謂一行俱減盡，則不可也。減盡者，同類之物，而其數又同，故物與數俱減盡也。適足者，物非同類，而其物之積數則同，故其物不能減盡，而數則減盡也。物不同而數同，故曰適足也。適足者，存之爲用也。物、數俱減盡者，清出其一色而不復用也。如此三色中，雖不能遽知各力，然已知驢三騾一之適相當矣，則已清出馬之一色而變爲二色矣，此遞減立法之意也。

又論曰：減餘適足，則有正負矣。其原列只是和數，無正負也。諸書以遞借一匹之故，而列之曰借，又别其本數曰正。不知正與負對，非與借對也。雖遞借一匹，其實是本有之頭匹與所借之頭匹共載此米，故曰和數，逮減餘乃變爲較耳。故減餘適足，宜言正負也。而諸書但立負，原列和數，無正負也，而忽分正借，又不立負於減之後，而立於其先。正也，借也，立負也，三者相亂，而靡有指實。古人之法，固如是乎哉？

次以中行原數與減餘對列，因中行馬空，故徑求也。

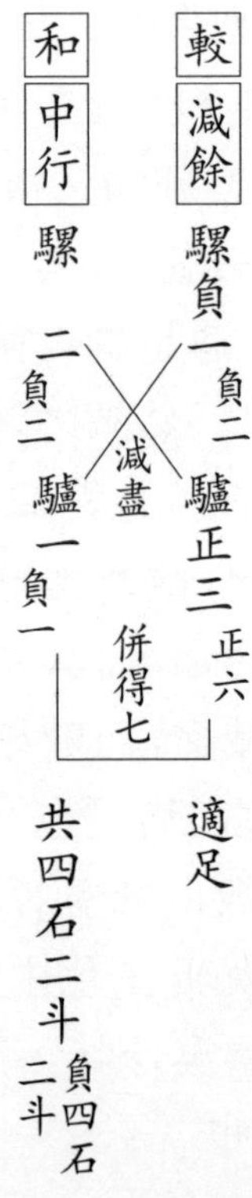

此和較雜也。減餘分正負，中行原無正負。

以減餘騾負一遍乘中行如故。〔較乘和也，數雖如故，但皆以乘法之名名之爲負。〕

又以中行騾二遍乘減餘得數。〔和乘較也，故仍其正負之名。〕

騾同減盡。驢異併得七爲法，四石二斗無減，就爲實。法除實，得六斗，爲一驢之力。三因驢力得一石八斗，爲一騾之力。〔適足故也。〕以騾力一石八斗減四石二斗，餘二石四斗，爲一馬之力。〔原右行數。〕

論曰：減餘原是騾一與驢三力等，乘後得數，則騾二與驢六亦等也。然則於中行共力中減去二騾，而以相等之六驢益之，其共載四石二斗，亦必與原載等也。故併此六驢與原列一驢，共七爲法，以除此四石二斗，而驢力可知也。驢三與騾一既等，則三驢之所載即騾力也。騾與馬各一，共四石二斗，則減騾力即馬力也。

又論曰：此因中行有空，故徑求也。使其不空，自當與左行或右行遍乘，而減去其馬與其數。乃列兩減餘，如二色求之，此常法也。今中行馬空，原只二色，恰與減餘之二色相對，故徑相乘減，是省一算也。諸書皆言因左行騾空，故立負騾一與中行對乘，不知左行騾空而右之騾一無減，猶右之驢空而左之驢三無減也。其與中行相對，乃用此兩色〔一〕之減餘，非獨用左行也。蓋左行有馬，中行無馬，原無對乘之理，亦猶之右與中不可對乘，惟減餘是二

〔一〕兩色，輯要本作“兩行”。

色,可以對乘。雖云徑求,實自然之理勢也,而强立之負以用左行乎?

有正斯有負,立負騾於左行,爲與何物相對耶?以馬一爲正耶?驢三爲正耶?其馬一、驢三皆正耶?既無所指,則負爲徒立矣。

凡言正負者,其下數必爲正與負之較。今所用左行之四石二斗者,爲是騾一與驢三相較之數耶?騾一與馬一相較之數耶?將合馬一驢三與騾一相較之數耶?則皆無一合矣。

凡物有正負者,其較數亦有正負。此四石二斗者,正耶?負耶?若無正負,即是和數,不應立負騾矣。

若以四石二斗爲和數,則更非理。夫以馬一驢三之共數加一騾力,而其數如故,理所無也。若去一馬用一騾,而與驢三共此米,抑又不能。馬與騾之力原不同,乃去一馬加一騾,而其數如故,理所無也。然則此四石二斗安屬耶?彼惟不知四石二斗之減盡即爲適足,故誤至此也。

又謂右行俱減盡,不知減盡必兩行數同,如馬一與米四石二斗是也。若騾一、驢三,固未嘗有減也,况盡乎?方程立法,原以對減有盡不盡,而得其朕兆。若三色俱減而盡,其算不立矣。惟不知有空位者可以徑求,而誤以所用之減餘,爲是左行之原數故也。

凡減盡者,兩俱減盡,不應右減盡而左行獨存。若謂復用左行之原數,何以不用原列之馬一,而加一負騾?以

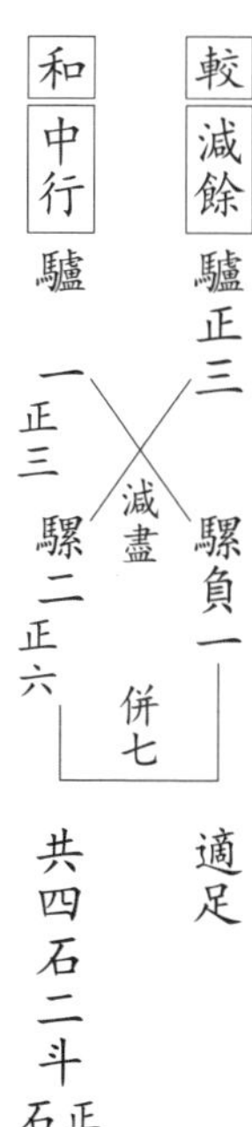

爲馬一減去，故不用，則四石二斗何既減而復存耶？故以立負騾減馬一，爲用減餘之法，則四石二斗不宜存；存四石二斗，爲用原列之法，則馬一不宜減，負騾不宜立。破兩法而參用之，一不成矣。承謌者遷就多岐，抑奚足怪？

今試以減餘更置，則先得騾力，如後圖。

如前法，以一和一較徧乘得數，驢同名減盡，騾異併得七爲法，正十二石六斗無減，就爲實。實如法而一，得一石八斗，爲騾力。以驢三除相當一騾之力，得六斗，爲驢力。〔任於原列左行或右行，如法減驢力或騾力，得馬力。〕

論曰：凡減餘重列之數，皆可更置互求，何則？皆實數也。三色減去一色，即二色法矣。若於減餘之適足，加以四石二斗，則不可以互求，故知其誤。

又試以原列更置之，先減去騾，如後圖〔一〕。

如法，先以右中徧乘。騾減盡，中行驢一，右行馬二，皆無減，分正負列之。載米餘四石二斗在右行，與馬同名。左行騾空，故徑與減餘相對，依和較雜法乘之。驢同減盡，馬異併七爲法，載米異併十六石八斗爲實。法除實，得二石四斗爲馬力。以馬力減四石二斗，餘一石八斗

〔一〕圖見次頁。

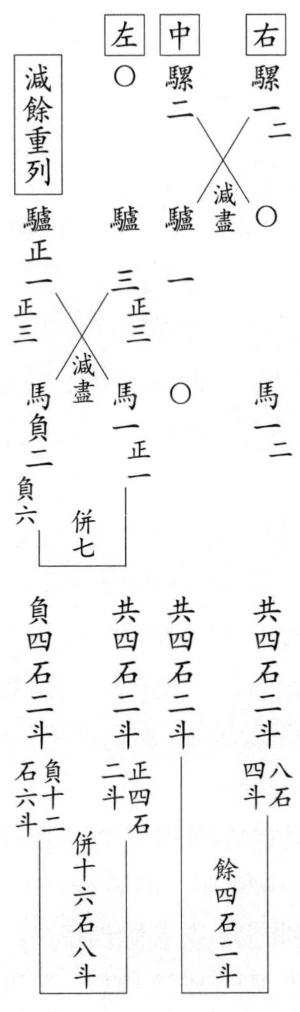
右
騾一二
〇
馬一二
共四石二斗
八石四斗
中
騾二
驢一
〇
共四石二斗
減盡
左
〇
驢三
正三
馬一
正一
共四石二斗
正四石二斗
餘四石二斗
減餘重列
驢正一
正三
馬負二
負六
負四石二斗
負十二石六斗
減盡
併七
併十六石八斗

得騾力。以馬力倍之，同減四石二斗，餘六斗得驢力。

試又更之，如後圖。

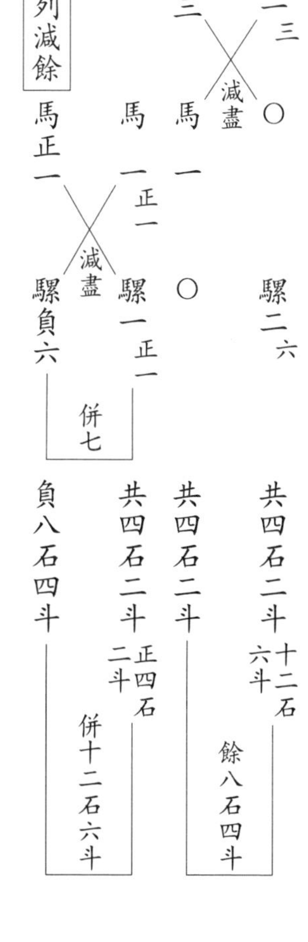

如前法，先以右中兩行遍乘。減去驢，餘馬一、騾六，皆無減，分正負。載米餘八石四斗在右，與騾同名。

乃重列之，如前法，徑與左行相對遍乘。馬同減盡，騾異併七爲法，載米異併十二石六斗爲實。實如法而一，得騾力。以次得驢、馬力，皆如前。

論曰：凡諸色方程，其上下皆可互更。如上二圖，以空位徑求之法求之，無所不合也。

又試以原列無空而減餘適足者爲例如後。

2　假如有二〔一〕車、三橐駝、七牛，各欲載物六十四石，而皆不能勝。若車借駝、牛各一，駝借車、牛各一，牛借車、駝各一，則皆能載。問：三者力若干？

答曰：車二十四石，橐駝十二石，牛四石。

〔一〕二，原作“三”，據輯要本改。

法以和數列位。

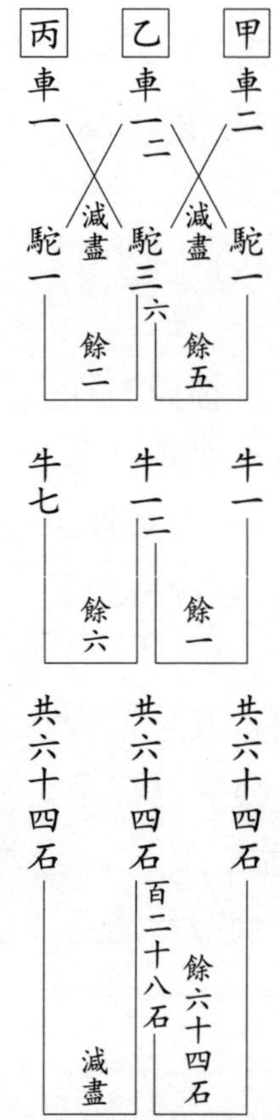

如法乘，車皆減盡。甲乙兩行減餘皆在乙行，和數也。乙丙相減，餘乙駝二、丙牛六，是有正負也。載物減盡，適足也。〔乙丙載物減盡，則不但對減去之物適相當，而其減餘之駝二、牛六，其力亦適相當也，雖欲不命之適足，不可得矣。〕

乃以和較雜重列之。

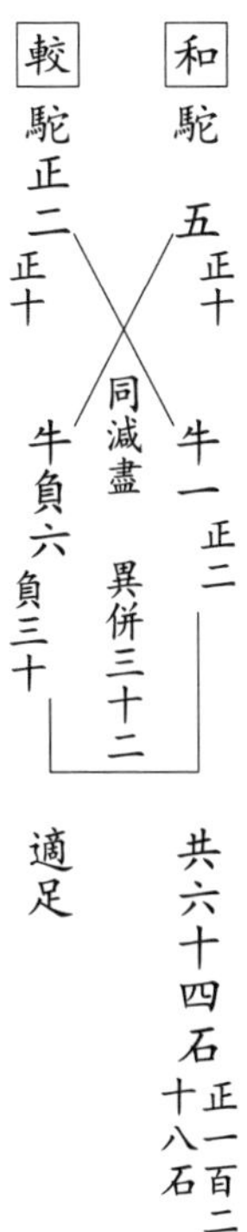

依一和一較法，求得牛三十二爲法，載物一百二十八石爲實。法除實，得四石爲牛力。牛六共力二十四石，以相當之駝二除之，得十二石爲駝力。以牛力、駝力減六十四石，餘四十八石，車二除之，得二十四石爲車力。〔用右行原數。〕

論曰：此亦以和變較，而有適足之數也。豈以有空位而立之負乎？可以悟其非矣。

試更以較數求之。

3　假如運糧，以象、馬、牛車三種，但云接運時。以三象所載，與四牛車、廿四馬載之，則餘卅六石。以八牛車所載，與二象、十二馬載之，亦餘三十六石。以七十八馬所載，與二象、二牛車載之，亦餘三十六石。問：各若干？

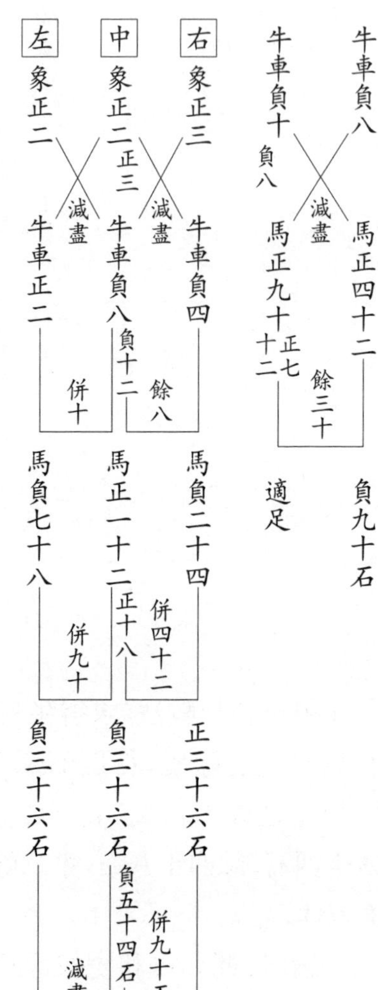

答曰：象七十二石，牛車二十七石，馬三石。

法以較數列位[一]。

如法互乘減併，重列其餘[二]。〔中行每加二分一，則首位象與右齊同，可對減矣。其中左象本同，徑以對減，皆省算法也。〕

依省算法，求得馬三十載九十石，以馬除載，得三石爲馬力。馬九十載二百七十石，牛車十除之，得二十七石爲牛車力。合計牛車四、馬二十四，共載一百八十石，異加正三十六石，象三除之，得七十二石爲象力。〔用右行原數。〕

〔一〕見本頁左圖。

〔二〕見本頁右圖。

論曰：此原列較數也，而其較數亦有減而適足者。然則先無適足，減之而成適足者，往往有之矣。

惟適足，故分正負，非以空位而立負也。故知減餘之亦有適足，而復用左行者非矣。知用減餘而非用左行，則立負之非，不攻而破矣。

同加異減辨

同名相減，則異名相加矣。諸書所載，忽而同減者，忽而異減；忽而異加者，忽而同加，豈不謬哉？又爲之説曰："以正爲主，則同減而異加；以負爲主，則異減而同加。"又爲之説曰："同名相乘，則其下同減而異併；異名相乘，則其下異減而同併。"言之縷然，用之紛然，而要之非是也。夫同名相減，即如盈朒章兩盈兩朒相減也；異名相併，即如盈不足相併也。豈有同加異減之理乎？所以誤者，不知正負交變之法也。正負宜變而不變，則首位之異名者，何以能對減而盡乎？不得不遷就其法，同加異減矣。苟知其變，則首位必同名。首位既同名，則凡減皆同名，凡加皆異名，較若畫一，何必紛紛强爲之説乎？

凡減餘重列，有仍其正負如故者，亦有更其正負絶非其故者。且有先無正負，及其重列而有正負者；有先分正負，及其重列之而反不分者。若但以初名爲定，則加減皆舛矣。

假如同減之餘分在兩行而爲同名，〔或左餘正，右亦餘正；或左餘負，右亦餘負。〕則重列必爲異名矣。必變其一行之名而列之，而其下所餘數，必是此二異名物之較數也。若無餘數，必是此二異名物相當適足也。〔此以三色言之，若四色以上，減餘位數多者，皆倣此論之。〕

若同減之餘分在兩行而爲異名，〔或左餘正而右餘負，或左餘負而右餘正。〕則重列必爲同名矣。而其下所餘數，必是此二同名物之和數也。〔此亦以三色言之，其減餘只二色故也。〕則其原列正負之名，皆不用矣。

若異併者，尤爲易見，何也？凡異併者，正與負併也。正與負併，則如一物矣。故重列之際，必以一行爲主而定其名。〔或爲正，或爲負，或變和數，則無正負。〕若但守初名而不知所變，將一物而名之正，又名之負乎？必不然矣。兼此數端，知正負之交變出於自然，非强名也。〔不知正負之變，亦不知和較之變矣，故又有奇減偶加之誤也。〕

今以諸書所載同加異減例，考定如左。

假如以牛二羊五作價，易猪十三，剩價五兩。以牛一猪一易羊三，適足。以羊六猪八易牛五，不足三兩。問：價各若干？

答曰：牛價六兩，羊價二兩五錢，猪價一兩五錢。

列所問數〔一〕。

先以右行牛正二遍乘中左兩行得數。〔中右首位同名，故正負不變。右左首位異名，故變左行之正負以從右，亦爲以少從多。〕

次以中行牛正一遍乘右行，皆得原數。乃以中右兩

〔一〕圖見次頁。

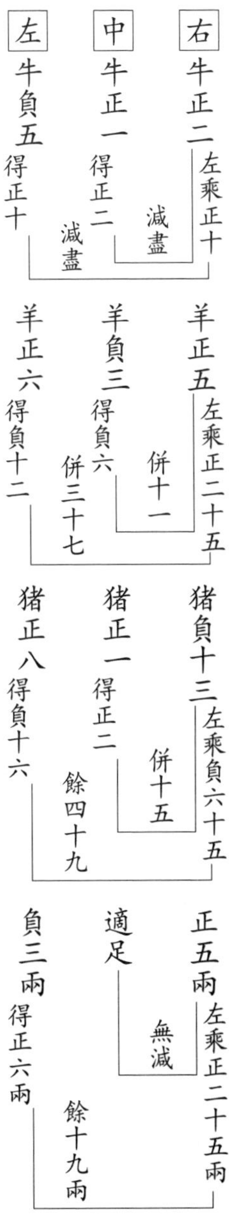
右
中
左
牛正二
左乘正十
減盡
牛正一
得正二
減盡
牛負五
得正十
羊正五
左乘正二十五
併十一
羊負三
得負六
併三十七
羊正六
得負十二
猪負十三
左乘負六十五
併十五
猪正一
得正二
餘四十九
猪正八
得負十六
正五兩
左乘正二十五兩
無減
適足
餘十九兩
負三兩
得正六兩

得數對減。牛各正二，同名減盡。羊異名，〔右正五，中負六。〕併得十一。猪異名，〔右負十三，中正二。〕併得十五。價無減，〔右正五兩，中適足。〕仍得五兩。於是分正負，以價與羊爲同名而重列之。〔羊右正中負，猪右負中正，故仍爲較數。價與羊同爲正於右行，故仍爲同名。〕

次以左行牛負五遍乘右行得數。〔左行既變以從右，則右行不變，仍其正負。〕乃以左右兩得數對減。牛各正十，同名減盡。羊異名，〔右正廿五，左負十二。〕併得三十七。猪同名，〔右負六十五，左負一十六。〕減餘四十九。〔在右。〕價同名減，〔右正二十五兩，左正六兩。〕餘十九兩。〔亦在右。〕於是亦分正負，亦以價與羊同名而重列之。羊與餘猪原分正負於右，故仍爲較數。價與羊同爲正於右，故同名。

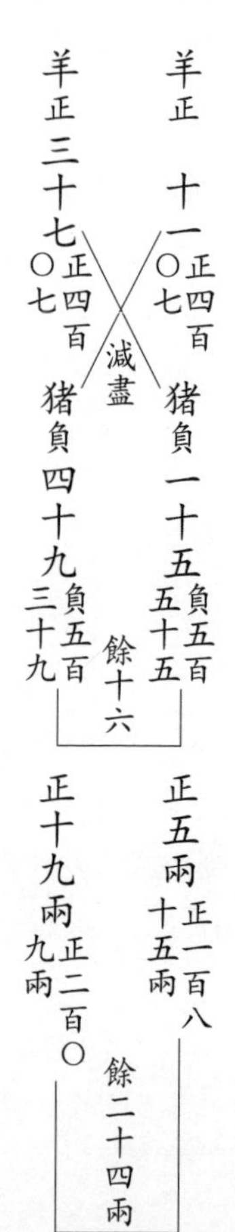

列兩減餘。

如法以兩正羊遍乘得數，乃對減。羊同減盡。猪同減，餘十六爲法。價同減，餘二十四兩爲實。法除實，得一兩五錢爲猪價。以猪十五價二十二兩五錢異加正價五兩，〔共二十七兩五錢。〕羊十一除之，得二兩五錢爲羊價。任於原列中行羊三價七兩五錢内，減猪價一兩五錢，餘六兩爲牛價。

論曰：凡列正負，可以任意呼之，要在知下價之於正負，孰爲同名耳。若乘後得數，則其首列一位，必以同名而相減，故正負有時變，而其價之正負從之變矣，故同異加減必以乘後得數而定也。如此所列左右行，先爲一正一負異名之價，而乘後得數必爲同名之價，何也？兩價皆與牛同名，而牛在首列，得數必同名故也。若以羊更置首列，則兩價得數必異名，何也？價與羊於右同名，而於左異名也。

試更列之於後〔一〕。

如法以中行羊與左右兩行互遍乘，得數相減。羊同減皆盡，右中牛異併三十七，猪異併一百十八，價異併四十五兩。〔價與牛同

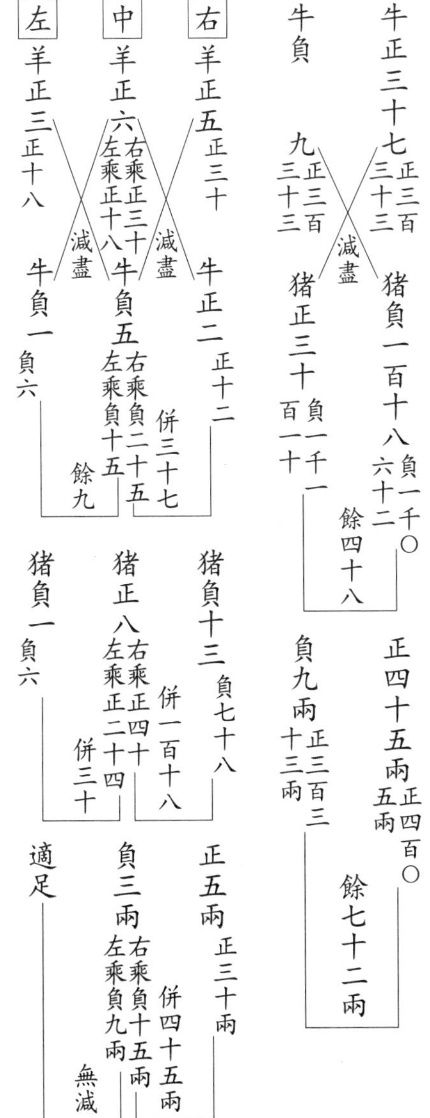

〔一〕見本頁左圖。

名。〕中左牛同減餘九，猪異併三十，價九兩無減。〔與牛同名。〕

乃以兩減餘各分正負，而重列之〔一〕。

如法以牛互遍乘，而變左行之正負以相從。牛同減盡，猪同減餘四十八爲法，價同減餘七十二兩爲實。法除實，得猪價，以次得牛羊價。合問。

試又更之〔二〕。

如法以中行猪與左右兩行互遍乘，得數相減。猪同減皆盡，右中羊異併一百十八，〔右負中正。〕牛同減餘四十九，〔餘負在中。〕價同減餘一兩，〔餘負在右。〕分正負。〔以價與羊同名。〕

左中羊異併三十，

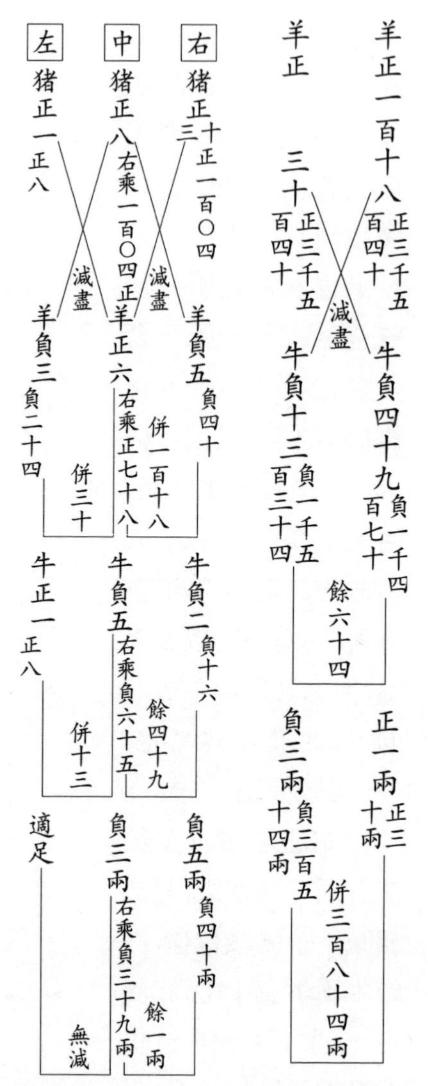

〔一〕見前頁右圖。

〔二〕見本頁左圖。圖中中行“右乘正七十八”，“右”原作“九”，據輯要本改。

〔中正而左負。〕牛異併十三,〔中負左正。〕價三兩無減,〔中之負數。〕亦分正負。〔以價與牛同名。〕皆重列之〔一〕。

如法互乘,羊同減盡,牛同減餘六十四爲法,價異併三百八十四兩爲實。法除實,得牛價六兩。以次得羊價、猪價。

論曰:反覆求之,皆同減異加,别無他術,可見古人立法之簡快。

奇減偶加辨

方程立法,只同名相減、異名相加盡之。〔和數有減無併,皆同名也。較數有減有併,或同名或異名也。和較交變,故減併相生。〕不論二色、三色、四色,乃至多色,皆一法也。今諸書不察,偶見瓜梨一例有奇減偶加之形,不得其解,遂執爲四色之定法,而不知通變。使方程一章之法爲徒法,而莫可施用,深可惜也,故覼縷辨之。

今將瓜梨一問,考定如後。

假如有瓜二梨四,共價四十文。又梨二榴七,共價四十文。榴四桃七,共價三十文。瓜一桃八,共二十四文。問:各價幾何?

答曰:瓜八文,梨六文,榴四文,桃二文。

法以和數列位。依四色有空,以省算法求之〔二〕。

〔一〕見前頁右圖。
〔二〕圖見次頁。

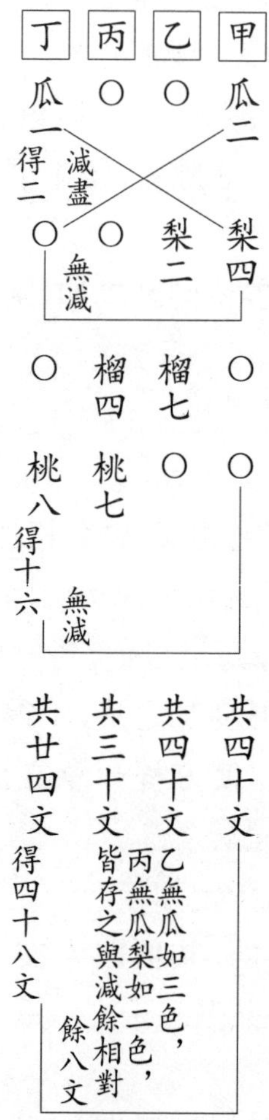

惟甲丁兩行有瓜，如四色，故先以相乘。瓜減盡。甲梨四，丁桃十六，皆無減，價餘八文。分正負，〔梨甲桃丁故也。〕以價與桃同名。〔同在丁行故也〕。

瓜減盡矣，而餘行皆無瓜，則只三色，故徑以減餘之數與乙行相對〔一〕。

如法互乘，梨同減盡。榴二十八，〔左正。〕桃三十二，〔右負。〕皆無減。價異併一百七十六文。〔右負左正。〕

隔行之異名，乃同名也，以和數列之，不分正負。

又以餘行無梨，則只二色，徑以減餘與丙行列之〔於後〕〔二〕。

如法乘減，榴減盡，餘桃六十八爲法，價一百三十六文爲實。法除實，得桃價二文。以丙行桃七價十四文減共三十文，餘十六文，悉榴價也，榴四除之，得榴價四文。以乙行榴七價二十八文減共四十文，餘十二文，悉梨價也，梨二除之，得梨價六文。以甲行梨四共二十四文減共四十文，

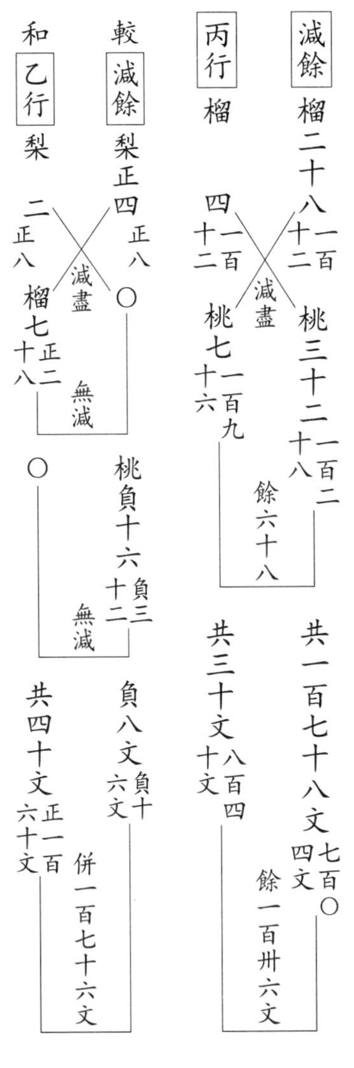

〔一〕見本頁左圖。圖中“較”行“負三十二”，原作“負二十二”，據鵬翮堂本、輯要本改。

〔二〕見本頁右圖。

餘十六文，悉瓜價也，瓜二除之，得瓜價八文。

論曰：此和數變爲較數，而較數復變和數也。何以言之？初次減餘價八文，乃桃多於梨之價，故曰變爲較數也。〔桃十六價三十二文，梨四價二十四文，差八文。〕何以知之？餘數分在兩行故也。〔桃十六在丁行，梨四在甲行。〕何以知桃多於梨？桃與價同在丁行，故同名也。然所用以分正負者，是甲丁兩行之減餘，非但以丁行空位而立負也。又因乙丙瓜位皆空，故用此減餘徑與乙行相對，是省二算也，乃徑求也，非專用丁行爲主也。減餘較也，乙行和也，一和一較，故有異名相併，而非以偶行故加也。

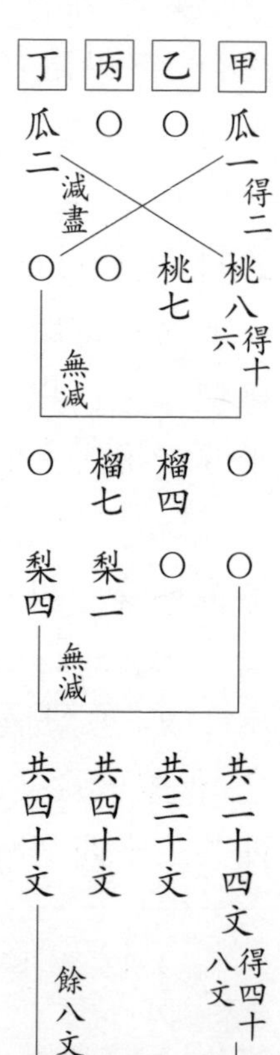

若第二次減餘，則復是和數，何也？其相併一百七十六文，乃桃榴之共價，〔桃三十二價六十四文，榴二十八價一百十二文，共此數。〕而非其較數，故曰復變和數也。何以知之？桃與榴雖分餘於兩行而異名，然隔行之異名乃同名也。〔乙行榴正，價亦正，減餘桃負，價亦負，兼而用之，變爲同名矣。〕至於立負之非，此尤易見。蓋既變和數，無正負矣，雖兩遇空而無減，豈得謂之立負乎？又因丙行梨亦空，故徑用減餘與之對減，是又省一算，非以丁行對丙行也，而顧曰立負榴於丁行，誤之誤矣。減餘變和，丙行相對，是兩和也，故有減而無併也，而豈以奇行之故而減也乎哉？

今試以甲丁之行易之，則加減全非矣。

如法以甲丁行對乘，減瓜盡。桃十六，〔甲。〕梨四，〔丁。〕皆無減。價相減，餘八文。〔甲。〕乃分正負，以價與桃同名而重列之，與乙行相對。

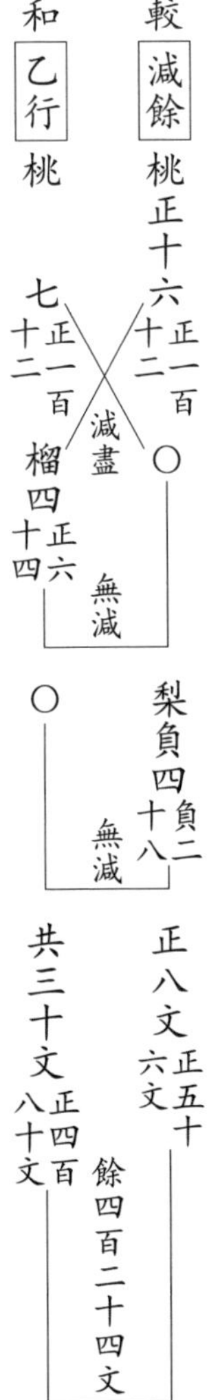

如法乘，桃同減盡，榴六十四，〔左正。〕梨二十八，〔右負。〕皆無減。價同減餘四百二十四文。

依前論，隔行之異名即同名也，不分正負而重列之，與丙行相對。

如法減榴，餘梨六十八爲法，四百〇八文爲實。法除實，得梨價六文。以次得諸物價，皆如前。

論曰：此但更其前後之行耳，而價皆同減無異併，可見奇減偶加之非通法矣。

又試以上下之位而更之。

如法以甲丁先乘，減去梨盡。餘榴二十八，〔甲。〕瓜四，〔丁。〕皆無減。價相減餘八十文，〔甲。〕依前論分正負，以價與榴同名而重列之，與乙行相對。

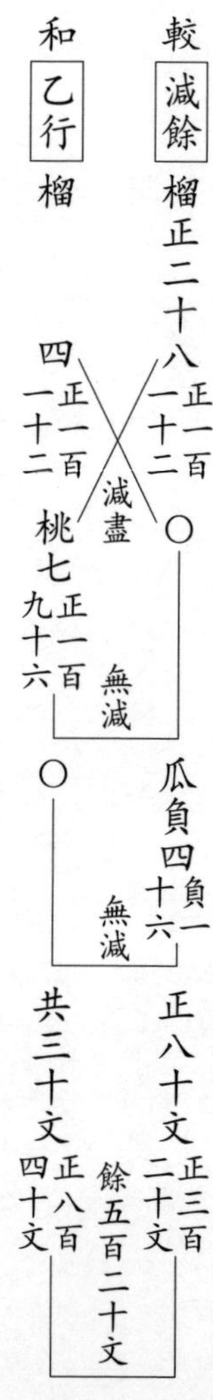

如法乘，減榴盡。餘桃一百九十六，〔左正。〕瓜一十六，〔右負。〕皆無減。價相減，餘五百二十文。〔左正。〕依前論，復變和數，不分正負，而徑與丙行重列之。

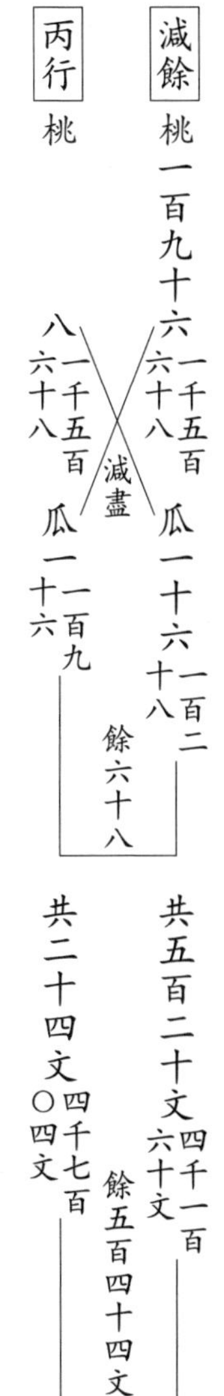

如法減桃,餘瓜六十八爲法,價五百四十四文爲實。法除實,得瓜價八文。以次得諸物價,皆如前。

論曰:此亦有同減無異加,固不以奇偶之行而有别也。

若以甲丁減餘更置之,則亦有異併之用,如後圖〔一〕。

論曰:此下價何以併?異名故也。何以異名?凡一和一較方程,在和數行者,其得數必與較首位同名,故其較數之價與首位同名者,則亦與和價同名也;其與首位異名者,與和價亦異名也。

先用丙行,何也?以有瓜,故可與餘瓜相減,亦可見行次之非定也。理之不定,乃其一定,凡事盡然,泥一端以定之,轉不定矣。

又論曰:此亦復變爲和數也,何以知之?正榴正價皆右,負桃負價皆左,以之併爲一行,則無正負矣。蓋隔行之異名,乃同名也〔二〕。

如法減桃,餘榴六十八爲法,價二百七十二文爲實。法除實,得榴價四文。以次得諸物價,皆如前。

論曰:兼此數端,知加減非關行數矣。

統宗歌曰:"四色方程實可誇,須存末位作根芽。若遇奇行須減價,偶行之價要相加。"諸書仍訛。又推而至於五色、六色,皆云以末位爲主,而自首行以往,皆與之加減。至其所以加減者,又皆以行之奇偶,如一行、三行、五

〔一〕見次頁左圖。
〔二〕見次頁右圖。

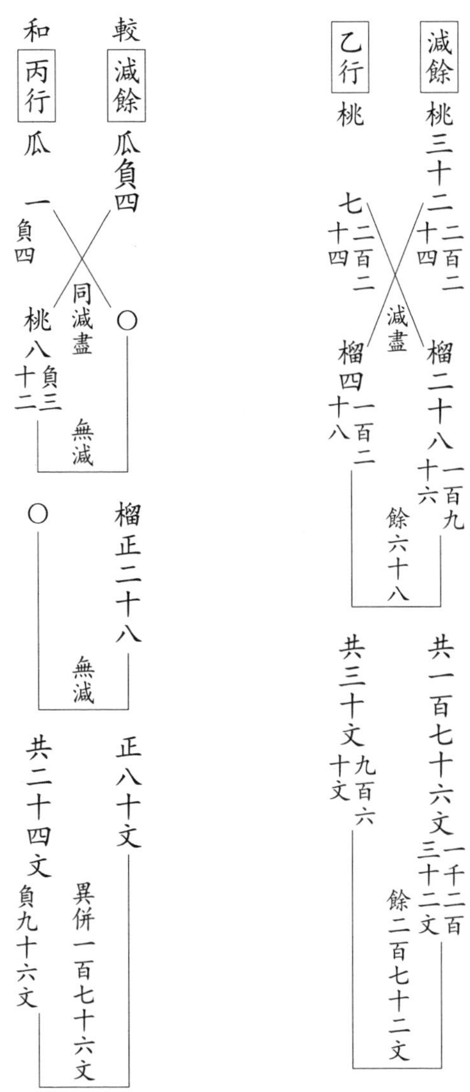
減餘
桃三十二
二百二十四
乙行
桃
七十
二百二十四
減盡
榴二十八
一百九十六
榴四十
一百二十八
餘六十八
共一百七十六文
一千二百三十二文
共三十文
九百十六文
餘二百七十二文
較
減餘
瓜負四
和
丙行
瓜
一
負四
同減盡
○
桃八十二
負三
無減
榴正二十八
○
無減
正八十文
共二十四文
負九十六文
異併一百七十六文

行，奇數也，則價與末行減；二行、四行，偶數也，則價與末行加。而不言同異名，將奇行者皆同名乎？偶行者皆異名乎？未可必也。不知彼所設問各行遞空兩位，勢必挨列，雖云四色，乃四色之有空者耳，非四色之本法也。〔省算卷辨之極詳，可以互發。〕既挨列矣，餘行之首一色皆空，不須乘減。惟末行、首行相對，可以互乘，非用末行，乃用上一色相對之行耳。使上一色不空者在中二行，而末行反空，又當以中行先用矣，雖欲以末行爲主，得乎？

至於第二次重列而乘減者，乃用首行、末行相減之餘也，非專用末行也。蓋兩行相減，乃生餘數，若謂之用末行，亦可云用首行矣。

又因各行多空，故徑以減餘與次行乘減得數，又徑以減餘與三行乘減，乃省算之法，於末行毫不相涉也。

且方程之行次，非有定也，其前後可以互居，左右中可以相易，亦何從而定之爲末行乎？末行無定矣，又安有奇偶之可言乎？而以是爲加減之定法乎？

然則惡乎定？曰：詳和較以列減餘，别同異以定加減。苟其和數也，雖空無減，不立正負也；苟其較數也，雖無空位，分正負也，此列減餘之法也。但同名者，不論何行皆減；但異名者，不論何位皆加，此定加減之法也。如是而已。

法實辨

算家法實，皆生於問者之所求。如有總物若干、總價若干，而問每物若干價，則是以物爲法，價爲實也。或問每銀一兩得若干物，則是以價爲法，以物爲實也。諸算盡然，則方程可知矣。算海説詳曰：“中餘爲法除下實。”蓋本統宗，然其説非也。同文算指曰：“以少除多。”其説亦非也。何以明之？曰：方程法實，猶諸算之法實也，故必於問者之所求詳之。中下多少，非可執也。

假如和數方程，有物若干，又物若干，共價若干，是物之位在上中，而價之位在下也。若問每物之價，而以物爲法，銀爲實，是中除下也，固也；或問每銀一兩之物，而以銀爲法，物爲實，又當以下除中矣。不知問者之所求，以物求價乎？以價求物乎？愚故曰中下難執也。

又物之價值，莫可等計，有賤於銀之物，以一兩而得數千百斤；有貴於銀之物，以數十百金而得一物。假如有貴物若干，又若干，共價若干，是物之數少而銀之數多也，而問每物之價，謂之以少除多，似也，若問每銀之物，不又當以多除少乎？又如有賤物若干，又若干，共價若干，是物之數多而銀之數少也，而問每銀物若干，謂以少除多，可也，若問每物價若干，不且以多除少乎？惟以多除少，故有不滿法之實。實不滿法，故有以法命之。如云每銀一兩，於物得幾分之幾者是也。其物多除銀少者，則有退除爲錢若分釐，故曰多少難拘也。

多少中下既不足以定法實，則法實安定？曰：亦惟於問意詳之而已。今具例如後。

論曰：方程法實，只是以下一位與上中數位相須爲用耳，故有實一而法二。其三色者，則有實一而法三。若以下除中者，則有法一而實二，或法一而實三，故用互乘之法以減之。及其用也，則只是一法一實而已。二色者，互乘而對減其一，則一法一實也；三色者，對減其一，又對減其一，亦一法一實也；四色、五色，其法悉同。此方程立法之原也。

問：河工方九百尺以當築城八百尺，城多一工。以河工七百二十尺當城工七百尺，城多二工。問：每工一日若干尺？

答曰：河工每日六十尺，城工每日五十尺。

如法乘減，餘城工五萬四千尺爲實，工一千〇八十爲法。法除實，得每工五十尺，爲城工每日之數。

以城工五十尺除右行八百尺，得十六工，同減負一工，餘十五工。以除河工九百尺，得每工六十尺，爲河工每日之數。

論曰：此以下除中也。緣所問每工一日土若干尺，以工求土也，故以工爲法，土爲實。若拘中法下實，則法實反矣。

若問每土千尺該用幾工，則當以五萬四千尺爲法，一千〇八十工爲實。法除

河工正九百尺		河工正七百二十尺
正六十四萬八千尺	減盡	正六十四萬八千尺
城工負八百尺		城工負七百尺
負五十七萬六千尺	餘五萬四千尺	負六十三萬尺
負一工		負二工
負七百二十工	餘一千〇八十工	負一千八百工

實，得百分工之二，是爲每城工一尺之數。以所問每千尺乘之，得二十工，是爲城工每千尺用工二十日也。若用異乘同除，則以土千尺乘一千〇八十工，得一百〇八萬工爲實，以法五萬四千尺除之，得二十工，爲城工每千尺之數，亦同。

於是以二十工乘八百尺，〔用右行原列。〕千尺除之，得十六工，減負一工，餘十五工，河工九百尺數也。以九百尺除十五工，得百分工之一又三分之二，河工每尺數也。以問千尺乘之，得十六工又三分工之二，爲河工千尺之數。用異乘同除，以千尺乘十五工，得一萬五千工，九百尺除之，得十六工又九之六，約爲三之二，亦同。

問：開渠十七工，築堡二十工，共以立方計者一千六百八十尺。又渠三十工，堡四十工，共三千二百尺。今欲計土續工，則每百尺得幾工？

答曰：開渠每土一百尺〔二工半〕，築堡每土一百尺二工。

如法乘減，餘堡工八十爲實，土四千尺爲法。法除實，得每尺百分工之二，以百尺乘之，得二工，爲築堡每百尺之工。〔或異乘同除，以百尺乘八十工，得八千爲實，以法四千尺除之，亦得每百尺二工。〕以左行堡工四十乘百尺，二工除之，得二千尺，以減共三千二百尺，餘一千二百尺，渠土數也。用除渠工三十，得百分工之二半，以百尺乘之，得二工半，爲開渠每百尺之工。〔或異乘同除，以百尺乘三十工，得三千，以一千二百尺除之，亦得每百尺二工半。〕

論曰：此亦以下法除中實也，緣所問以土求工故也。又爲以多除少，蓋土之數原多於工也，故退除而得其分秒。而所問者每百，故又有異乘同除之用也。

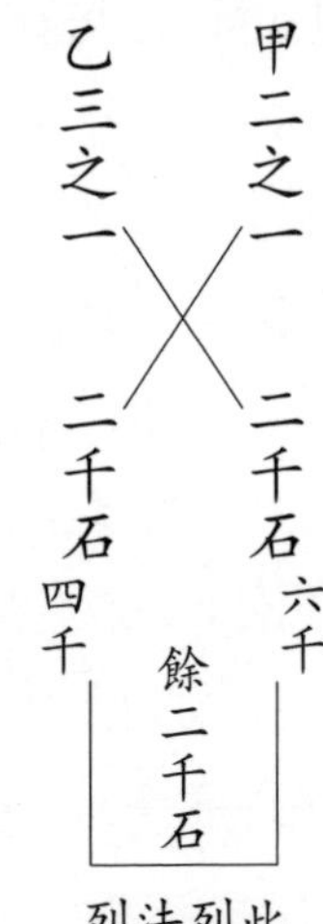

此原列位式也，其所列已非實數，況方程法原無甲窖、乙窖並列首位者

併分母辨

自方程竿失傳，有可以方程立算，亦可以差分諸法立算者，則皆收入諸法，而不知用方程，如愚末卷所載方程御雜法是也。有實非方程法而列於方程，如同文算指所收菽麥畦工諸互乘之法是也。有可以方程算而不用方程，漫以他法强合，而漫謂之方程，如併分母之法是也。諸互乘法非方程易知，不必辨，故專辨分母。

問：甲乙二窖不知數，但云取乙三之一益甲，取甲二之一益乙，則各足二千石。

答曰：甲窖一千六百石，乙窖一千二百石。

原法曰：列位互乘，甲得六千石，乙得四千石，相減餘二千石爲實，併兩分母共五爲法，除之得四百石。以乙分母三乘之，得一千二百石爲乙窖。以乙窖減二千石，餘八百石，以甲分母二乘之，得一千六百石爲甲窖。

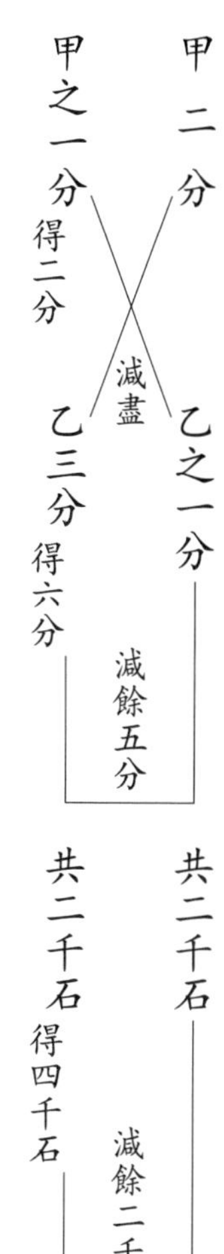

論曰：此法不然，乃偶合耳。若分母爲三與四，即不可用。或分子爲之二、之三，亦不可用。況方程法原無平列兩色物之理，而此獨平列。既平列矣，又何以先得乙窖？皆不合也。今以方程本法御之，則無所不合。

依帶分化整爲零法列位。

如法乘減，甲減盡，餘乙五分爲法，餘二千石爲實。法除實，得四百石，爲乙之一分。以乙分母三乘其一分，得一千二百石爲乙窖。以乙之一分減二千石，餘一千六百石爲甲窖。

論曰：此亦用五分爲法也，然爲得數相減之餘，非併分母也。所用之實亦二千石，然爲甲分互乘之數相減，非甲乙兩分母互乘相減也。亦先得四百石，爲乙三分之一，然以乙列於中，甲列於上，故先減去甲，而餘乙爲法，以先得乙之分。若列乙於上，則亦先得甲分矣[一]。試更列之，以先求甲窖。

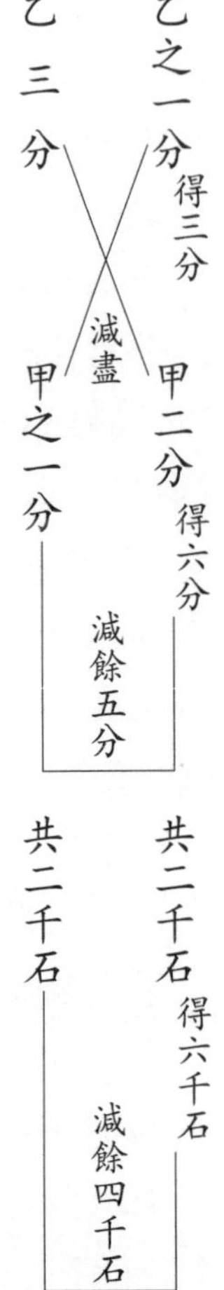

如法乘減，乙減盡，甲餘五分爲法，餘[二]四千石爲實。法除實，得八百石，爲甲之一分。以甲分母二乘之，得一千六百石爲甲窖。以甲之一分減二千石，餘一千二百石爲乙窖。

論曰：凡方程有各色，皆可更列其上下以互求，而任先得其一色，何也？其互乘而對減者，皆實數也。若併分母爲法，則無實數可言，故不可以互求。

愚於帶分言之備矣，或化整爲零，〔如上所列二例是也。〕或變零從整，或除零附整，共有三法。凡帶分者，皆可施用。若併分母爲法，則多所不通矣。凡此皆諸書沿誤，而同文算指亦皆收入，未嘗駁正也。

試以分母非三與二者求之。

假如有句股不知數，但云以股四之一益句，以句三之一益股，則皆二丈二尺。

〔一〕鵬翮堂本此後有："算法自乘除而後，皆在用法之妙。乘則有法有實，可通用。除則有法有實，不可誤用。開方則在列位作點，法固是廉隅，而作點乃爲立法之根。方程在列行，分上下，而相減之義即於位之上中下、左右取法實，故甲乙不可並列，並則不能算矣。"

〔二〕餘，原作"除"，據輯要本改。

問：句股各若干？

答曰：句一丈八尺，股一丈六尺。

依化整法列位。

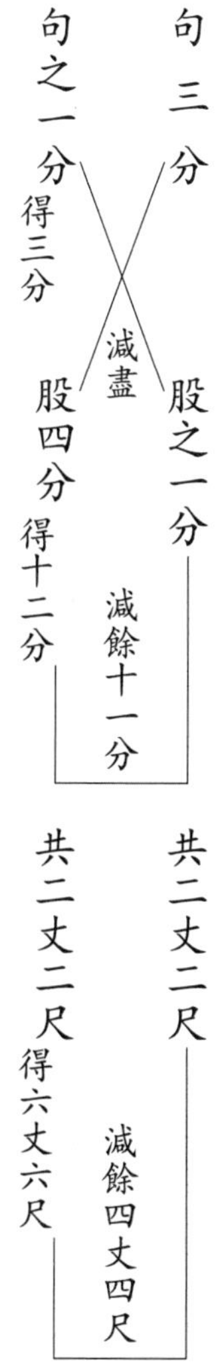

如法乘減，餘股十一分爲法，四丈四尺爲實。法除實，得四尺，爲股之一分。以股分母四乘其一分，得一丈六尺爲股。以股之一分減共二丈二尺，餘一丈八尺爲句。

論曰：此十一爲法也。若以股列於上，則亦十一分爲法也。如併分母，將以七爲法，其能合乎？

又試以分子非之一者求之。

假如有股與弦不知數，但云若取弦六分之二以益股，則五丈五尺；若取股三分之二以當弦，則少五丈五尺。問：若干？

答曰：股三丈，弦七丈五尺。

法以一和一較依化整法列位。

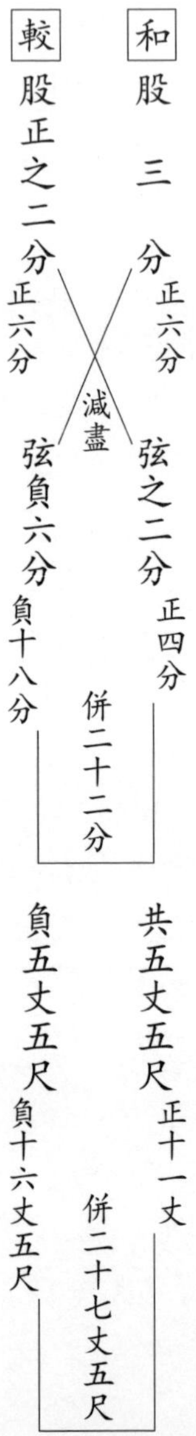

如法互乘，股同名減盡，弦異名併得二十二分爲法，數異名併得二十七丈五尺爲實。法除實，得一丈二尺五寸，爲弦之一分。以弦分母六乘其一分，得七丈五尺爲弦。以弦之二分二丈五尺減共五丈五尺，餘三丈爲股。

論曰：此以二十二爲法也。若以弦列於上，則亦二十二爲法也。而併分母是將以九爲法矣，豈不毫釐千里乎？

以上數則，皆不可併分母爲法。

和
股三分 正六分
弦之二分 正四分
共五丈五尺 正十一丈

較
股正之二分 正六分
弦負六分 負十八分
負五丈五尺 負十六丈五尺

減盡
併二十二分
併二十七丈五尺

問者或云：甲乙倉粟不知數，但知共二千石，其甲二之一與乙三之一等，各若干？

答曰：甲八百石，乙一千二百石。

法以和較雜列位，亦用化整爲零。

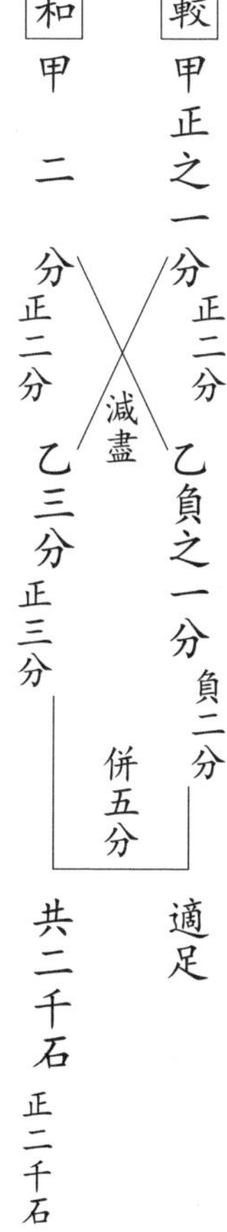

徧乘，甲同減盡，乙異併五分爲法，二千石無減爲實。

法除實，得四百石〔一〕，爲乙之一分。以乙分母三乘其一分，得一千二百石爲乙倉。因適足，故乙之一分猶甲之一分也，以甲分母二乘之，得八百石爲甲倉。

論曰：惟此有似於併母，然實非併分母，乃併得數之異名者也。

又按：併母法與方程不同。

假如有倉粟，取三之一又二之一，共計二千石，問：原數若干？

答曰：原數二千四百石。

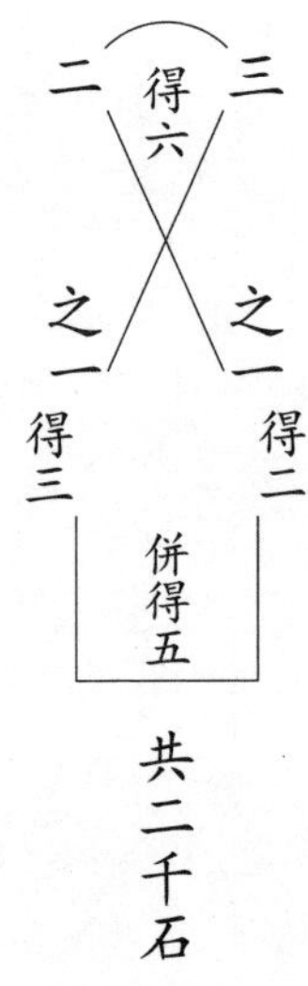

法以兩母互乘其子而併之，得五爲法。以兩母相乘得六，以乘二千石，得一萬二千石爲實。法除實，得二千四

〔一〕得四百石，原無此四字，據輯要本補。

百石，爲原倉之粟。

論曰：此即併母法也。因兩分子皆一，故併母用之，實併兩分母互乘其子之數也。蓋既曰三分、二分，其原數必可以三分之又二分之者也，故以兩分母相乘得六，借爲原數之衰。原數六，則三之一即二也，二之一即三也。併而用之，借爲所取之分，如云取原數六分之五而二千石也。六分之五爲二千石，則其全數必二千四百石矣。此通分法，非方程。

設問之誤辨

算家設問以爲規式，意雖引而不發，數則實而可稽。苟其稽之而無有真實可言之數，則其意不能自明，而何以爲式乎？至其立法之多違於古，皆以不深知算理，而臆見横生，又相因而必至也，故以設問爲之目。

今將同文算指所載井不知深例考定如後，餘如此者尚多，不能一一爲辨也。〔錢塘吴信民九章比類亦載是例，非同文創立也，蓋方程之沿誤久矣。〕

問：井不知深，以五等繩度之，用甲繩二不及泉，借乙繩一補之及泉。用乙繩三，則借丙一；用丙繩四，則借丁一；用丁繩五，則借戊一；用戊繩六，則借甲一，乃俱及泉。其井深若干？五等繩各若干？

原法曰：列五行，以五繩之數爲母，借繩一爲子，先取甲二乘乙三得六，以乘丙得二十四，以乘丁得一百二十，以乘戊得七百二十，併入子一，共七百二十一，爲井深積，列位。

五	四	三	二	一
甲一	〇	〇	〇	甲二
〇負一	〇	〇	乙三	乙一
〇負一	〇	丙四	丙一	〇
〇負一	丁五	丁一	〇	〇
戊六	戊一	〇	〇	〇
七百二十一	七百二十一	七百二十一	七百二十一	七百二十一

乃取五行爲主,而以一、二、三、四俱與相乘。

先以一行甲二遍乘五行。〔甲一得二,戊六得十二,積七百二十一得一千四百四十二。〕

五行甲一亦遍乘一行,對減。〔甲得二,減盡。乙得一,因五行乙空,立負一。積七百二十一,得本數,以減五行,仍餘七百二十一。〕

次以二行乙三乘五行。〔乙負一得負三,戊正十二得三十六,積七百二十一得二千一百六十三。〕

五行乙負一亦乘二行。〔乙三得三，對減盡。丙一得一，因五行丙空，立負一。積七百二十一，得本數，併入五行積，共二千八百八十四。〕

再以三行丙四乘五行。〔丙負一得四，戊正三十六得一百四十四，積二千八百八十四得一萬一千五百三十六。〕

五行丙負一亦乘三行。〔丙四得四，減盡。丁一得一，因五行丁空，立負一。積得本數，與五行對減，餘一萬〇八百一十五。〕

又以四行丁五乘五行。〔丁負一得五，戊正一百四十四得七百二十，積一萬〇八百一十五得五萬四千〇七十五。〕

五行丁負一亦乘四行。〔丁五得五，減盡。戊一得一，併入五行戊正七百二十，共七百二十一。積得本數，併入五行積五萬四千〇七十五，共五萬四千七百九十六。〕

乃以最後所得求之，以積五萬四千七百九十六爲實，戊七百二十一爲法除之，得戊繩七尺六寸。以減四行總積，〔七百二十一。〕餘六百四十五，以丁五除之，得丁繩一丈二尺九寸。以減三行積，〔七百二十一，後同。〕餘五百九十二，以丙四除之，得丙繩一丈四尺八寸。以減二行積，餘五百七十三，以乙三除之，得乙繩一丈九尺一寸。以減一行積，餘五百三十，以甲二除之，得甲繩二丈六尺五寸。

論曰：此一例中有數誤。一者以末行爲主，而以一、二、三、四與之相乘，此由不知和較交變，而沿奇減偶加之失，誤一。一者謂末行有空，故立負，由不知有空徑求，而沿立負之非，誤二。一者以除法命爲井深，而設問不明言丈尺,誤三。又輒立母遞相乘加借子一之法[一],誤四。一例中誤至數端,將令學者何所措意乎?

前之兩誤,〔謂以末行爲主而奇減偶加,及立負之法。〕業於瓜梨諸例辨之綦詳,可以互見。今特明後兩誤之非,具如後論。

凡言百十者,皆虚位也。其實數以單位爲端,故單位爲寸,則十者尺,百者丈。若單位爲尺,則十者丈,百者十丈。若單位爲丈,則十者十丈,百者百丈。七百二十一以爲井深,不知其所謂一者,尺乎?寸乎?丈乎?若七百二十一尺、七百二十一寸、七百二十一丈,相去甚懸,然其爲七百二十一者不殊也。先不明言尺寸,雖得數,何以命之?

詳觀問意,乃借井深以知各繩。故井深者和數也,在各行中皆所列諸繩之共數,必先知此共數,然後以乘減之法求之,而各數乃見矣。而不先言井深,轉借各繩以求之,方程中無此法也。故其所得但爲七百二十一之虚率,而不能斷其爲丈尺何等,亦固然耳。

七百二十一亦非井深定率,何也?倍七百二十一,則一千四百四十二;若三其七百二十一,則二千一百六十三。推之以至於無窮,凡可以七百二十一除之而盡者,皆可以五等繩相借而及泉也。故使其井爲一丈四尺四寸二分之深,則戊繩必一尺五寸二分,丁繩必二尺五寸八分,丙繩必二尺九寸六分,乙繩必三尺八寸二分,甲繩必五尺三寸矣。

〔一〕借子一之法,鵬翮堂本作"借子之一法"。

使其井爲二十一丈六尺三寸之深，則戊繩二丈二尺八寸，丁繩三丈八尺七寸，丙繩四丈四尺四寸，乙繩五丈七尺三寸，甲繩七丈九尺五寸矣。皆甲二偕乙一，若乙三則偕丙一，若丙四則偕丁一，若丁五則偕戊一，若戊六則偕甲一，而及泉，故曰七百二十一非井深之定率也。

七百二十一者，除法也，以此爲法，除井深乘併之數而得一繩，因以知各繩，即不得以此命爲井深。

除法，法也；井深，實也，而以法爲實乎？

以七百二十一爲除法，乃繩也。如所求先得戊繩之數，則此七百二十一者，即是戊繩也。其五萬四千七百九十六者，乃七百二十一戊繩之共數也。以戊繩七百二十一爲法，除其共數，而得七十六，則是一戊繩之數也。故七百二十一者，繩也；五萬四千七百九十六者，井深也，〔假如一井深七丈二尺一寸，則七十六井共深五百四十七丈九尺六寸。井無此深，乘併而有此數，猶戊繩之七百二十一亦以乘併而得也。〕而顧以繩之積爲井深之積乎？

假如井深一丈四尺四寸二分，依法求之，其爲戊繩之共數必一百〇九丈五尺九寸二分，而其戊繩亦必七百二十一。以七百二十一爲法，除一百〇九丈五尺九寸二分，得一尺五寸二分，則一戊繩之數矣。故曰七百二十一者非井深也，乃除法也，繩也。繩之爲除法者有定，而其所除之井深無定也。

又輒立母子乘併之法，夫以各繩爲母，而借繩爲子，未大失也。蓋於三繩中取一，即是三之一；於四繩取一，亦即

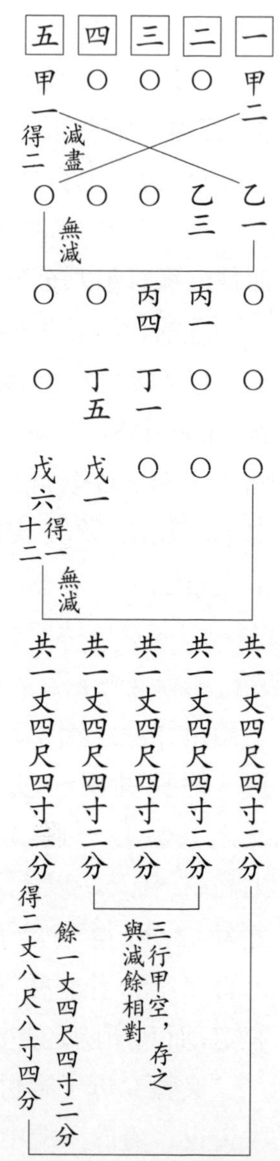

四之一也。乃謂七百二十一爲母相乘而加借子，則非也。蓋位既迭空，除首位減去外，皆母與母相乘，子與子相乘，而不相遇。至第四次乃相遇，而又適當其變爲一和一較之時。異名相併，故得此數以爲除法耳，固不得立此以爲通法也。

假如問五色方程，而各行不空，則和較之變多端，豈預知其減併？即使各行有空，如所列而或爲較數，則有減而無併，亦將以借子加之乎？

又所加之一乃子相乘之數，若遇借子爲之二、之三，則皆不能徑用其原借之子數也，故曰非通法也。

今試以井深一丈四尺四寸二分者，舉例如後。

假如有井深一丈四尺四寸二分，以甲乙丙丁戊五等繩汲之，皆不及泉。若甲借乙三之一，乙借丙四之一，丙借丁五之一，丁借戊六之一，戊借甲二之一，皆及泉。問：繩各長若干？

法以帶分和數列位。

依空位省算，先以一行與五行對乘。甲減盡，乙一、戊十二皆無對不減，和數餘一丈四尺四寸[一]二分。乙在首行，戊與一丈四尺四寸二分在五行，分正負列之，和變較也。餘行無甲繩，不須減，徑以減餘與次行相對[二]。

依和較相雜法互乘，乙繩同減盡，丙一、〔左正。〕戊三十六〔右負。〕皆無減，和較數異併五丈七尺六寸八分。〔右負左正。〕復變和數，不分正負。〔隔行異名併故也。〕

餘行又無乙繩，不須減，徑以減餘與第三行相對[三]。

依和數乘，丙繩減盡。丁繩一，〔左。〕戊繩一百四十四，〔右。〕皆無減，和數減餘二十一丈六尺三寸。〔右。〕又復變和數也，分正負列之。

餘行又無丙繩，徑以減餘與第四行相對[四]。

依和較相雜乘，丁同減盡，戊異併七百二十一爲法，和較數異併一百〇九丈五尺九寸二分爲實。法除實得一尺五寸二分，爲戊繩六之一，以減共一丈四尺四寸二分，得一丈二尺九寸爲丁繩。五除丁繩得二尺五寸八分，爲丁繩五之一，以減共一丈四尺四寸二分，餘一丈一尺八寸四分爲丙繩。四除丙繩得二尺九寸六分，爲丙繩四之一，以減共一丈四尺四寸二分，餘一丈一尺四寸六分爲乙繩。三除之，得三尺八寸二分，爲乙繩三之一，以減共一丈四

〔一〕四寸，原作“四分”，據鵬翮堂本、輯要本改。
〔二〕見次頁左圖。
〔三〕見次頁中圖。
〔四〕見次頁右圖。

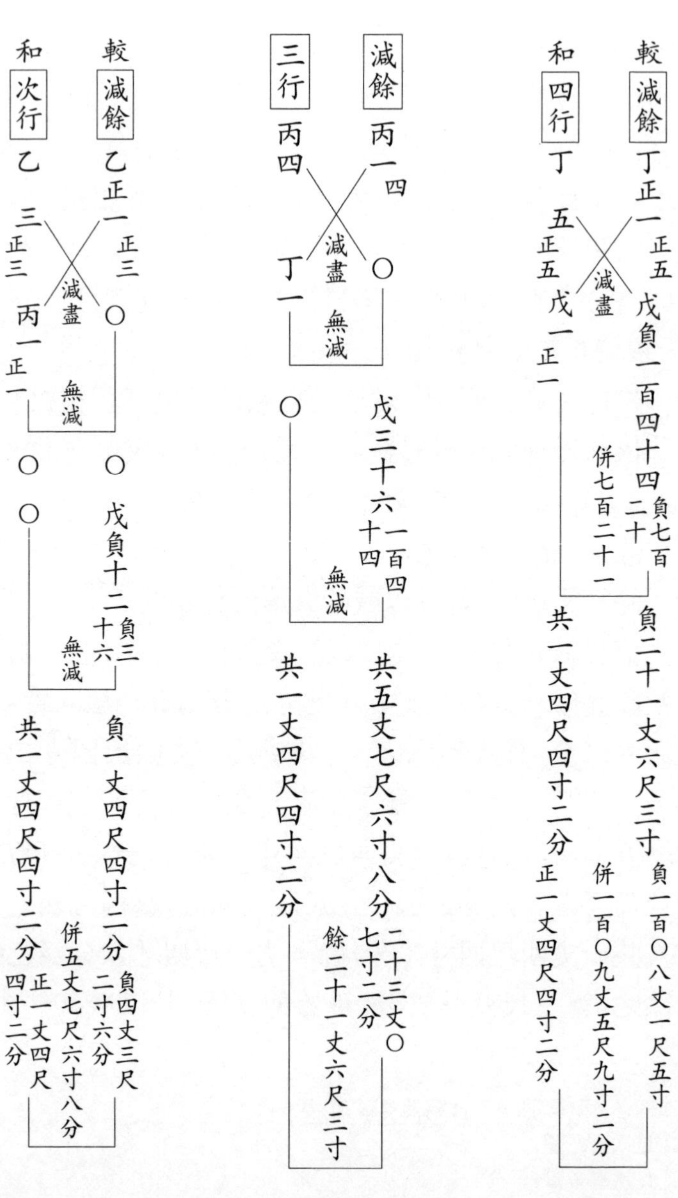
較 減餘 丁正一 正五 戊負一百四十四 負七百二十 併七百二十一 負二十一丈六尺三寸 負一百〇八丈一尺五寸 併一百〇九丈五尺九寸二分
和 四行 丁 五 正五 減盡 戊一 正一 共一丈四尺四寸二分 正一丈四尺四寸二分
減餘 丙一 四 〇 無減 戊三十六 一百四十四 無減 共五丈七尺六寸八分 二十三丈〇七寸二分 餘二十一丈六尺三寸
三行 丙四 減盡 丁一 〇 共一丈四尺四寸二分
較 減餘 乙正一 正三 〇 無減 〇 戊負十二 負三十六 無減 負一丈四尺四寸二分 負四丈三尺二寸六分 併五丈七尺六寸八分
和 次行 乙 三 正三 減盡 丙一 正一 〇 〇 共一丈四尺四寸二分 正一丈四尺四寸二分

尺四寸二分，得一丈〇六寸爲甲繩。二除之，得五尺三寸，爲甲繩二之一，以減共一丈四尺四寸二分，得九尺一寸二分爲戊繩。

計開：

甲繩共一丈〇六寸，借乙三之一，計三尺八寸二分；乙繩共一丈一尺四寸六分，借丙四之一，計二尺九寸六分；丙繩共一丈一尺八寸四分，借丁五之一，計二尺五寸八分；丁繩共一丈二尺九寸，借戊六之一，計一尺五寸二分；戊繩共九尺一寸二分，借甲二之一，計五尺三寸，共得一丈四尺四寸二分。

論曰：此亦七百二十一爲除法也，減併之用，與前無異，而井深既别，繩數迥殊，不先言丈尺，何以定之？

試又以較數明之。

今有數不知總，其五人所分，亦不知各數，但云取乙三之一以當甲，取丙四之一以當乙，取丁五之一以當丙，取戊六之一以當丁，取甲二之一以當戊，皆不足七百一十九。問：若干？

法以較數列位。依帶分法，化整爲零〔一〕。

如法乘，甲同減盡。乙一，〔左負。〕戊十二，〔右負。〕皆無減，同名在隔行，仍分正負。較數異併，與戊同名。餘行無甲，徑以減餘對第三行〔二〕。

〔一〕見次頁左圖。

〔二〕見次頁右圖。

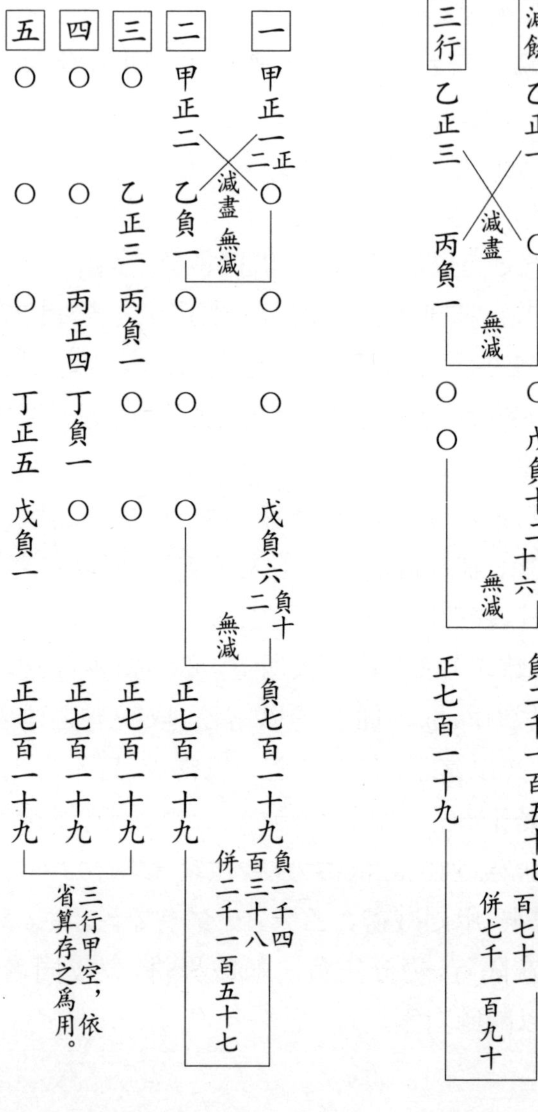
減餘
乙正一 正三 ○ ○ 戊負十二 負三十六 負二千一百五十七 負六千四百七十一
減盡
無減
無減
併七千一百九十
三行
乙正三 丙負一 ○ ○ 正七百一十九
一
甲正一 正一二 ○ ○ ○ 戊負六 負十二 負七百一十九 負一千四百三十八
二
甲正二 乙負一 ○ ○ ○ 正七百一十九
減盡
無減
無減
併二千一百五十七
三
○ 乙正三 丙負一 ○ ○ 正七百一十九
四
○ ○ 丙正四 丁負一 ○ 正七百一十九
五
○ ○ ○ 丁正五 戊負一 正七百一十九
三行甲空，依省算存之爲用。

如法乘，乙同減盡。丙一，〔左負。〕戊三十六，〔右負。〕皆無減，以隔行同名分正負。較數異併，與戊同名。餘行無乙，徑以減餘對第四行〔一〕。

如法乘，丙同減盡。丁一，〔左負。〕戊一百四十四，〔右負。〕皆無減，以隔行同名分正負。較數異併，仍與戊同名。餘行無丙，徑以減餘對末行〔二〕。

如法乘，丁同減盡。戊同減，餘七百一十九爲法，較數異併一十四萬八千一百一十四爲實。法除實得二百〇六，爲戊之一分，加正七百一十九，共九百二十五爲丁數。五除丁數得一百八十五，爲丁之一分，加正七百一十九，共九百〇四爲丙數。四除丙數得二百二十六，爲丙之一分，加正七百一十九，共九百四十五爲乙數。三除乙數得三百一十五，爲乙之一分，加正七百一十九，共一千〇三十四爲甲數。二除甲數得五百一十七，加負七百一十九，共一千二百三十六爲戊數。六除戊數，仍得二百〇六，爲戊之一分。

計開：

<table>
<tr><td>甲一千〇三十四</td><td>其二之一五百一十七</td><td>與戊較</td><td rowspan="5">差七百一十九</td></tr>
<tr><td>乙九百四十五</td><td>其三之一三百一十五</td><td>與甲較</td></tr>
<tr><td>丙九百〇四</td><td>其四之一二百二十六</td><td>以與乙較</td></tr>
<tr><td>丁九百二十五</td><td>其五之一一百八十五</td><td>與丙較</td></tr>
<tr><td>戊一千二百三十六</td><td>其六之一二百〇六</td><td>與丁較</td></tr>
</table>

〔一〕見次頁左圖。

〔二〕見次頁右圖。

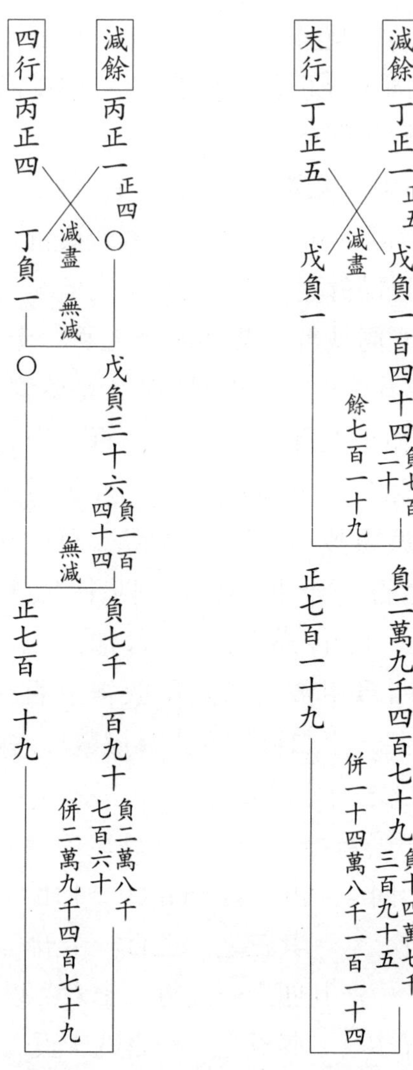
減餘
丁正一
正五
戊負一百四十四
負七百二十
末行
丁正五
戊負一
減盡
餘七百一十九
負二萬九千四百七十九
負十四萬七千三百九十五
正七百一十九
併一十四萬八千一百一十四
減餘
丙正一
正四
○
戊負三十六
負一百四十四
負七千一百九十
負二萬八千七百六十
四行
丙正四
丁負一
○
減盡
無減
無減
正七百一十九
併二萬九千四百七十九

論曰：此其母與母相乘，子與子相乘，與前略同，但末後相遇爲同減，故不以七百二十一爲法，而以七百一十九爲法，無他較數也。若依母相乘而併子，豈不誤哉？且四次乘減，其下較皆異併，亦足見奇減偶併之非。

又以法同而得數迴異者明之。

今有數五宗，不知其總。但云以乙三之一當甲，以丙四之一當乙，以丁五之一當丙，以戊六之一當丁，皆適足。若以甲二之一偕戊，則共數七百二十一。問：各若干〔一〕？

法以和較帶分列位。化整爲零。

甲同減盡。乙一，〔左負。〕戊一十二，〔右正。〕皆無減。一千四百四十一亦無減。隔行異名即同名也，變爲和數重列之，與次行對。

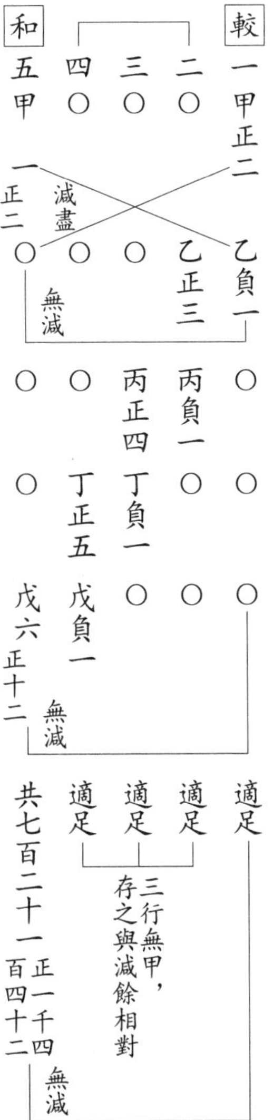

〔一〕此算例輯要本無。

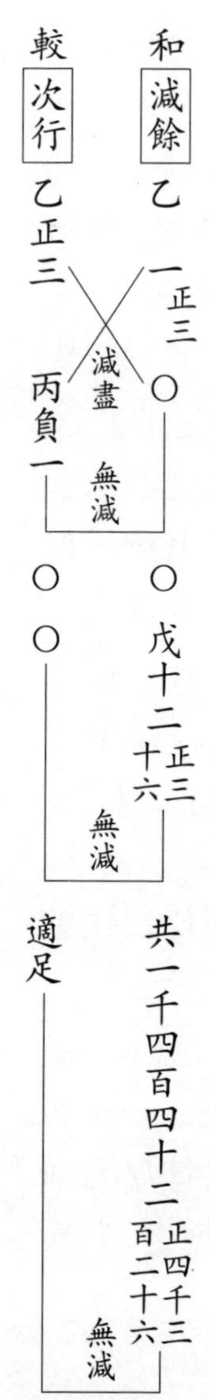

乙同減盡。丙一，〔左負。〕戊三十六，〔右正。〕四千三百

二十六，〔右正。〕皆無減。皆隔行異名，亦變和數重列，與第三行對。

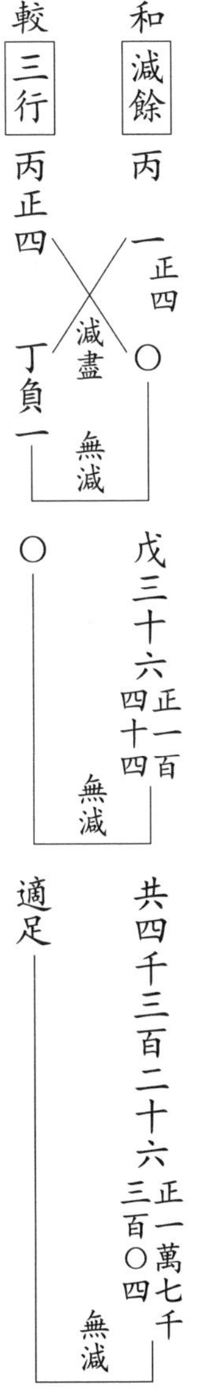

丙同減盡。丁一,〔左負。〕戊三十六,〔右正。〕一萬七千三百〇四,〔右正。〕皆無減。隔行異名,仍變和數重列,與第四行對。

丁同減盡。戊異併七百二十一爲法，八萬六千五百二十無減，就爲實。法除實，得一百二十，爲戊六之一，即丁數。五除之得二十四，爲丁五之一，即丙數。四除之得六，爲丙四之一，即乙數。三除之得二，爲乙三之一，即甲數。半之得一，爲甲二之一，以減共七百二十一，餘七百二十，爲戊數。

計開：

甲二，乙六，丙二十四，丁一百二十，戊七百二十。

論曰：此亦以七百二十一爲法，而其各數迴不相類，則以下數之爲和爲較，迴不相同也。然則井深者，即和數也，而不先言其丈尺，顧以除法命之，可乎？

又試以分子遞借而非之一者明之。

今有甲乙丙丁船各十隻，以載鹽九千七百七十六引，俱不足。若甲借乙一，乙借丙二，丙借丁三，丁借甲四，則各能載。問：各船若干？

法以和數列位。列後。

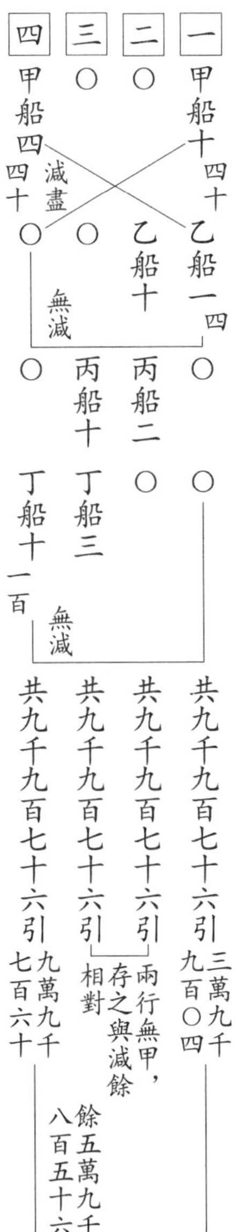

甲減盡。乙四,〔右。〕丁一百,〔左。〕皆無減,以兩行故分正負。載鹽餘五萬九千八百五十六,〔左。〕與丁同名。甲空,以〔一〕減餘對次行〔二〕。

乙同減盡。丙八,〔左正。〕丁一千,〔右負。〕俱無減,引異併六十三萬八千四百六十四。〔右負左正。〕異名在隔行,復變和數,無正負。乙空,以減餘對三行〔三〕。

丙減盡。丁餘九千九百七十六爲法,引餘六百三十萬〇四千八百三十二爲實。法除實,得六百三十二引,爲丁船數。以丙借丁船三乘丁數,得一千八百九十六,以減共九千九百七十六引,餘八千〇八十,丙所載也。以丙十除之,得八百〇八引,爲丙船數。以乙借丙船二

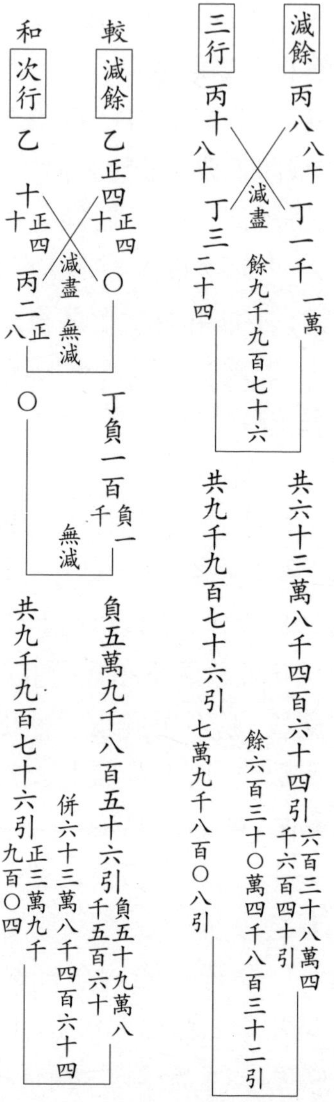

減餘 丙八 八十 丁一千 一萬 減盡 餘九千九百七十六 共六十三萬八千四百六十四引 六百三十八萬四千六百四十引 餘六百三十〇萬四千八百三十二引

三行 丙十 八十 丁三 二十四 共九千九百七十六引 七萬九千八百〇八引

較 減餘 乙正四 十正四 〇 減盡 無減 丁負一百 負一千 無減 負五萬九千八百五十六引 負五十九萬八千五百六十 併六十三萬八千四百六十四

和 次行 乙 十正四 十 丙二 八正 〇 共九千九百七十六引 正三萬九千九百〇四

〔一〕以,原作"與",據輯要本改。
〔二〕見本頁左圖。
〔三〕見本頁右圖。

乘丙數，得一千六百一十六，以減共九千九百七十六引，餘八千三百六十，乙所載也。以乙十除之，得八百三十六引，爲乙船數。以乙船數減共九千九百七十六，餘九千一百四十，甲所載也。以甲十除之，得九百一十四引，爲甲船數。

計開：各船每隻載數：

甲船九百一十四引。

乙船八百三十六引。

丙船八百〇八引。

丁船六百三十二引。

論曰：此四色方程遞借法，與諸書所載馬騾載米同，亦與同文算指井不知深同。但彼誤以除法爲井深，又誤立各母遞乘加借子法。故設此問，以顯其理。

此所用除法丁船九千九百七十六，猶彼所用除法戊繩七百二十一也，乃除法也，非井深也。除法有定，而井深無定，即如此問，九千九百七十六之除法有定，而鹽之數無定也。何言乎無定？假如以九千九百七十六引而倍之，則各船之所載亦倍矣。以引數半之，船所載亦半矣。然其除法之九千九百七十六如故也，若不先言引數，何以知之？

共載九千九百七十六引者，鹽數也。以九千九百七十六爲法而除者，船數也。船爲法者，算家虚立之率。鹽列位者，問者現據之實數。數雖偶同，爲用迥别。

以各原數爲母，借數爲子是也，如甲借乙船一，而乙船原有十，即十分之一也。謂母相乘而加借子一，則非法也,如此所用除法九千九百七十六,何以處之?又如後條馬步舟師各借二分者,又何以處之?數雖似,不可施之他數,非通法矣。

又試以三色例,亦用異加得除法者觀之。

假如有馬步舟師不知數,但云取騎兵五分之二益步,取步卒三分之二益舟,取舟師七分之二益騎,則皆得六千七百八十名。

答曰:步卒四千五百名,騎兵五千七百名,舟師三千七百八十名。

法以和數帶分列位。

依省筭,以左行加二分之一,步卒減盡。騎二分,〔右。〕舟師十分〇半,〔左。〕皆無減,共數減餘三千三百九十。〔左。〕分餘兩行,變較數也。以較數與舟師同名,中行步卒原空,徑以減餘作二色列之。

依省算,四因左行而退位。騎同減盡,舟師異併十

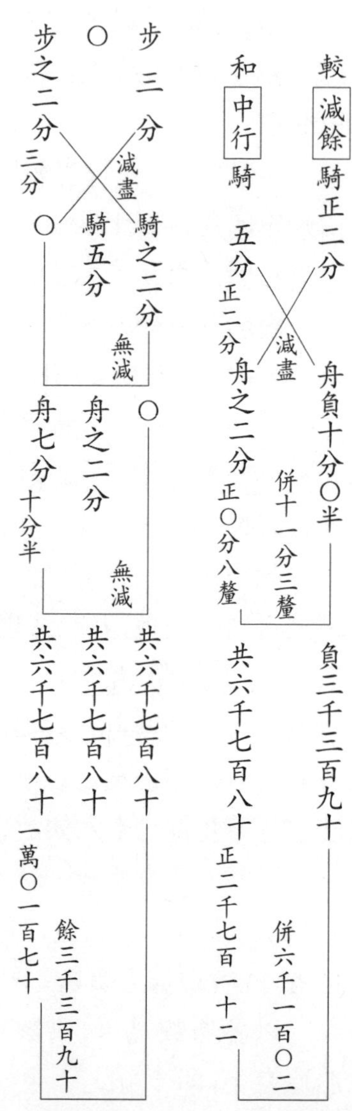

一分三釐爲法，和較數異併六千一百〇二爲實。法除實，得五百四十，爲舟師之一分。以分母七乘之，得三千七百八十名，爲舟師數。

以舟師數減共數六千七百八十，餘三千，所借步卒之二分也。二除之，分母三乘之，得四千五百，爲步卒數。

以步卒數減共數六千七百八十，餘二千二百八十，所借騎兵之二分也。二除之，分母五乘之，得五千七百名，爲騎兵數。

論曰：此雖以異加而得除法，然不得竟以子之二加也，故以分子一加者，非通法也。

方程論卷五

測　量

測量非方程事也。方程者，算術。算術恃計，測量恃目，實惟兩途。測量之不能兼算術，猶算術之不能兼測量，雖曰能兼，非其粹矣。今略具其所兼，其不能兼者，有句股諸法在。

測量在方程有二：

一曰陰雲測量。

陰雲者，不見宿度，而雲影微薄之處，猶能見五緯。若見二星，則有其相距之度，而可以方程取之矣。

一曰宿度測量。

宿度者，雖無陰翳，而無儀器，故借宿距一定之度以取之，必有二星同見，或星與太陰同見，則成方程之算矣。

陰雲測法

假如陰雲不見宿次，但於雲隙測得辰星在太白後一度。又二日，熒惑與二星同在一度。又三日，太白在熒惑前三度，而辰星雲翳。又一日，辰星在房初度，餘不可見。又十二日，熒惑始至房初。問：各行率若干？

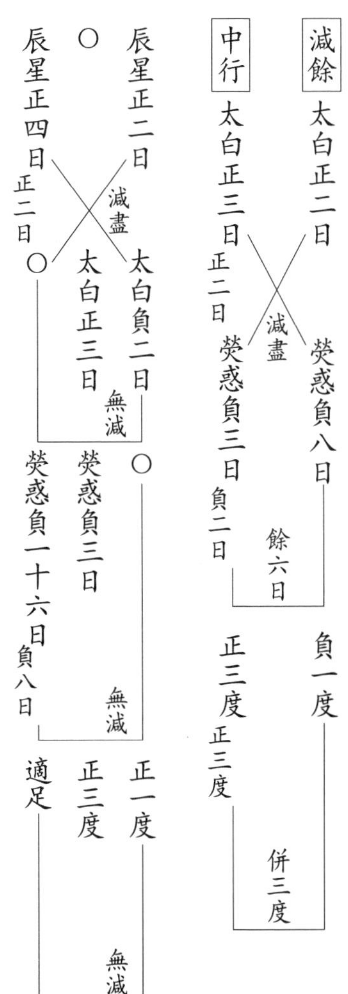

答曰：辰星每日行二度，太白每日行一度有半，熒惑每日行半度。

解曰：此辰星行二日，太白亦二日，而辰星多一度。熒惑與太白同行三日，而太白多三度。辰星行四日，熒惑十六日，而行度相當也。

法以較數列位[一]。

依省算，以左行半之，與右相減。辰星同減盡。太白二日，〔右負。〕熒惑八日，〔左負。〕皆無減，分正負。〔同名在隔行，即異名也。〕正一度亦無減。〔與熒惑同名。〕

重列減餘與中行[二]。

依省算，以左行減三之一，乃對減。太白同減盡。熒惑同減，餘六日爲法。行度異併三度爲實。法除實，

〔一〕“法”下原有“曰”字，據輯要本及體例删。見本頁左圖。
〔二〕輯要本“中行”下有“對”字。見本頁右圖。圖中中行“負二日”，各本均作“正二日”，據校算改。

得半度，爲熒惑每日行率。以右減餘八日乘之，得四度，同減負一度，餘三度，以太白二日除之，得一度半，爲太白日行率。以右行太白二日行三度，異加正一度，共四度，以辰星二日除之，得二度，爲辰星每日行率。

假如測得辰星在金星後二度，陰雲不知宿次。但於四日後見二星同行在一度，亦未知宿次。又三日，辰星行至房初度，而金星雲翳。至第四日，金星亦至房初，而水星未見。問：兩星每日行率若干〔一〕？

解曰：此兩星各行四日，而辰星多二度。辰星行三日，金星行四日，而其度相當。

法以較數列位。

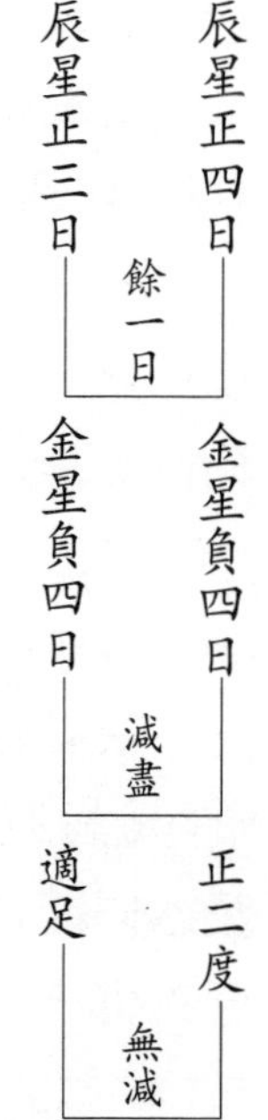

二色者有一色偶同，依省算，徑以對減。金星同減盡。辰星同減，餘一日爲法，正二度無減爲實。法一省除，徑以二度爲辰星每日行率。以辰星三日行六度，金星四日除之，得每日行一度半。

若欲知前兩測某宿度者，以金星四日行六度爲二星同度距房初之數。又加金星同行四日六度，共十二度，爲前測金星距房之度。又加辰星在金星後二度，爲辰星前測距房之度。各以距度與房初度相求，得前兩測星躔宿度。

〔一〕此算例輯要本無。

如順行者，前所測之宿在房後也，氐宿、亢宿也。各置距度，以氐宿、亢宿度迭減之，不盡者以轉減前宿之度，得星所在宿度。如逆行者，前所測之度在房前也，心宿、尾宿也。各置距度，以房度、心度遞減之，減不及者，即命爲後宿星所在之度。

假如甲子日金星夕見，乙丑日水星夕見。至丁卯日水星行及金星，但不及半度。至戊辰日二星同度，皆以陰晦不能細知宿次。問：各率若干〔一〕？

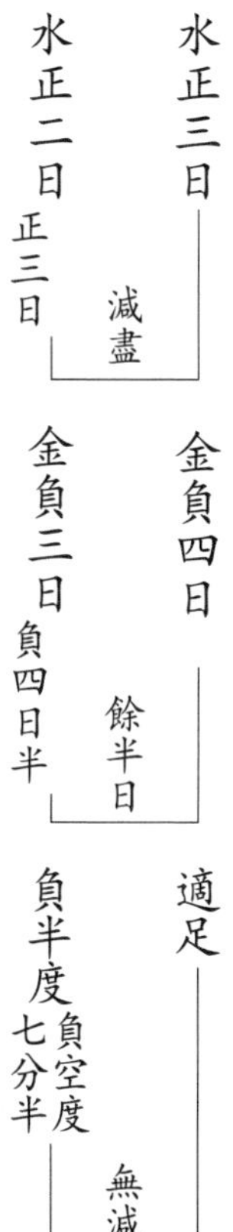

解曰：此金星行四日，水星三日，相當。金星行三日，水星二日，則水星不及半度。

法以較數列位。

依省算，左行二分加一。水同減盡。金同減餘半日爲法，空度七分半爲實。法除實，得金星日行一度半。金三日行四度半，同減負半度，餘四度，以水星二日除之，得日行二度。

假如廣、福二船哨海，福船先發行五日，廣船行三日，遇於中途，其汛地相距二千五百里，遂又同往一島。廣船行四日先至，候六日，福船始至。問：各船每日行率。〔二〕

〔一〕輯要本此後有“答曰：金星日行一度半，水星日行二度”。

〔二〕此算例輯要本無。

解曰：此廣船疾，福船遲也。廣船三日，福船五日，共行水面二千五百里。廣船四日，福船十日，而水程相當。

答曰：廣船日行五百里，福船日行二百里。

法以一和一較列位。

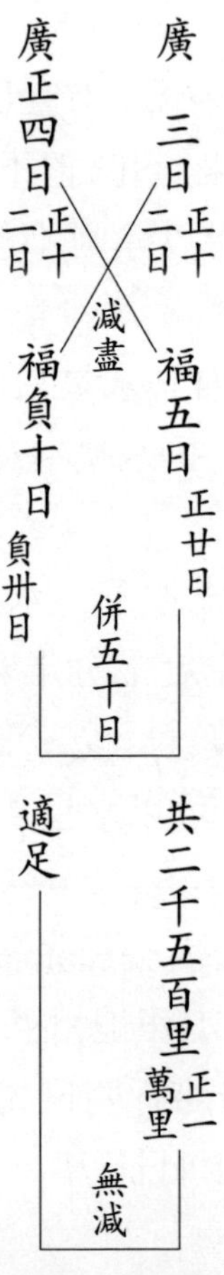

如法遍乘。廣船同減盡，福船異併五十日爲法，正一萬里無減爲實。法除實，得二百里，爲福船每日行率。福

船十日行二千里，以廣船四日除之，得五百里，爲廣船每日行率。

又如自東徂西共二千里，先乘車行五日，换舟行八日。至其國，其舟與車復同往一處，車先行六日，舟乃發，行四日逐及。問：舟、車行率。

答曰：舟每日二百里，車每日八十里。

解曰：舟疾車遲，舟八日，車五日，共行二千里。舟四日，車十日，行適相當。

依省算，半右行數。舟同減盡，車異併十二日半爲法，正一千里無減爲實。法除實，得八十里，爲車率。以舟四日除車十日所行八百里，得二百里，爲舟行率。

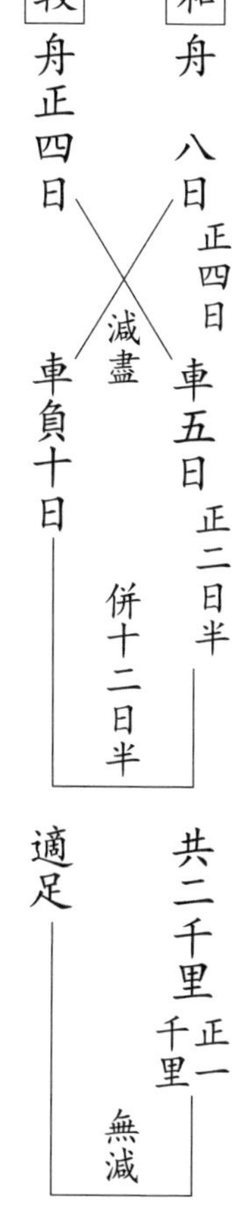

假如甲乙二船哨海，同泊一山，同用正卯酉字風東行，但甲船先發，解纜七日，乙船後行，解纜五日，追及於一島。又自此島用正子午字風南行，但甲又先發，解纜九日，泊於南洋，乙後發，解纜七日，泊於又南洋，其二洋相距二百里。問：道里各數。

法以較數列位〔一〕。

甲船同減盡，乙船餘四日爲法，負一千四百里爲實。

〔一〕圖見次頁。

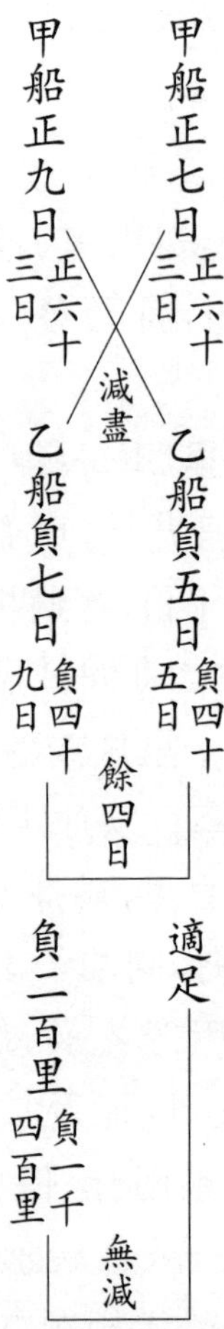

法除實，得三百五十里，爲乙船每日率。以甲船七日除乙船五日所行一千七百五十里，得二百五十里，爲甲船率。其一千七百五十里即山、島相去之程，以甲船九日行二千二百五十里爲島去南洋之程，又加二百里，爲又南洋之程。合問。

計開：

甲船每日行二百五十里，乙船每日行三百五十里，山、島之距一千七百五十里，島距南洋二千二百五十里，距又南洋二千四百五十里，自山至又南洋共水程四千二百里。

又假如二人同往西番公幹，一人車，一人騎。車自某山西行九日，騎自某河西行十日，及之於一城，其河在山之東相距三百里。又自此城西行八日，騎先至一國駐劄，候一日車至。問：道里各如干〔一〕？

法以較數列位。

車正九日	減盡	車正九日
騎負八日	餘二日	騎負十日
適足	無減	負三百里

如法徑減，餘騎二日爲法，三百里爲實。法除實，得一百五十里，爲騎行率。併騎前後共十八日行二千七百里，爲所駐西國距河之程，騎所行也。減河距山三百里，餘二千四百里，爲西國距山之程，車所行也。併前後車行，十八日除之，得一百卅三里又三分里之一，〔即一百二十步也。〕爲車行每日里率。用車行里率乘九日，得一千二百，爲城距山之程。以減總距，餘亦一千二百里，爲西國距城之程。

計開：

〔一〕此算例輯要本無。

騎日行一百五十里,前後共行二千七百里。車日行一百三十三里又三分里之一,前後共行一千四百里。城距山一千二百里,距河一千五百里。國距城一千二百里,距山二千四百里,距河二千七百里。

此上數則,近事易知,用明測量之理。

宿度測法

凡測量之法,有測器,又有水漏,則雖陰雲,可以所見者得其度。若但有測器而無水漏,可以所見兩星之距度取之,如前所列陰雲不知宿度之法是也。乃又無測器,而但據目見,則當以宿度取之。蓋宿有一定之度,借以爲兩星之和度、較度,因所知以求不知,此則方程之法可爲測量者助也。至於諸星行率,古今曆術不同,學者通其意,無拘其數焉其可〔一〕。

若一星單行,非儀器比量,莫知其遲疾之度。然晴雨難期〔二〕,則亦有因所見以測所不見之時,故算術不可廢也。

五星錯行,多有相遇,則和度、較度可施〔三〕。若太陰,每月經行廿八宿一次〔四〕,與五星相遇,亦每月有之。精於推步者,雖非假此定星,然用與曆術相參,有不藉儀器而

〔一〕"古今曆術不同"至"其可",鵬翮堂本作"古今曆家之術,各有不同,學者明此理,而可通其意,則推步自無所阻礙,毋拘其數焉"。

〔二〕期,鵬翮堂本作"定"。

〔三〕和度較度可施,鵬翮堂本作"和法較法可施於度"。

〔四〕次,鵬翮堂本作"周"。

知遲疾，使學者引驗見効，亦算家之樂也。

其五星各有遲疾留逆，故測量比例當於相近日數内求之，則所差亦不多也。

其遲疾變行，須查七政曆以約其日，則一星單行，亦自可考其進退之數。

兩星相較例

假如兩宿原有定距〔如房距心。〕若干度，有一緯星在其間，〔如金在房、心間。〕以旁星記之，越若干日，緯星行至東宿。〔如心〔一〕。〕又别一緯星〔如火星。〕在西宿，〔如房。〕越若干日，行至先所記旁星之處。

此因無儀細測，故借宿度用之。如上所舉，乃以宿距爲二星和度也。一緯星若干日，〔如金。〕一緯星若干日，〔如火。〕共行天若干度，〔如房度。〕故曰和度。

又如以一宿爲主，〔如心。〕有緯星在其西，〔如木。〕以旁星記之。越若干日，緯星行過宿東，至後一宿。〔如尾。〕又或異日，别一緯星〔如土。〕亦在前記緯星處所，越若干日，行至所借爲主之宿。〔如心。〕

此則以宿距爲二星較度也。一緯星若干日，〔如木。〕一緯星若干日，〔如土。〕相差若干度也，〔如心度。〕故曰較度。

凡此皆可以方程御之。

若得兩較度，或兩和度，或一和一較，即二色方程術

〔一〕如心，鵬翮堂本作“宿度自西而東，角在辰而箕在寅也。此所謂東宿者，如在房、心之間行若干日，近於心而遠於房也”。

也。若三星、四星以上，各得三兩宗測數，以三色、四色等方程求之，無不可見。

如木星在一宿之西，〔如井、鬼之間。〕越若干日，行至其宿。〔如鬼。〕火星原在木星之西，越若干日，行至木星原處。金星又在火星之西，而恰當西宿，〔如井。〕越若干日，行至火星原處，又若干日，亦至木星原處。

此亦借宿度爲用，而中有二和一較。如云金星若干日，火星若干日，木星若干日，共行若干度也。〔如井度。〕又金星若干日，木星若干日，共行若干度。〔亦用井度。〕此二者，和度也。又金星若干日，火星若干日，而其行適等，〔用火星至木星元處之日，及金星自火星元處至木星元處之日。〕此則較度也。〔適足即較數也。度無較，其日則有較。〕

又如火星在房宿之西，越若干日，行過房，抵心宿。而木星自火星元處，越若干日，至房宿。又有金星，或先或後，亦自火星元處，越若干日，行至房，又若干日，逐及木星於房、心之間。

此以宿距爲較度者三。如云以火星若干日較木星若干日，而火星之行多一房度也。以火星若干日較金星若干日，而火星亦多一房度。以金星若干日較木星若干日，而行度相等。〔用兩星逐及於房、心之間日數。〕

此上二則，以三色取之。凡所測，不必兩星同在一度，但欲有旁星可記，異日有他星復至所記旁星之處，即成同度之算。

右皆順行星例。

又如一星順行，自房行幾日；一星逆行，自心行幾日，相遇同度於房、心間。自此分行，又幾日，其逆行星至氐。

此用一較度一和度也。順行星幾日，逆行星幾日，共行房宿度，此爲和度。順行星幾日，逆行星幾日，而逆行星多一氐宿度，此爲較度。〔用逆行星相遇後至氐宿之日數。〕

又如一星自建星順行，至幾日遇逆行星，又幾日至牛宿。其逆行星自相遇處，行幾日至建星，又幾日至斗宿距星。

此亦一和一較。順行星幾日，逆行星幾日，而行度相當，〔用二星兩相遇處至建星之日數。〕此較度也。順行星幾日，逆行星幾日，而共行斗宿度。〔用兩相遇後，順行星至牛、逆行星至斗之日數。〕此和度也。

右逆行星例。

問：金火二星在房宿之西同度，越九日，金星行過房東至一處，有星可記。又一日，金星行至心宿。又八日，火星始至房。又九日，火星始至前所記金星之處。其二星行度各若干？

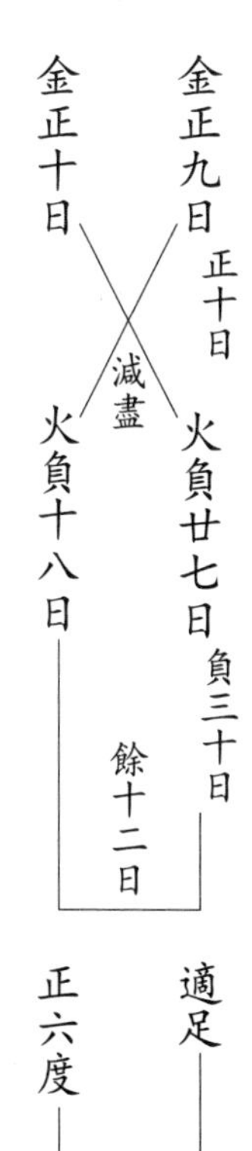

解曰：此金星行九日，火星廿七日，而行度相等。金星行十日，火星十八日，而金星多六度。〔房宿六度故也。〕

法以較數列位。

依省算，以右行加九之一，乃對減。餘火星一十二日爲法，六度無減爲實。法除實，得半度，爲火星率。以金九日除火廿七日行十三度半，得一度有半，爲金星率。

假如太陰自尾宿初度行三日，遇木星於斗、牛間。又三十日，木星行至牛。

此太陰三日，木星三十日，共行四十五度。〔借尾至牛之度，約略其數，後做此。〕

木星自牛初行三十日，與羅睺遇於牛、女間。又一百二十日，羅睺退至牛。

此木星行三十日，羅睺一百二十日，而度等。〔羅睺、計都、月孛有數無形，借顯逆行之用。〕

羅睺自牛初退行一百日，遇土星於箕、斗間。又五十日，土星行至牛。

此羅睺一百日，土星五十日，行度等。

土星自牛初行三十日，火星逐及，遇於牛、女間。又三十日，火星行至虛。

此土星三十日，水星三十日，而共行十八度。

火星自虛初行五十日，水星逐及，遇於危、室間。又十日，水星行至奎。

此火星行五十日，水星十日，共行四十五度。

水星自奎初行十五日，逐及金星，遇於昴、畢間。又十七日，金星行至畢。

此水星十五日，金星十七日，共行五十五度半。

金星自畢初行廿日，遇計都於井、鬼間。又四十日，計都退至井。

此金星二十日，計都四十日，而金星多二十八度。〔借畢至井之距爲兩星之較。〕

計都自井初逆行二十日，遇月孛於參、井間。又十日，月孛行至井。

此計都二十日，月孛十日，而行度等。

月孛自井初行八十日，太陰逐及，遇於井、鬼間。又二日，太陰行至柳。

此月孛八十日，太陰二日，共行三十四度。

問：各行率若干？〔凡此所設，不必其同日在一度謂之相遇，但與宿值，或有星可記，即如同度之理。〕

如法列位〔一〕。〔九色和較之雜。〕

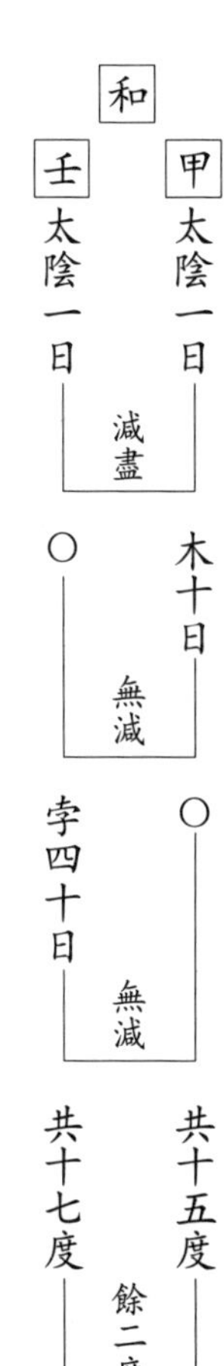

因九色行中擠迫，既多空位，取出其行次相對者，列而先乘。此捷法也。

先以甲、壬太陰對減。〔兩行相對只三色，餘俱兩空，省不書，俟重列時以次添入。〕

用省算法，以甲行三之一、壬行二之一列之。〔因甲行可三除，壬行可二除，而除之則太陰皆一日，故除而列之。〕徑對減，太陰盡。餘木星十日，〔右。〕月孛四十日，〔左。〕減餘二度，〔左。〕分正負。太陰減去，尋原列中乙行有木星，

〔一〕圖見次頁。

甲	乙	丙	丁	戊	己	庚	辛	壬
太陰三日	〇	〇	〇	〇	〇	〇	〇	太陰二日
木三十日	木正卅日	〇	〇	〇	〇	〇	〇	〇
〇	羅負一百廿日	羅正一百日	〇	〇	〇	〇	〇	〇
〇	〇	土負五十日	土卅日	〇	〇	〇	〇	〇
〇	〇	〇	火三十日	火五十日	〇	〇	〇	〇
〇	〇	〇	〇	水十日	水十五日	〇	〇	〇
〇	〇	〇	〇	〇	金十七日	金正廿日	〇	〇
〇	〇	〇	〇	〇	〇	計負四十日	計正廿日	〇
〇	〇	〇	〇	〇	〇	〇	孛負十日	孛八十日
共四十五度	適足	適足	共十八度	共四十五度	共五十五度半	正二十八度	適足	共三十四度

徑與減餘對列〔一〕。

用前法，以左乙行三之一與減餘列之。木星徑同減。

〔一〕見次頁左圖。

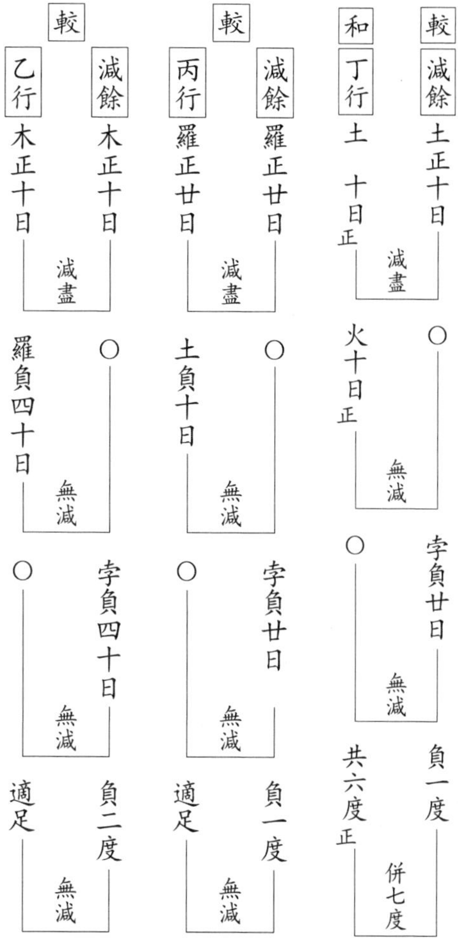

羅四十日,〔左負。〕孛四十日,〔右負。〕負二度,〔右負。〕皆無減。〔以隔行同名,仍分正負。〕木星減盡。尋丙行有羅睺,徑與減餘重列〔一〕。

用前法,以減餘二之一、丙行五之一列之。羅睺同名徑減。餘三位無減,以隔行皆負,分正負,而孛與較同名。羅睺減盡,尋丁行有土星,徑對餘數〔二〕。

用前法,以丁行三之一列之,而命之爲正。土同減盡。餘無減,度異併七度,皆左正右負,復變和數。土星減去,尋戊行有火星,徑對餘數〔三〕。

較 減餘		和 丁行
土正十日	減盡	土十日正
○	無減	火十日正
孛負廿日	無減	○
負一度	併七度	共六度正

較 減餘		丙行
羅正廿日	減盡	羅正廿日
○	無減	土負十日
孛負廿日	無減	○
負一度	無減	適足

較 減餘		乙行
木正十日	減盡	木正十日
○	無減	羅負四十日
孛負四十日	無減	○
負二度	無減	適足

〔一〕見本頁中圖。
〔二〕見本頁右圖。
〔三〕見次頁左圖。

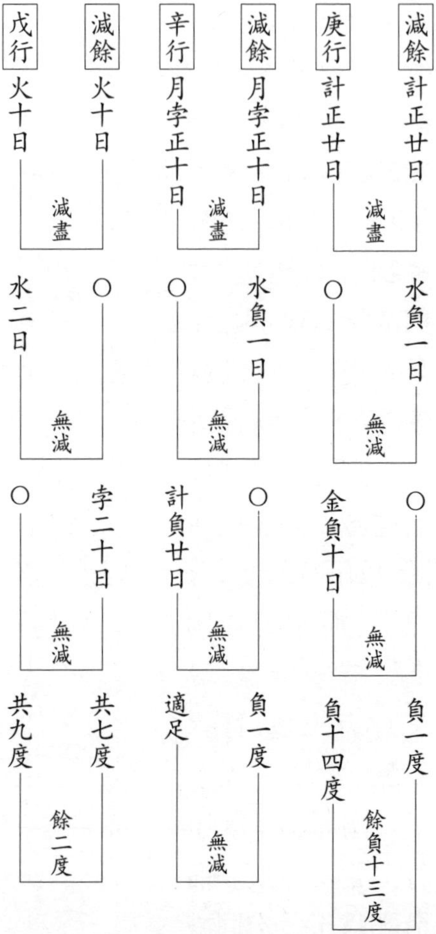

用前法，以戊行五之一列之。火徑減。水、〔左。〕孛〔右。〕無減，分正負，復爲較。餘二度〔左。〕與水星同名。火星減盡，尋己行有水星，以對餘數〔一〕。〔又因己行不便省算，改用辛行月孛相對。〕

用前法，以減餘半而列之。孛同減。餘俱無減，隔行同名，仍爲較。月孛減盡，尋庚行有計都，以對餘數〔二〕。〔水與較度皆右行負，同名。〕

用前法，以庚行半而列之。計同減。水、〔右負。〕金〔左負。〕無減，仍爲較。餘十三度，〔左負。〕與金同名。計都減盡，尋己行恰皆二色，以相對。

減餘		庚行
計正廿日	減盡	計正廿日
水負一日	無減	○
○	無減	金負十日
負一度	餘負十三度	負十四度

減餘		辛行
月孛正十日	減盡	月孛正十日
水負一日	無減	○
○	無減	計負廿日
負一度	無減	適足

減餘		戊行
火十日	減盡	火十日
○	無減	水二日
孛二十日	無減	○
共七度	餘二度	共九度

〔一〕見本頁中圖。

〔二〕見本頁右圖。

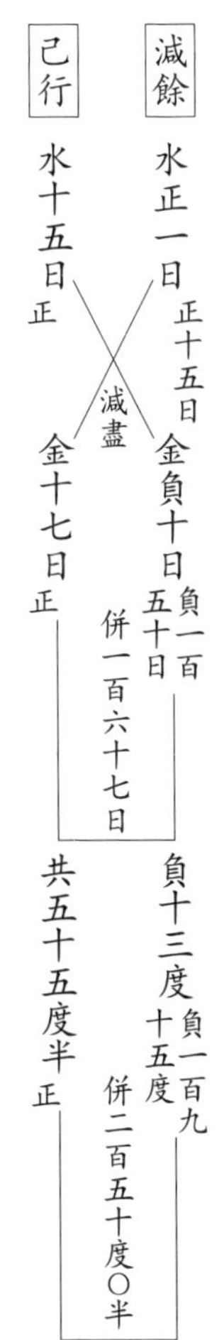

如法乘，水同減盡。金餘異併一百六十七日爲法，度異併二百五十〇半度爲實。法除實，得每日一度半，爲金星率。

以己行金星十七日行二十五度半，減共五十五度半，餘三十度。以水星十五日除之，得每日二度，爲水星率。

以戊行水星十日行二十度，減共四十五度，餘二十五度。以火星五十日除之，得每日半度，爲火星率。

以丁行火星三十日行十五度，減共十八度，餘三度。以土星三十日除之，得每日十分度之一，爲土星率。

以丙行土星五十日行五度，以羅睺一百日除之，得每日二十分度之一，爲羅睺率。

以乙行羅睺一百二十日行六度，以木星三十日除之，得每日五分度之一，爲木星率。

以甲行木星三十日行六度，以減共四十五度，餘三十九度。以太陰三日除之，得每日十三度，爲太陰率。

再以庚行金星二十日行三十度，同減去正二十八度，餘二度。以計都四十日除之，得每日二十分度之一，爲計都率。〔與羅睺同。〕

以辛行計都二十日行一度，以月孛十日除之，得每日十分度之一，爲月孛率。

以壬行月孛八十日行八度，減共三十四度，餘二十六度。太陰二日除之，仍得每日十三度，爲太陰率。

論曰：各星遲疾留逆，每段不同。然其各段中行率大約相等，故可以方程立算。亦須稍查時曆，以知其變。

若太近留段，行率甚微難見。其在合伏左右，行甚疾，每日不同，難與他星相較，則以一星遲疾之較取之，具如後例。

一星遲疾相較例

凡木、火、土三星，雖有遲疾之行，大約皆在一度以下。而土、木之變尤緩，其數十日中，行率僅差秒忽，兩星相較之法，頗可施用。惟金、水二星遲疾之差懸遠，其疾也有在一度以上，而水星有二度；其遲也不及一度，遲之甚則留，故可以其遲疾而自相較也。

假如金星疾段，測得甲、乙、丙三日共行四度二十九分，己、庚兩日共行二度有半，問：各日行率〔一〕。〔此因前測以陰雲，用儀得其度分，而不知宿次，故雖後測能知宿次，而中數日不可知，是惟方程能御之也。〕

法以和數列所測，以較數列中日〔二〕。〔因挨日進退，故倍中日爲前後兩日，而命之適足，蓋已知測日同在一段故也。〕

如法互乘遞減。餘庚廿七日爲法，三十三度廿一分爲實。法除實，得一度廿三分，爲末日行率。〔庚。〕

〔一〕此算例輯要本無。
〔二〕圖見次頁。

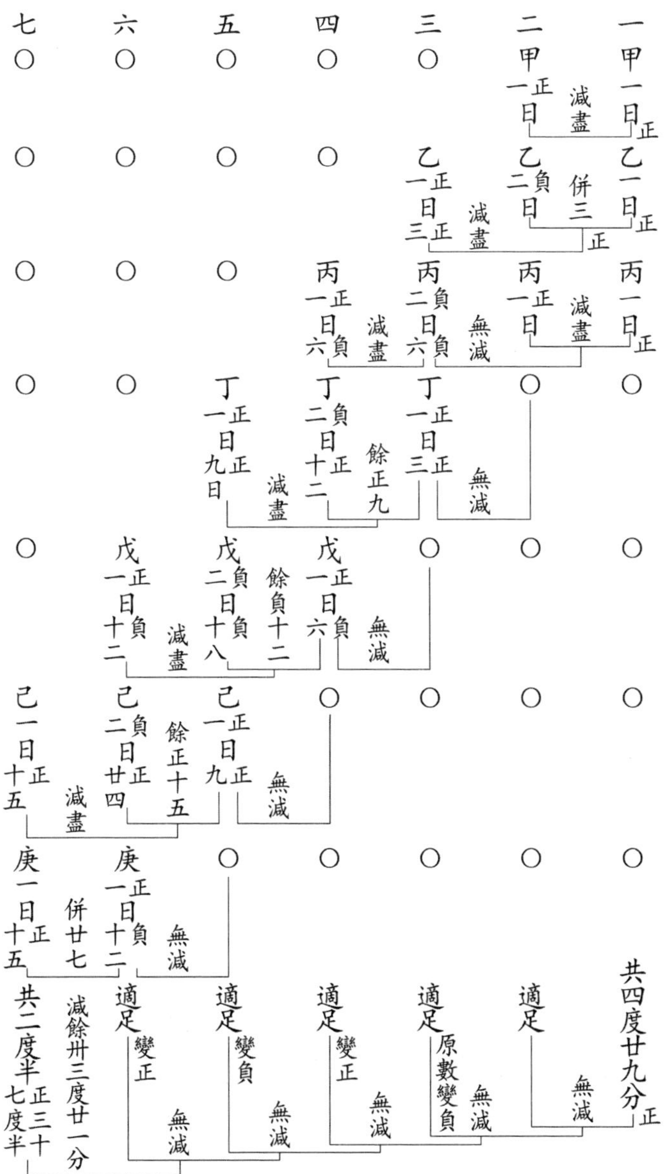
一　二　三　四　五　六　七
甲一日正　甲一正日　減盡
乙一日正　乙二負日　併三正　乙一正日三正　減盡
丙一日正　丙一正日　減盡　丙二負日六負　無減　丙一正日六負　減盡
丁一正日三正　無減　丁二負日十二正　餘正九　丁一正日九正日　減盡
戊一正日六負　無減　戊二負日十八負　餘負十二　戊一正日十二負　減盡
己一正日九正　無減　己二負日廿四正　餘正十五　己一日十五正　減盡
庚一正日十二負　無減　庚一日十五正　併廿七
共四度廿九分正　適足　無減　適足　原數變負　無減　適足　變正　無減　適足　變負　無減　適足　變正　無減
共二度半正　減餘卅三度廿一分　七度半三十

以庚日行率減共二度五十分，餘一度廿七分，爲第六日行率。〔己。〕

倍己日行率，減去庚日行率，餘一度三十一分，爲第五日行率。〔戊。〕

倍戊日行率，減去己日行率，餘一度三十五分，爲第四日行率。〔丁。〕

倍丁日行率，減去戊日行率，餘一度三十九分，爲第三日行率。〔丙。〕

倍丙日行率，減去丁日行率，餘一度四十三分，爲次日行率。〔乙。〕

倍乙日行率，減去丙日行率，餘一度四十七分，爲初日行率。〔甲。〕

累計甲、乙、丙日共四度廿九分，己、庚日共二度半。合問。

或倍庚日行率共二度四十六分，以減共二度半，餘〇度〇四分，爲日差。以日差累加庚日，得各日行率。

總論曰：凡步五星，既得其段日以爲日率，則以其盈縮之曆加減星行，而得其段所行之宿次，以爲度率。以日率除度率，而得其平行，則又以初末日率相求，使之陞降有等，以爲日差而加減之。故日差者，步五星之要事也。

右例不拘日數，但在遲疾本段，則可用此法。

亦不拘定是宿次所見，或儀器所測，但有兩宗宿度，則其餘日皆可倍中日以較其前後兩日，命爲正負適足而求之。何則？其加減皆相挨而有序，故知倍中日即同前後兩日也。

假如金星晨疾，測得甲日之寅距地平一度；至丙日之卯，距地平三十度〇七十五分；至己日之卯，距地平三十度，問：各日行率。

解曰：此是甲、乙兩日共行二度二十五分，丙、丁、戊三日共行三度七十五分也。

法以丙日距三十度〇七十五分減寅至卯差三十度，餘〇度七十五分。與甲日距一度相減，餘〇度二十五分，爲金星疾行過平行一度之數。加甲、乙兩日太陽行二度，是爲兩日内金星行二度二十五分。

又以己日距三十度與丙日距度相減，餘〇度七十五分，爲金星疾於平行之度。加丙、丁、戊三日太陽行三度，是爲三日金星行三度七十五分。

論曰：此因陰雲不能細測每日之度，故五日中僅有三測也。或雖無陰雲，而儀器不具，惟此三日有所當宿次，可借以爲行度之據，則所得者皆爲前兩日、後三日之和度也。

如法以兩和三較列位〔一〕。〔因遞差，補作三適足而列之。〕

如法乘減。得丁三日爲法，共三度七十五分爲實。法除實，得一度二十五分，爲丁日行率。〔此因末兩行減餘。三色減去二色，只一法一實，故徑用以求也。〕

以丁減餘七日行八度七十五分，同減負二度二十五分，餘六度五十分，以戊減餘五日除之，得一度三十分，爲

〔一〕圖見次頁。

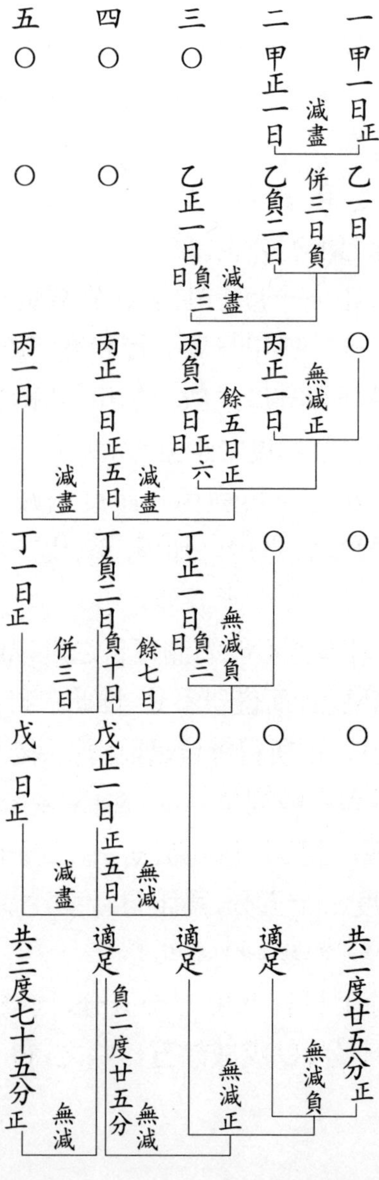
一
甲一日正
乙一日
共二度廿五分正
二
甲正一日
乙負二日
丙正一日
適足
三
乙正一日
丙負二日
丁正一日
適足
四
丙正一日
丁負二日
戊正一日
適足
五
丙一日
丁一日正
戊一日正
共三度七十五分正
減盡
併三日負
減盡
無減正
餘五日正
減盡
減盡
無減負
餘七日
併三日
無減
減盡
無減負
無減正
無減
無減

戊日行率。〔此用三、四兩行減餘。〕

以丁、戊兩日行率相減，餘〇度〇五分爲日差。

以日差減丁日行率，得丙日行率，累減之，得甲、乙日行率。

計開：

甲日行一度十分，乙日行一度十五分，兩日共行二度二十五分。丙日行一度二十分，丁日行一度二十五分，戊日行一度三十分，三日共行三度七十五分。

合計之，五日共行六度。此六度者，乃金星行於黄道之度實數也。實數者，以宿度徵之，如甲日之晨在某宿某度，至己日之晨，已進六度也。其距太陽之數，則五日共差一度。此一度者，乃金星漸近太陽之距，亦即漸近於地平之距也。目所見也謂之視差，則以儀器度而知之，如甲日之卯距地平三十一度，至己日之晨卯刻，則距地平三十度，爲較前相近一度也。今所測爲甲日之寅，寅與卯相差三十度，故寅之星距地平一度者，至卯則距三十一度也。其時刻以水漏或中星得之。若寅正與卯初，則只差十五度，每刻則差三度太，此以儀測星者所當知。

論曰：凡加減日差，須明進退之理。如戊日之行率多於丁日，則其疾爲進也，而先得末日，則以日差累減之而得初日。

若先得初日，則當以日差累加之而得末日。

如前一例，庚日之率少於己日，則其疾爲退也，而先得庚日，則以日差累加之而得初日。若先得甲日，則當以日差減之而得末日。

其遲段則皆反之。如末日多於初日，其遲爲退也，則減末加初。若初日多於末日，其遲爲進也，則減初加末。

論曰：凡七政盈縮，古今曆術綦詳，所設立差、平差之術尤密。至於太陰遲疾，時刻迥異。授時立法以三百三十六限，更非遞加挨減所能定。惟五星既得段日定星，其日差可以循次加減，而方程測量之法可施也。

又方程測量，爲草澤不能具儀器，而偶有所見，設此御之，使獨見者可以共曉。若從事推步，則有曆學諸書，幸勿以管窺爲誚。

方程論卷六

方程御雜法

算術之有方程，猶量法之有句股。必深知諸算術而後能言方程，猶之必深知諸量法而後能治句股，故以是終。

諸方田、少廣，凡屬量法者，往往有可以句股立算，而諸法不能治句股。方程之於粟布、差分也亦然，故雜法不能御方程，而方程能御雜法。

例如後。

1 假如有糧一萬九千石，派與甲、乙、丙三縣，各以其人户多少、米價貴賤、僦值遠近、舟車險易而均輸之。甲縣户三萬，米價每石一兩四錢，遠輸二百里，用車載二十石行一里，僦值一錢三分。乙縣户二萬，米價一兩二錢，遠輸五百里，用舟載二十五石行一里，僦值三分。丙縣户一萬，米價一兩二錢，遠輸二百里，道險可用負擔，每負六斗行五十里，顧值一錢八分。

法曰：各以其縣米價併僦值之數命其户，以方程較數列之〔一〕。

〔一〕圖見次頁。

用省算，以右行萬之一、中行九之一相減

以甲縣車載二十石除其僦值一錢三分，得六釐五毫，〔每載一石行一里數也。〕以乘二百里，得一兩三錢。併米價一兩四錢，共二兩七錢。以乙縣舟運二十五石除其僦值三分，得一釐二毫，以乘五百里，得六錢。併米價一兩二錢，共一兩八錢。以丙縣負擔六斗除其顧值一錢八分，以乘一石，得三錢，又以五十里除之，二百里乘之，得一兩二錢。併米價，共二兩四錢。

原法以各縣米價并僦值之數，以除其户爲衰，列而併之。併衰爲法，各衰乘總米爲實，法除實，得各縣米。

今用方程，則不須爾。竟以二兩七錢命甲縣之衰爲二十七户，以一兩八錢命乙縣之衰爲一十八户，以二兩四錢命丙縣之衰爲二十四户，以三縣衰命爲適足而列之。

如三色有空法乘。餘丙縣異併一百一十四户爲法，正三十四石二斗爲實。法除實，得丙縣每户糧三斗。以丙一户三斗減共一石九斗，餘一石六斗，乙縣四户除之，得每户糧四斗。以乙二户八斗，甲縣三户除之，得每户二斗又三分斗之二。各以每户率乘其縣之户總，得各縣糧。

計開：

甲縣三萬户，共糧八千石，共僦車值一萬〇四百兩。每户糧二斗六升六合又三之二，每三户糧八斗，每户僦值三錢四分又三之二，每三户僦值一兩〇四分。

總計米價與其僦值，每户共銀七錢二分。

乙縣二萬户，共糧八千石，共僦船值四千八百兩。每户糧四斗。僦值二錢四分。

總計米價、僦值，每户亦七錢二分。

丙縣一萬户，共糧三千石，共顧擔夫銀三千六百兩。每户糧三斗，僦值三錢六分。

總計米價、僦值，每户亦七錢二分。

以米言之。

甲縣二十七户
乙縣一十八户　皆七石二斗，故命之適足。
丙縣二十四户

論曰：此因米價不等，加以僦值不同，故以法均之。糧雖不均，而每户所出之銀數則均。若但均其米，乃不均矣，是故均之以不均，斯謂能均。

2 問：官米二百六十五石，令三等人户出之。甲上等二十户，每户多中等七斗；乙中等五十户，每户多下等五斗；丙下等一百一十户。其則例各若干？

法以和較列位。〔依省算，以和數十之一列之。〕[一]

如法乘減。得丙户十八爲法，二十一石六斗爲實。法除實，得一石二斗，爲下等每户則例。加正五斗，爲中等則。又加七斗，爲上等則。

計開：

甲上等每户二石四斗，二十户共四十八石。

乙中等每户一石七斗，五十户共八十五石。

丙下等每户一石二斗，一百一十户共一百三十二石。

〔一〕圖見次頁。

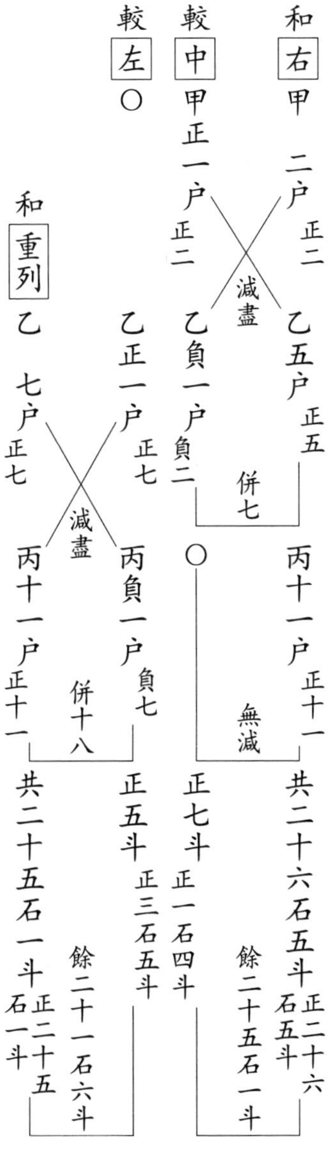
和
右
甲
二户
正二
乙五户
正五
丙十一户
正十一
共二十六石五斗
正二十六石五斗
較
中
甲正一户
正二
乙負一户
負二
○
正七斗
正一石四斗
減盡
併七
無減
餘二十五石一斗
較
左
○
乙正一户
正七
丙負一户
負七
正五斗
正三石五斗
和
重列
乙
七户
正七
丙十一户
正十一
共二十五石一斗
正二十五石一斗
減盡
併十八
餘二十一石六斗

合計之，共二百六十五石。

3 問：有米六百七十四石，以四等里甲輸納。乙爲甲十之八，丙爲乙十之七，丁爲丙十之六。其甲、乙各八十户，丙、丁各七十户。問：各若干？

解曰：十之八即非二八差分，十之七、十之六即非三七、四六差分，故與帶分條所設不同，合而觀之可也。

法以和較列位〔一〕。

如法乘減，而重列其餘，與三行對〔二〕。

又以餘數與四行平列。

數益多，用省算法。四除減餘，然後列之〔三〕。

如法乘減，餘丁六百七十四爲法，五萬六千六百一十六石無減爲實。法除實，得八十四石，爲丁共數。十因丁數，六除之，爲丙共數。十因丙數，七除之，爲乙共數。十因乙數，八除之，爲甲共數。

計開：

甲共數二百五十石，以八十户除之，得每户三石一斗二升五合。

乙共數二百石，爲甲十之八，以八十户除之，得每户二石五斗。

丙共數一百四十石，爲乙十之七，以七十户除之，得每户二石。

〔一〕見次頁左圖。
〔二〕見次頁中圖。
〔三〕見次頁右圖。

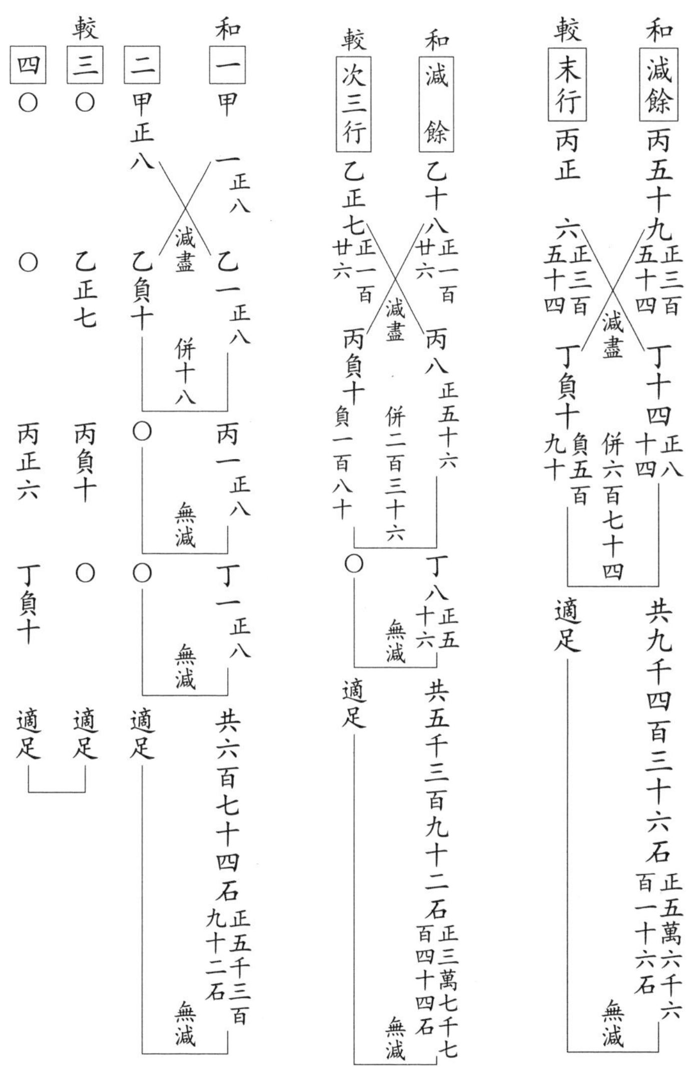

丁共數八十四石，爲丙十之六，以七十户除之，得每户一石二斗。

總計之，共六百七十四石。

論曰：此所問是總數相差，非每户相差也，故原列者總户，而得亦總户之米。若云問每户之差，則當以每户列之，而所得者亦每户米也，如後例。

4 假如共米六百七十四石，以四色人户出之。甲八十户，乙亦八十户，乙每户如甲十之八。丙、丁各七十户，丙每户如乙十之七，丁每户如丙十之六。問：各户則例〔一〕。

法以户細數列位〔二〕。

依省算，以首行退位十而一，與次行對減，而重列之。

又半其減餘，然後列之，與三行對〔三〕。

又列減餘，以對末行〔四〕。

如法乘減，異併一千二百九十二爲法，一千四百一十五石四斗無減爲實。法除實，得一石〇九升又三百二十三之一百七十八，爲丁每户則例。〔法實皆四約之。〕

十因丁則，六除之，得一石八斗二升又三百二十三之一百八十九，爲丙每户則例。

十因丙則，七除之，得二石六斗〇又三百二十三之二百七十，爲乙每户則例。

〔一〕此算例輯要本無。
〔二〕見次頁左圖。
〔三〕見次頁中圖。
〔四〕見次頁右圖。

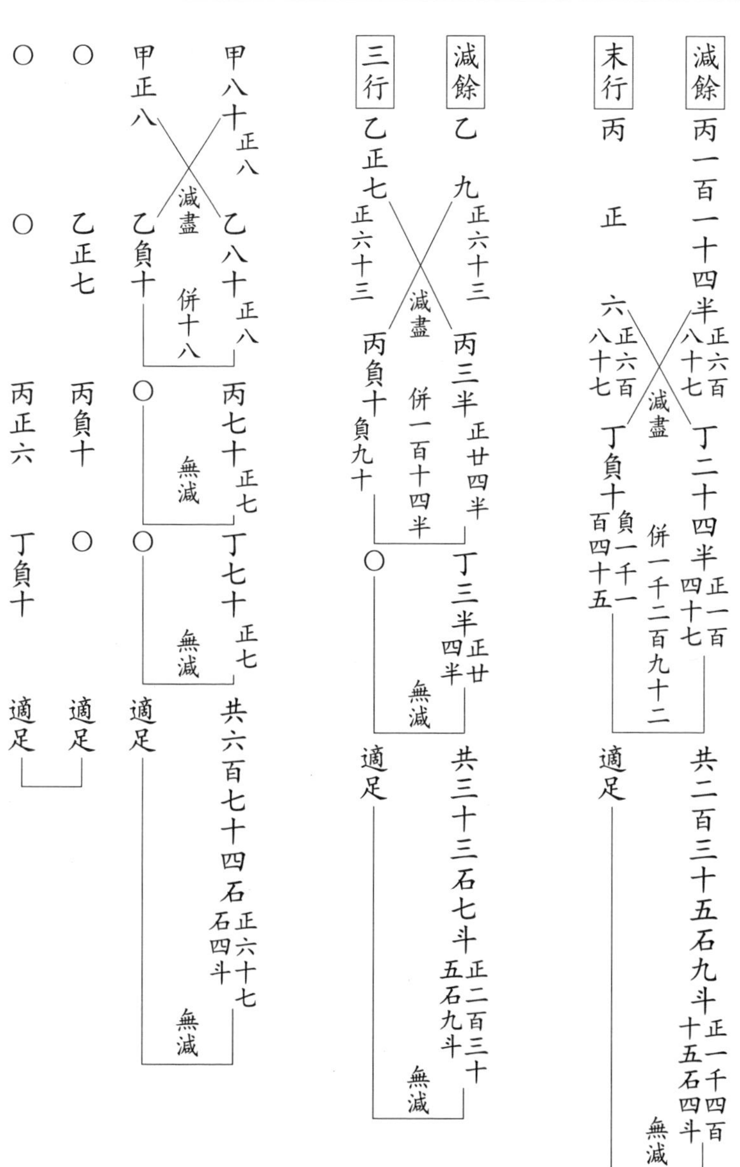
減餘
丙一百一十四半
正六百八十七
丁二十四半
正一百四十七
共二百三十五石九斗
正一千四百十五石四斗
末行
丙
正
六
正六百八十七
丁負十
負一千一百四十五
減盡
併一千二百九十二
無減
適足
減餘
乙
九
正六十三
丙三半
正廿四半
丁三半
正廿四半
共三十三石七斗
正二百三十五石九斗
三行
乙正七
正六十三
丙負十
負九十
○
減盡
併一百十四半
無減
適足
甲八十
正八
乙八十
正八
丙七十
正七
丁七十
正七
共六百七十四石
正六十七石四斗
甲正八
乙負十
○
○
減盡
併十八
無減
無減
無減
適足
○
乙正七
丙負十
○
適足
○
○
丙正六
丁負十
適足

十因乙則，八除之，得三石二斗六升又三百二十三之十四半，爲甲每户則例。

計開：

甲每户三石二斗六升又三百二十三之十四半，八十户共二百六十石〇八斗三升又三百二十三之一百九十一。

乙每户二石六斗〇又三百二十三之二百七十，爲甲每户十之八，八十户共二百〇八石六斗六升又三百二十三之二百八十二。

丙每户一石八斗二升又三百二十三之一百八十九，爲乙每户十之七，七十户共一百二十七石八斗〇又三百廿三之三百一十。

丁每户一石〇九升又三百二十三之一百七十八，爲丙每户十之六，七十户共七十六石六斗八升又三百廿三之一百八十六。

合計共六百七十四石。〔凡六百七十三石九斗七升又九百六十九分，以三百廿三收之爲升，得此數。〕

5 問：有均分兩銀，庚以其五之二與甲，則甲之數多於庚一百六十八兩；若以甲二十一之九與庚，則庚之數多於甲一百八十兩。原數幾何？

法以所用益彼之分，與此所存之餘分相減而列之。

〔庚與甲五之二，庚自存五之三〕，相減餘五之一。〔是爲以庚五之一較甲全分，而甲多一百六十八兩也。〕

〔甲與庚廿一之九，甲自存廿一之十二〕，相減餘廿一之三。〔是爲以甲二十一之三較庚全分，而庚多一百八十兩也。〕

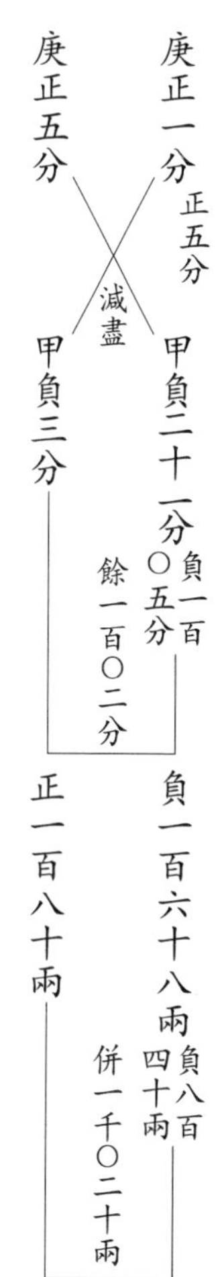

庚雖自存五之三，而甲股内有庚所與之二，故以相減而餘之一分，與甲相較。

甲雖自存二十一之一十二，而庚股内有甲所與之九，故以相減而餘之三分，與庚相較。

甲一百〇二分爲法，除實一千〇二十兩，得十兩，爲甲之一分，二十一分共二百一十兩。減負一百六十八兩，餘四十二兩，爲庚之一分，五分亦共二百一十兩。

計開：

〔庚、甲〕各原銀二百一十兩。〔庚五之二計八十四兩，其五之三仍一百二十六兩。甲二十一之九計九十兩，其二十一之十二仍一百二十兩。〕

庚以八十四與甲，〔甲共有二百九十四，庚仍餘一百二十六。〕相較，甲多一百六十八。

甲以九十與庚，〔庚共有三百，甲仍餘一百二十。〕相較，庚多一百八十。

此設問之意也。

以〔庚之一分四十二、甲全分二百一十〕相較，甲亦多一百六十八。

以〔甲之三分計三十、庚全分二百一十〕相較，庚亦多一百八十。

此列位之理也。

論曰：右例以此之分益彼，而轉與此之餘分相較，與帶分條所設不同。帶分條此之分較彼全分，其全分即是原數；今則一損一增以相較，非原數也，故曰不同。

及其相減而列爲較數也，則亦是此之分較彼原數矣，是之謂尾同而首異。

相減列位亦有變爲和數者，如後所設。

6　問：有兩銀，庚以其五之三與甲，則甲之數多於庚二百五十二兩；若以甲廿一之十三與庚，則庚之數多於甲二百六十兩。

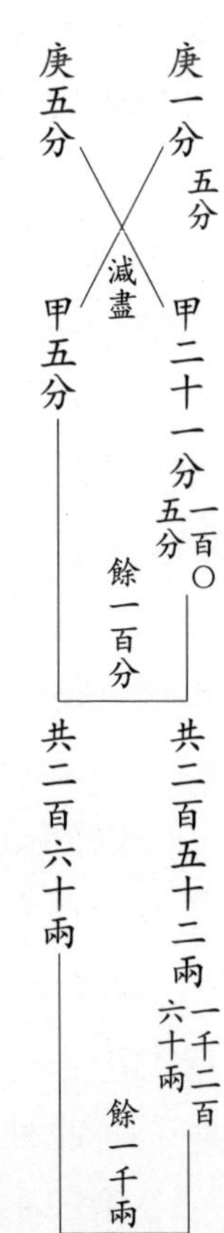

法亦以所與彼之分，與其餘分相減列之。

庚〔與甲五之三，自存五之二〕，相減餘五之一。〔此爲所用之分多於存分，是變和數也。庚五之一偕甲全分，共二百五十二兩也。〕

甲〔與庚二十一之十三，自存二十一之八〕，相減餘二十一之五。〔此亦用分多，存分少，是變和數也。甲二十一之五偕庚全分，共二百六十兩也。〕

甲所以多如許者，不惟其全數之故，其所得於庚之分，又多於庚之餘分者一也。故甲所多之數，乃是甲全數偕庚之一分所共也。

庚所以多如許者，亦不惟其全數之故，其所得甲之分，又多於甲之存分者五也。故庚所多數，亦是庚全數偕甲之五分所共也。

甲一百分爲法，除實一千，而得十兩爲一分。以甲五分計五十兩，減共二百六十兩，餘二百一十兩，爲庚原銀。五除之，得四十二兩爲一分。以減共二百五十二兩，亦得二百一十兩，爲甲原銀。

庚五之三計一百二十六兩，以加甲銀共三百三十六兩，内減去庚自存五之二計八十四兩，仍多二百五十二兩，即是甲全數偕庚一分之數也。

甲二十一之十三計一百三十兩，以加庚銀共三百四十兩，内減去甲自存二十一之八計八十兩，仍多二百六十兩，即是庚全數偕甲五分之數也。

論曰：右例以此之分偕彼全分而爲和數，亦與帶分和數同。然以相減而得之，亦是尾同首異。帶分條和數、較數據問而分；今則設問，只是較數相減列位，乃有和較之分。

依例推之，亦有變爲一和一較者，皆以所用之分與所存分相減而得之。列位時已變，不待其重列減餘也，故又與尋常較變和者異。

總論曰：此二條者，皆一損一益例也。

7　問：金九錠，銀十一錠，其重適等。若交易其一，則銀多十三兩。其原重若干？

法以相差十三兩半之，得六兩五錢，爲一錠之較。

解曰：交易一錠而差，是一多一少，故半之爲一錠之較。銀得較而增重，故與金同名。

銀二錠除實，得銀每錠重二十九兩二錢半。加正六兩五錢，得金每錠三十五兩七錢半。

計開：

金每錠三十五兩七錢五分；金九錠。〔得三百二十一兩七錢五分。〕

銀每錠二十九兩二錢五分；銀十一錠。〔亦得三百二十一兩七錢五分。〕

金八錠二百八十六兩，加銀一錠，共三百一十五兩二錢半。

銀十錠二百九十二兩半，加金一錠，共三百二十八兩二錢半。

共多一十三兩。若交易二錠而差二十六兩，則以二錠倍作四錠除之，亦得六兩五錢，爲一錠之較。餘可類推。〔或半相差二十六兩爲一十三兩，命爲金二錠、銀二錠之較，尤爲平穩。〕

論曰：此條舊列差分，同文算指改立借衰互徵之法，皆不知宜入方程也。

凡以兩家之數相交易而差若干，皆半其所差而列之，爲所交易之較，何也？一增一減而差若干，則原所差者其半也。

8 問：甲有硃砂銀七錠，壬有鑛銀九錠，相較，甲原多十五兩。今以甲二錠易壬三錠，則甲多二十七兩。

法以原多十五兩、今多二十七兩相減，餘十二兩，半之得六兩，爲甲二錠、壬三錠之較。〔甲得較而增重，故與壬同名。〕

壬三錠除七十二兩，得壬每錠二十四兩。以九錠乘得二百一十六兩，加正一十五兩，共二百三十一兩。甲七錠除之，得每錠三十三兩。

計開：

甲每錠三十三兩，七錠共二百三十一兩；壬每錠二十四兩，九錠共二百一十六兩。相較，甲多十五兩。

甲以二錠與壬，餘五錠一百六十五兩，加易得壬三錠七十二兩，共二百三十七兩。

壬以三錠與甲，餘六錠一百四十四兩，加易得甲二錠六十六兩，共二百一十兩。

相較，甲多二十七兩。此問意也。

甲二錠六十六兩，壬三錠七十二兩。相較，壬多六兩。此列位之理也。

甲正七　甲正二
各正十四減盡
壬負九　負十八　壬負三　負二十一
餘三錠
正十五兩　正三十兩　負六兩　負四十二兩
併七十二兩

9　問：甲銀七錠，壬九錠，相較，壬原少十五兩。今以一錠相交易，而壬多三兩。

法以原少十五兩、今多三兩併得十八兩，而半之得九兩，爲一錠之較〔一〕。〔壬得之而變輕爲重，故與甲同名。〕

壬二錠除四十八兩，得每錠二十四兩。加九兩，得甲每錠三十三兩。

計開：

甲六錠一百九十八兩，加壬一錠二十四兩，共

〔一〕見次頁左圖。

二百二十二兩。

壬八錠一百九十二兩，加甲一錠三十三兩，共二百二十五兩。

相較，壬多三兩，此交易一錠[一]之數。餘同前問。

論曰：此三問皆同法。第一問盈偕適足，故即用原數。第二問兩盈，故相減。第三問盈偕不足，故相併。然皆半之爲較，故三法一法也。

又按：於七錠中取一，即七之一，同帶分之理，故又作問明之。

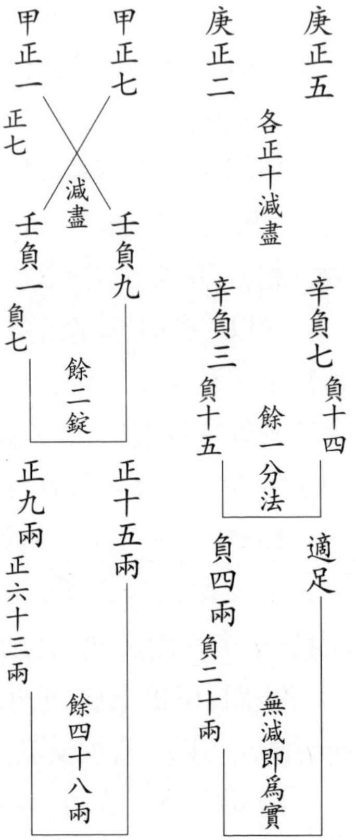

10　問：有金不知總，任意分爲二而較之，則庚多八兩。須令辛以金還庚，如庚存數三之二；庚亦以金還辛，如辛存數四之三，則其數適均[二]。

法以庚自存三分，今添二分共五；以辛自存四分，今添三分共七，通爲兩家適足數之分。

庚正五
庚正二
各正十減盡
辛負七
辛負三
負十四
負十五
餘一分法
適足
負四兩
負二十兩
無減即爲實

甲正七
甲正一
正七
減盡
壬負九
壬負一
負七
餘二錠
正十五兩
正九兩
正六十三兩
餘四十八兩

〔一〕錠，各本皆作“定”，據文意改。見本頁右圖。

〔二〕鵬翮堂本此處有小字“若俗説，則還四兩適均矣”。

又以多八兩半之四兩，命爲庚所添二分、辛所添三分之較。〔辛失之而减重，故與辛同名。〕

解曰：合而觀之，庚以五之二、辛以七之三相交易，則庚多八兩。若還其原數，庚仍爲五分，辛仍爲七分，則適足也。

辛一分得二十兩，七分共一百四十兩，五除之，得庚之一分二十八兩。

計開：

<table>
<tr><td rowspan="2">原</td><td>庚原自存三分八十四兩，加未還辛三分六十兩，共一百四十四兩</td><td colspan="2" rowspan="2">此任分數，庚多八兩。</td></tr>
<tr><td>辛原〔一〕自存四分八十兩，加未還庚二分五十六兩，共一百三十六兩</td></tr>
<tr><td rowspan="2">今</td><td>庚得所還二分五十六兩，湊原存三分八十四兩，共一百四十兩</td><td rowspan="2">適均</td><td>共五分，每分廿八兩。</td></tr>
<tr><td>辛得所還三分六十兩，湊原存四分八十兩，共一百四十兩</td><td>共七分，每分二十兩。</td></tr>
</table>

其相易〔庚二分五十六兩、辛三分六十兩。〕較之，辛多四兩，即相易幾錠之理。

總論曰：此皆兩相交易也，又與庚甲損一益一者不同。

凡損一益一者，損庚之幾分與甲，則甲有增數，而轉以甲之既增者與庚之餘數相較也。損庚益甲以相較，是明有增損。

今兩相交易，則損庚之分與辛，亦損辛之分與庚，然

〔一〕原，原書無，據鵬翮堂本補。

後以既損且增之庚與亦損亦增之辛相較也。

兩相交易，則未嘗明有增損，但以相易之數不同，而增損隱寓於其中。

以上四條，皆同此論。

11　問：兩數不知總，但云取甲之九加乙，則乙與甲等；若取乙之九加甲，則甲倍於乙。其原數各若干？

答曰：甲六十三，乙四十五。

解曰：此云取甲之九加乙，是損甲之九而益乙以九也；取乙之九加甲，是損乙之九而益甲以九也。與刊誤條所舉甲乙二倉法不同。彼是取甲倉幾何以益乙，而共得幾何，不言與甲倉較；取乙倉幾何以益甲，而共得幾何，亦不言與乙倉較。是所益者有增數，而所取者無損數。如云以此之全數偕彼之幾分，而共得幾何，乃和數也。今所列者，乃較數也，益此損彼，則相較幾何，故不同也。

然又與帶分條較數不同，彼是取彼幾分與此全數較。今所列者，是取彼幾數加此，而轉與彼之餘數較。當細辨之。

又此是以數相增損，而得其相較之分。前數條則是以分相損增，而得其相較之數。二者大異，不但與帶分條別也。

法以所加之九數，命甲乙所相當之數，乘之，爲較數列位。

甲倍乙，是甲二乙一，合之則三，以乘

九得二十七爲較。甲得此而當倍乙，故與乙同名。

甲乙等，是各一也，合之則二，以乘九得十八爲較。乙得此而與甲等，故與甲同名。

餘乙一爲法，併四十五爲實。法一，即以四十五命爲乙數。異加十八，得六十三爲甲數。

試更列之。

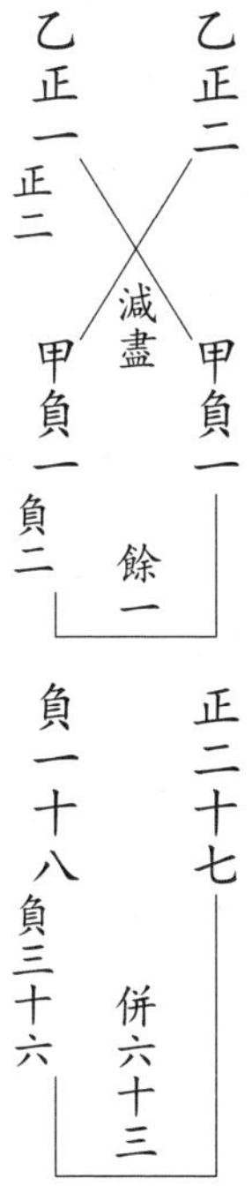

同減餘甲一爲法，異併六十三爲實。法一，即以六十三爲甲原數。異加正二十七，共九十，乙二除之，得四十五，爲乙原數。

論曰：此難題設問也。算法統宗收入均輸，另有求法。算海説詳推論借銀相當加半倍者不可通用,因別立術。然復未確,不如用方程之爲無弊。

又論曰:甲與乙九而相等,是甲多於乙者二九也。乙與甲九而甲倍於乙,是倍乙多於甲者三九也。何也?甲得乙九數而後當倍乙,則倍乙中各除九數共二九,而甲又添九數,豈非三九乎?

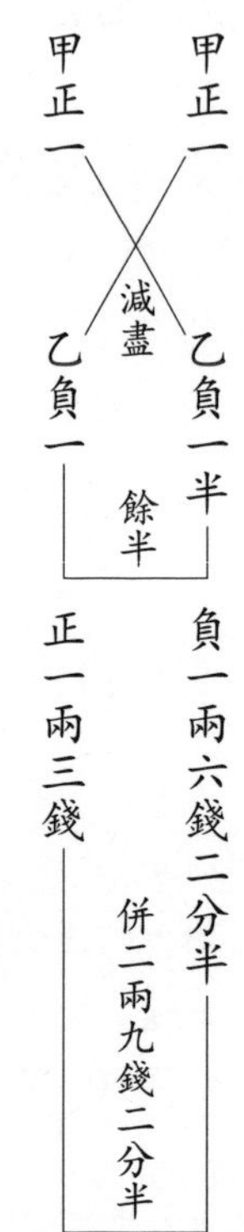

12 問:甲、乙銀不知數,但云甲借乙六錢五分,則比乙一有半;乙借甲六錢五分,則乙與甲等。各原銀若干?

法以甲一、乙一有半併之共二半,以乘六錢五分,得一兩六錢二分半,爲乙一有半多於甲之較。

以甲、乙相等各一併之共二,以乘六錢五分,得一兩三錢,爲甲多於乙之較。乃列之。

同減餘半乙爲法,異併二兩九錢二分半爲實。法除實,得五兩八錢五分,爲乙銀。異加正一兩三錢,共七兩一錢五分,爲甲銀。

計開:

甲原銀七兩一錢五分。

乙原銀五兩八錢五分。

相差一兩三錢。

若損甲之六錢五分以加乙,則各得六兩五錢,是相等也。

若損乙六錢五分，餘五兩二錢；益甲六錢五分，得七兩八錢，是甲之數如乙一有半也。

若以乙原銀加半，得八兩七錢七分半，以與甲原銀相較，則多一兩六錢二分半。

論曰：甲以六錢五分借與乙而相等，是甲原多乙兩個六錢五分也。乙以六錢五分借與甲，而甲如乙一有半，是一個半乙原多於甲兩個半六錢五分也。何也？甲取乙六錢五分，而後能當乙有半，則此一個半，乙共減去一個半六錢五分，甲又加一個六錢五分，豈非共差兩個半六錢五分乎？

又論曰：此即算海説詳所設之問，以駁統宗者。彼自立術，以爲當矣，不知其宜用方程也。

試更設問以明之。

13　今有二數不知總，但云丙與丁二數，則相等；若丁與丙二數，則丙如三丁。問：原數各若干？

依前術列位。〔合丙、丁各一共二，以乘二得四，爲丙多於丁之較。合丙一、丁三共四，以乘二得八，爲三丁多於一丙之較。〕

同減餘丙二爲法，異併二十爲實。法除實，得一十爲丙數。同減負四，餘六爲丁數。

計開：

丙原數十。原多於丁者四。

丁原數六。三之則十八，多於丙者八。

若損丙之二以益丁，則各得八，故相等。

若損丁之二以益丙，則丙得十二，丁得四，故丙如三丁。

論曰：丙以二與丁而等，是丙多於丁者兩個二也。丁以二與丙，而丙如三丁，是三丁之數共多於丙者四個二也。何也？丙增一個二，其三個丁各少一個二，共四個二也。

又論曰：因算海説詳立術未確，故復設此以相攷。用方程能合彼問，而彼所立術，殊不能通之此問。

14 問：戊、己銀不知數，但戊以五十兩與己，則己如戊之倍；己以五十兩與戊，則戊如三己。

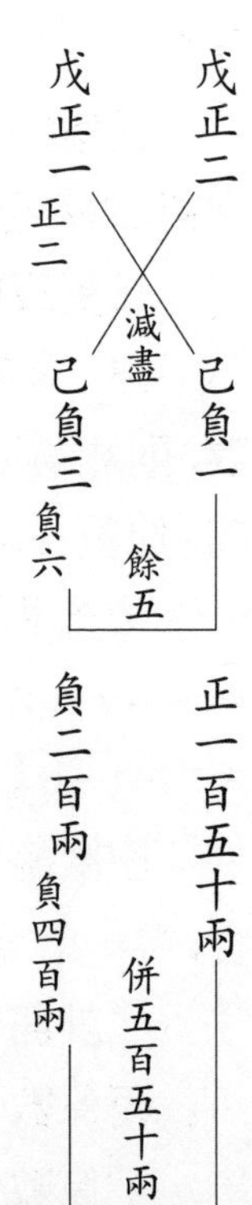

依前術列位。〔併戊二、己一共三，以乘五十得一百五十，爲二戊多於一己之較。併戊一、己三共四，以乘五十得二百，爲三己多於一戊之較。〕

同減餘己五爲法，異併五百五十兩爲實。法除實，得一百一十兩爲己銀。異加正一百五十兩，共二百六十兩，戊二除之，得一百三十兩爲戊銀。

計開：

戊原銀一百三十兩。倍之二百六十兩，多於己一百五十兩。

己原銀一百一十兩。三之得三百三十兩，多於戊二百兩。

此列位之理。

戊加五十兩，得一百八十兩；己損五十兩，得六十兩，則戊如三己。

己加五十兩，得一百六十兩；戊損五十兩，得八十兩，則己如戊之倍。

此則問意。

15　問：香爐二座不知重，有一蓋重百兩，以加甲爐，則甲多於乙兩倍；以加乙爐，則乙多於甲一倍。其爐各重若干？

解曰：多乙兩倍，是三倍也，甲得蓋如三乙也。多甲一倍，是兩倍也，乙得蓋如兩甲也。

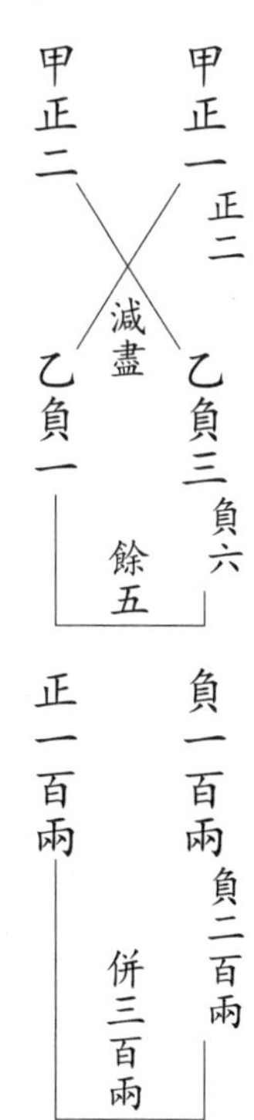

法以蓋重爲較而列之。甲得蓋如三乙，是三乙之重於甲者如蓋也，故與乙同名。乙得蓋如倍甲，是兩甲之重於乙者如蓋也，故與甲同名。

爐同減餘乙爐五爲法，較異併三百兩爲實。法除實，得六十兩爲乙爐重。異加一百兩，共一百六十兩，甲二除之，得八十兩爲甲爐重。

計開：

甲爐八十兩。加蓋共一百八十兩，則如乙爐重者三。

乙爐六十兩。加蓋共一百六十兩，則如甲爐重者倍。

論曰：此與前所設戊己銀數以五十兩損戊益己，而己倍於戊；以五十兩損己益戊，而戊如二己異，何也？以五十兩損彼益此，雖亦相差一百兩，然非真有一百兩之益，乃因彼之所損而合成其數耳。此之加蓋，則實增一百兩矣，而於彼又無所損。因爐、蓋乃兩家公物，非若戊己之銀必取諸彼以與此也，故其法不同。若改問各鑄鑪而均鑄蓋，則必於鑪重各加半蓋，乃合原金，得數與戊己銀同矣。

16　問：調兵征倭，内有南、北、西三處兵馬，南兵已知四萬，其北兵爲南兵與西兵二之一，西兵爲南兵與北兵三之一。各若干？

法以南兵爲西、北之較而列之〔一〕。

西兵得南兵而數倍於北，是倍北數而多於西兵者數如南兵也。

北兵得南兵而數如三西兵，是三其西兵而多於北者亦如南兵也。

餘北兵五爲法，併十六萬爲實。法除實，得三萬二千爲北兵數。異加正四萬，共七萬二千，西兵三除之，得二萬

〔一〕見本頁左圖。

四千爲西兵數。

計開：

南兵四萬。

西兵二萬四千。偕南兵則六萬四千，其二之一則如北兵也。

北兵三萬二千。偕南兵則七萬二千，其三之一則如西兵也。

論曰：此與香爐借蓋爲較同。其所用較，乃是南兵，而非取於西、北兵，故得之有增，而不得者無損，與借物於彼而轉與其所借之餘物相較者不同。

17　問：二人攜銀不知數，但減乙六兩與甲，則甲倍於乙；減甲三兩與乙，則相等。其原數若干？

解曰：此所損益，又是不同之數，然其理則一，故亦依前術乘其較數而列之〔一〕。〔合甲一、乙二共三，以乘六兩得十八兩，爲倍乙多於一甲之較。合甲、乙各一共二，以乘三兩得六兩，爲甲多於乙之較。〕

同減餘乙一爲法，異併二十四兩爲實。法一，即以實爲乙數。異加六兩，爲甲數。

計開：

乙二十四兩。倍之得四十八兩，多於甲一十八兩。

甲三十兩。原多於乙六兩。

若損乙六兩，得十八兩；加甲六兩，得三十六兩，是甲如乙之倍。

〔一〕見上頁右圖。

若損甲三兩，加乙三兩，各得二十七兩，則相等。

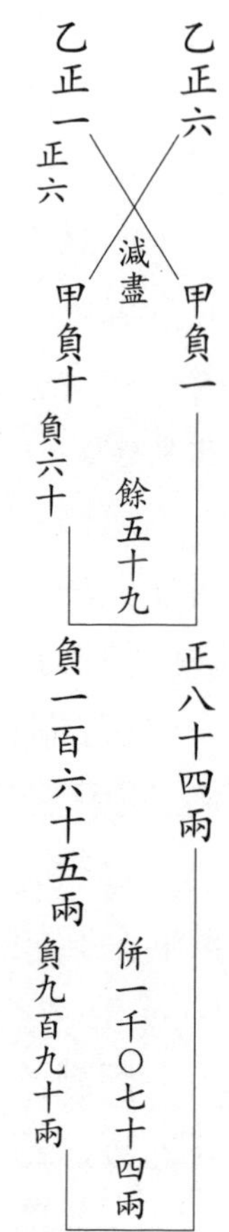

18 問：二商各攜母銀，但云取乙十二兩與甲，則乙有甲六之一；取甲十五兩與乙，則甲有乙十之一。

依前術列位。〔併六與一共七，以乘十二兩，得八十四兩，爲六乙多於一甲之較。併十與一共十一，以乘十五兩，得一百六十五兩，爲十甲多於一乙之較。〕

同減餘甲五十九爲法，異併一千〇七十四兩爲實。法除實，得一十八兩又五十九之一十二，爲甲數。異加正八十四兩，共一百〇二兩〔又五十九之一十二〕，乙六除之，得一十七兩〔又五十九之二〕，爲乙數。

計開：

甲銀一十八兩〔又五十九之一十二〕，十之則一百八十二兩〔又五十九之二〕，多於乙者一百六十五兩。

乙銀一十七兩〔又五十九之二〕，六之則一百〇二兩〔又五十九之一十二〕，多於甲者八十四兩。

若損乙一十二兩與甲，則甲有三十兩〔又五十九之一十二〕，乙僅有五兩〔又五十九之二〕，而乙於甲爲六之一。

若損甲一十五兩與乙，則乙有三十二兩〔又五十九之二〕，甲僅三兩〔又五十九之一十二〕，而甲於乙爲十之一。〔以五十九通二兩得一百一十八，加子二從之，共一百二十，是三十兩又五十九之

一百二十，豈非十倍於甲乎？〕

論曰：乙得甲六之一，是六乙當一甲也。然必損乙之十二兩與甲而後成此數，是於一甲中添十二兩，而於六乙中各減十二兩也。一添一減，共七個十二兩，是爲八十四兩也。

甲得乙十之一，是十甲當一乙也。然必損甲之十五兩與乙而後成此數，是於一乙中添十五兩，而其十甲中皆各減十五兩也。一添一減，共十一個十五兩，是爲一百六十五兩也。

損乙之十二兩與甲，而乙爲甲六之一。若其原數，則以六乙當一甲，而乙多八十四兩矣。

損甲之十五兩與乙，而甲爲乙十之一。若其原數，則以十甲當一乙，而甲多一百六十五兩矣。

19　問：有兩數不知總，但損甲六數與己，則甲如己四之三，而多二數；若以己之二十損與甲，則己如甲四之三，而少五數。其原數各幾何？

法以四甲、三己共七乘六，得四十二。又以四甲乘多二數得八而益之，共五十，爲四甲多於三己之數。〔損甲六益己，故較與甲同名。其二數，甲所多也，故以之益較。〕

以四己、三甲共七乘二十，得一百四十。又以四己

乘少五數得二十以相減，餘一百二十，爲四己多於三甲之較。〔損己二十益甲，故較與己同名。其五數，己所少也，故以之減較。〕

己同減餘七爲法，異併六百三十爲實。法除實，得九十爲己原數。四因己數，同減一百二十，餘二百四十，甲三除之，得八十爲甲原數。

計開：

甲八十。

己九十。

以列位之理言之。

甲四共三百二十，己三共二百七十，是甲多五十。

甲三共二百四十，己四共三百六十，是己多一百二十。

以問之意言之。

甲損六數，餘七十四；己加六數，共九十六。以九十六四分之而取其三，得七十二，是爲甲如己四之三而多二數。

己損二十，餘七十；甲加二十，共一百。以一百四分之而取其三，得七十五，是爲己如甲四之三而少五數。

論曰：以甲當己四之三，是四甲當三己也。然必以六數減甲增己而成，則是四甲中各減六，而三己中各增六，共四十二也。以甲當己四之三而多二數，則以四甲當三己，而共多八數也。合而觀之，此四十二者，四甲多於三己之數也；此八數者，亦四甲多於三己之數也。故皆與甲同名，而列其較爲五十也。

以己當甲四之三，是四己可當三甲也。然必以二十減己增甲而成，則是四己中各減二十，而三甲中各增二十，共一百四十也。以己當甲四之三而少五數，則以四己當三甲，而共少二十也。合而觀之，此一百四十者，四己多於三甲之數也，與己同名也；而其二十者，則四己少於三甲之數也，與己異名也。故以相減而餘者，列爲己同名之較也。

損甲六數與己，而甲如己四之三，仍多二數。若其原數，則以四甲當三己，而共多五十矣。

損己二十與甲，而己如甲四之三，却少五數。若其原數，則以四己當三甲，而共多一百二十矣。

20 問：有三數，損甲一百益乙，則甲如乙六之二；若損乙五十益丙，則乙如丙十五之九；若損丙三十益甲，則甲如丙二之一，而少五數。各若干？

法以甲六、乙二共八，以乘一百，共八百，爲六甲當二乙之較。〔損甲益乙，故與甲同名。〕

以乙十五、丙九共二十四乘五十，得一千二百，爲十五乙當九丙之較。〔損乙益丙，故與乙同名。〕

以丙一、甲二共三乘三十，得九十。又以甲二乘少五數共十而加之，共一百，爲一丙當二甲之較。〔損丙益甲，故與丙同名。其甲所少五數，即丙所多也，故亦與丙同名。〕

如法遞減，餘丙五十四爲法，異併三萬七千八百爲實。法除實，得七百爲丙數。丙數同減一百，餘六百，甲二除之，得三百爲甲數。六因甲數一千八百，同減八百，餘一千，乙二除之，得五百爲乙數。十五乘乙數得

七千五百，同減一千二百，餘六千三百，丙九除之，仍得七百，爲丙數。〔反覆相求，列位之理著矣。〕

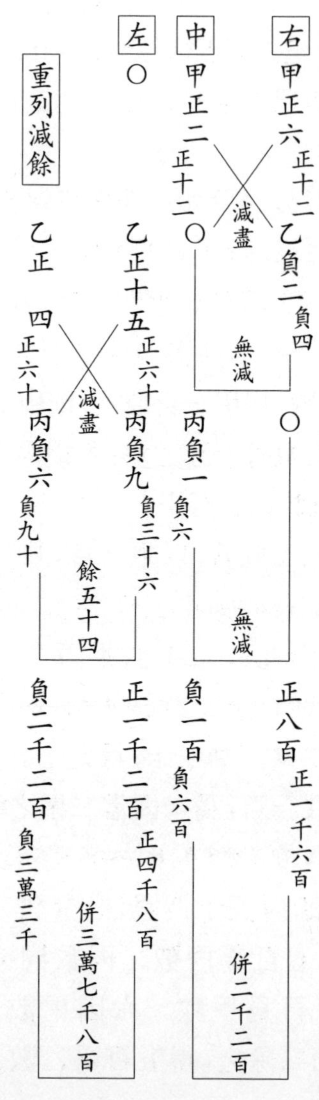

計開：

甲三百。

乙五百。

丙七百。

甲損一百，餘二百；乙增一百，得六百，是甲爲乙六之二。

乙損五十，餘四百五十；丙增五十，得七百五十，是乙爲丙十五之九。

丙損三十，餘六百七十，其二之一則三百三十五；甲增三十，得三百三十，是甲爲丙二之一而少五數。

21　問：二人共數一百，原所得之數不均，今以甲三之一與乙五之一相易，則適均。其原所得若干？

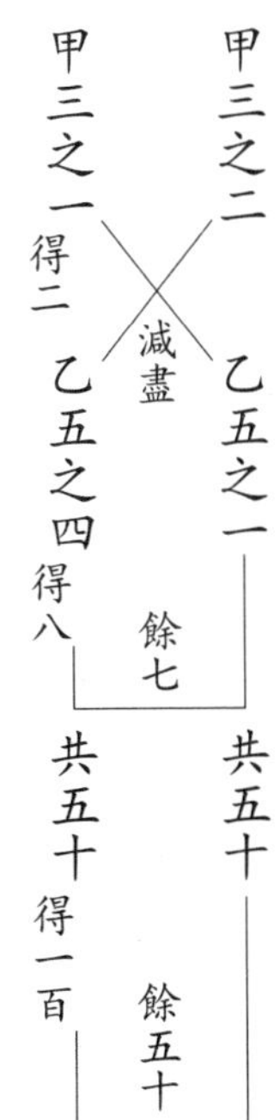

法以三分通甲數，損一與乙而存其二分。又以五分通乙數，損一與甲而存其四分。

乃以和數列之。

乙七爲法，餘五十爲實。法除實，得七又七之一，爲乙之一分。以乙分母五乘之，得三十五又七之五，〔爲乙數〕。以減一百，得六十四又七之二，爲甲數。

計開：

甲六十四〔又七之二〕。其三之一爲二十一〔又七之三〕，其三之二爲四十二〔又七之六〕。

乙三十五〔又七之五〕。其五之四爲

二十八〔又七之四〕，其五之一爲七〔又七之一〕。

以甲三之一加乙五之四，五十也。以乙五之一加甲三之二，亦五十也。

論曰：此以分相增損而爲和數，亦與刊誤條甲乙二倉異。彼是以其全數偕彼幾分，此則以所存之餘數偕彼幾分也。既云相易，則實有增損，非如甲乙倉虚借增率而無損也。

22 問：二人物數不均，若於甲取三之一，於乙取四之一，以和合而平分之，以湊原存數，則各五十而適均。其原數各若干？

法以三分通甲數而倍之爲六分，損其一與乙，餘五分。

以四分通乙數而倍之爲八分，損其一與甲，餘七分。

以和數列位。

解曰：以四之一與三之一和合而平分之，是各取其數之半也。於三之一取其半，是六之一，以與乙，而甲餘其五也；於四之一取其半，是八之一，以與甲，而乙餘其七也。

偏〔一〕乘對減，以得法實。法除實，得五又十七分之十五，爲乙八之一。以乙分

甲六之五　　甲六之一　五
減盡
乙八之一　　乙八之七　三十五
餘三十四法
共五十　　共五十　二百五十
餘二百實

〔一〕偏，各本皆作“徧”，據文意改。

母八乘之，得四十七又十七分之一，爲乙原數。以兩五十共一百減乙原數，餘五十二又十七分之一十六，爲甲原數。

計開：

甲原數五十二〔又十七分之十六〕。三除之得十七〔又十七分之十一〕，爲甲三之一。以三之一轉減甲，餘三十五〔又十七分之五〕，爲甲所存三之二。

乙原數四十七〔又十七分之一〕。四除之得十一〔又十七分之十三〕，爲乙四之一。以四之一轉減乙，餘三十五〔又十七分之五〕，爲乙所存四之三。

以甲三之一、乙四之一和合之，共二十九〔又十七分之七〕，半之得十四〔又十七分之十二〕，爲和合平分之數。以加甲、乙存數，各得五十。

論曰：甲去三之一，乙去四之一，所存之數已均矣，故以平分之數加之而適均。

又法：

以甲分母三通甲爲三分，以乙分母四通乙爲四分。又總計各得五十，共一百，爲和數。

以甲取三之一，餘三之二；乙取四之一，餘四之三，命爲適足。〔甲取三之一，乙取四之一，以和合平分而等，則其所存者亦等也，故命之適足。〕

乃以和較雜列位〔一〕。

如法乘，甲同減盡。乙異併一十七分爲法，正二百

〔一〕見次頁左圖。

無減,就爲實。法除實,得一十一又十七之十三,爲乙之一分,以分母四乘之,得四十七又十七分之一,爲乙原數。以乙原數減共數一百,餘五十二又十七分之十六。

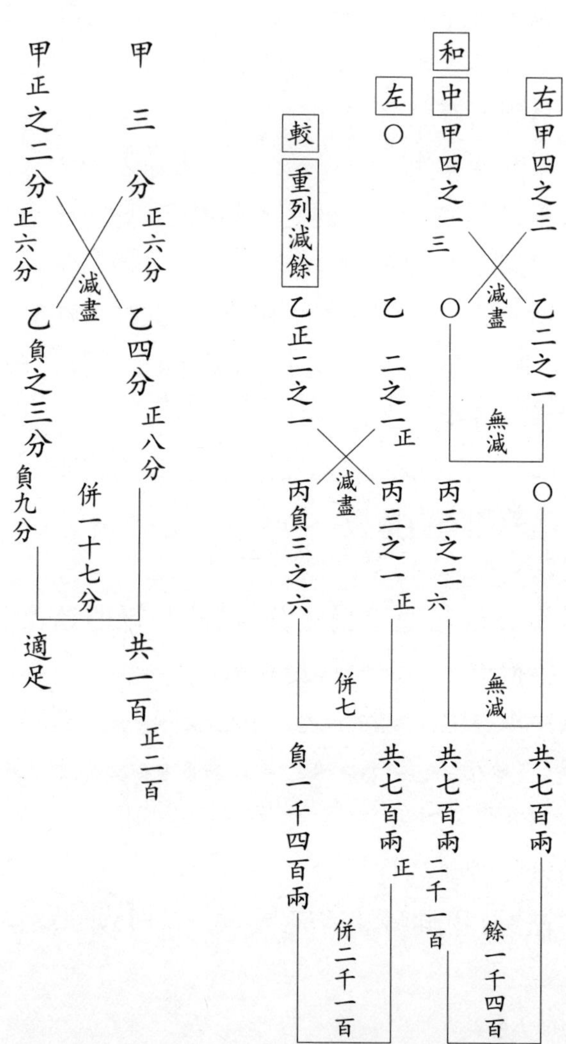

按：此所得與前無異，而較捷，故並存之。

23　問：甲、乙、丙三人共博，甲贏乙金二之一，乙贏丙金三之一，丙又贏甲金四之一。事畢，各剩金七百。其原攜金若干？

法以各分母通其原數，又各減其贏去之一而列之〔一〕。〔以七百爲和數。〕

如法減併。丙七分爲法，二千一百爲實。法除實，得三百，爲丙之一分。以丙分母三乘之，得九百，爲丙原金。以丙之一分減乙剩七百，餘四百，爲乙所餘二之一。二因之，得八百，爲乙原金。以乙二之一減甲剩金七百，餘三百，爲甲自剩四之三。三除之，得一百，爲甲三之一。四乘之，得四百，爲甲原金。

計開：

甲原金四百。加贏乙四百，〔二之一也。〕共八百。除丙又贏去甲一百，〔四之一也。〕仍餘七百。

乙原金八百。加贏丙三百，〔三之一也。〕共一千一百。甲贏去四百，〔乙二之一也。〕仍餘七百。

丙原金九百。贏甲一百，〔四之一也。〕共一千。乙贏去三百，〔丙三之一也。〕亦仍餘七百。

論曰：此與刊誤條騾馬遞借一匹同。但馬一、騾二、驢三，即是原物偕所借之一而爲和數；今乙一、丙二、甲三，却是各所存之餘分偕所贏之一分而爲和數也。得數

〔一〕見前頁右圖。

大異者，馬騾即是全數；今則用分，故丙之全數轉多於乙。若以一分計，則乙之分自多於丙，如馬力之於騾矣。

又論曰：此三條皆是兩相交易，而又是和數，與前數條金銀交易幾錠不同。

24 難題歌曰：一條竿子一條索，索比竿子長一托。雙折索子去量竿，却比竿子短一托。

解曰：一托者五尺也。

法以零整雜列位。因雙折是二之一，故以二通索〔一〕。

法一，即以實一丈命爲繩之一分。分母二因之，得繩長二丈。減負五尺，餘得竿長一丈五尺。

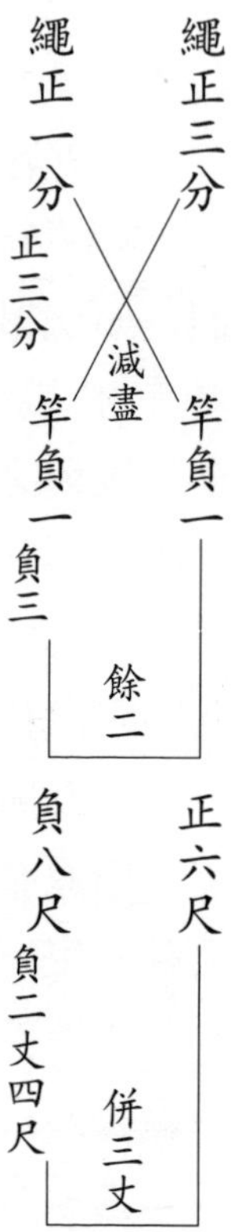

25 假如有繩長不知數，但云比竿長六尺；若三折其繩，則短於竿八尺。

法二除實三丈，得竿長一丈五尺。加正六尺，得繩長二丈一尺〔二〕。

竿正一 竿正一
減盡
繩負二分 繩負一分
餘一分
負五尺 正五尺
併一丈

繩正一分 繩正三分
正三分
減盡
竿負一 竿負一
負三
餘二
負八尺 正六尺
負二丈四尺
併三丈

論曰：原法別有求法，然不如方程穩捷，故作此問以明之。若用難題法，不能通矣。故方程能御雜法，而雜法

〔一〕見本頁左圖。
〔二〕見本頁右圖。

不能御方程。

此條統宗原入均輸，今改正。

26　問：井不知深，先將繩折作三條入井汲水，繩長四尺；復將繩折作四條入井，亦長一尺。其井深、繩長各若干？

法以兩母〔三、四〕相乘，得十二分，爲繩母數。以母〔三 四〕互乘其子〔之一 之一〕，得〔四 三〕，是爲以繩十二分之四汲水，而長四尺；以繩十二分之三汲水，而長一尺也。

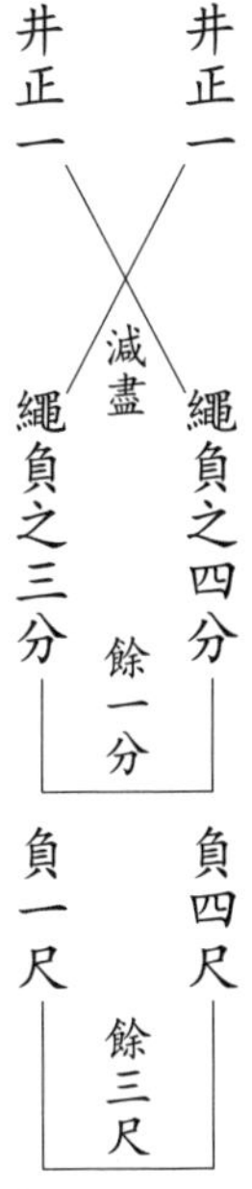

餘一分爲法，即以實三尺命爲繩十二分之一。以十二分乘一分，得三十六尺爲繩長。以繩之三分計九尺同減負一尺，得八尺爲井深。

計開：

井深八尺。

繩長三十六尺。

三折之得一十二尺，比井多四尺。

四折之得九尺，比井多一尺。

論曰：此條原屬盈朒，今以方程御之，尤簡易，故曰方程能御雜法也。

試更之，則先得井深。

法一省除，即以八尺命爲井深。加正四尺，共十二尺。繩之四分除之，得三尺爲一分。一十二分母乘之，得繩長三十六尺。

論曰：此餘八尺者，即物實也。前以餘三尺爲繩長實者，即人實。即此可悟盈朒章作法之原，要之是二色方程法耳。〔人實、物實不同，而除法則同，故皆可以互求。〕

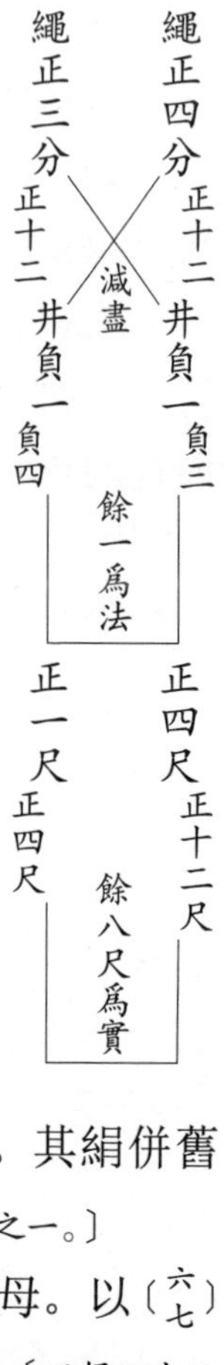

繩正四分　正十二　井負一　負三
繩正三分　正十二　井負一　負四
減盡
餘一爲法

正四尺　正十二尺
正一尺　正四尺
餘八尺爲實

27　今有絹一疋，欲作帳幅。先摺成六幅，比舊帳長六寸；改折作七幅，却又短四寸。其絹併舊帳幅各長若干？〔折作六幅以較長，即六之一，七幅即七之一。〕

法如前以〔六、七〕幅相乘，得四十二分爲總母。以〔六/七〕互乘其〔之二/之一〕，得〔之七分/之六分〕，爲所用之分而列之。〔以絹四十二之七，則長於帳六寸；以絹四十二之六，則短於帳四寸〕，爲較數〔一〕。

法一，實一尺即爲絹之一分。以分母四十二乘之，得絹長四丈二尺。以絹之七分計七尺減負六寸，餘六尺四

〔一〕見次頁左圖。

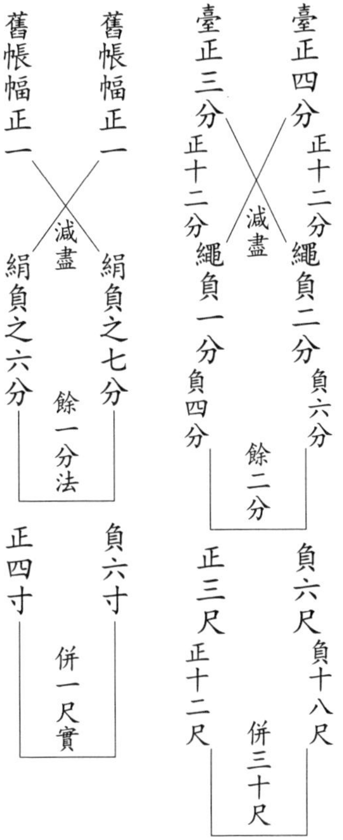

寸，爲舊帳之長。

計開：

舊帳幅六尺四寸。

絹長四丈二尺。

均作六幅得七尺，比帳長六寸。

均作七幅得六尺，比帳短四寸。

論曰：此與井不知深，皆是以一物之細分與一整物較，皆零整雜用之法也。

又以上三條，盈朒章舊有求法，然皆因所較之井深與舊帳幅皆爲一數而不變，故可用盈朒之法。若亦有分數不同，則非盈朒所能御。此方程之用能包盈朒諸法，而諸法不能御方程。

臺正四分　正十二分　繩負二分　負六分
臺正三分　正十二分　繩負一分　負四分
減盡
餘二分
負六尺　負十八尺
正三尺　正十二尺
併三十尺

舊帳幅正一　絹負之七分
舊帳幅正一　絹負之六分
減盡
餘一分法
負六寸
正四寸
併一尺實

28　今有臺不知高，從上以繩縋而度之，及臺三之二而餘六尺；雙折其繩度之，及臺之半而不足三尺。問：臺之高及繩之長若何？

法以臺（三/三）之（二）用母相乘爲母之法，通臺爲六分。又用母互乘子爲子之法，變臺三之二爲六之四，臺之半爲六之三。又以雙折通繩爲二，皆以化整爲零而列之〔一〕。

餘繩二分爲法，併三十尺爲實。因二爲分母，與法同，省除與乘，徑以實三十尺爲繩長。減負六尺，餘二十四尺，以臺之四分除之，母六乘之，得三十六尺，爲臺高。

計開：

臺高三十六尺。

繩長三十尺。

臺三之二高二十四尺，以繩度之，餘六尺。

臺之半高一十八尺，以半繩一十五尺比之，短三尺。

29 今有井不知深，以乙繩汲之，餘繩二尺；以庚繩汲之，亦餘繩四尺；雙折庚繩，三折乙繩，以相續而汲之，適足。問：井深及二繩各長若何？

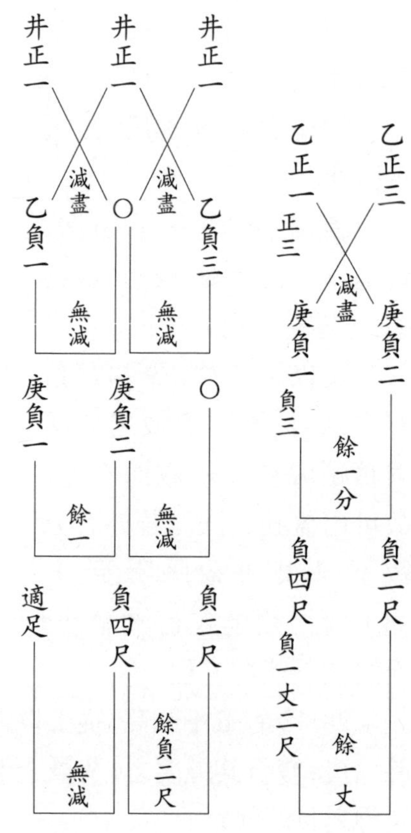

法以乙繩通爲三，庚繩通爲二。

〔一〕見上頁右圖。

以三色列之。井整數，乙、庚用分[一]。

以隔行之同名，仍爲較數列之。餘較皆與庚同名[二]。

餘庚一分爲法，即以實一丈命爲庚二之一。倍之得庚繩二丈，減負二尺，得乙繩一丈八尺。〔用減餘之右行，蓋乙正三即全數也。〕又減負二尺，得井深一丈六尺。〔用原列之右行，亦以乙負三即全數故。〕

計開：

井深一丈六尺。

乙繩一丈八尺，比井多二尺。

庚繩二丈，比井多四尺。

三折乙繩六尺，加雙折庚繩一丈，共一丈六尺，即同井深。

論曰：此二條與前井深、絹帳同理，然即非盈朒所能御。

又按：田之橫直，亦可以繩折比量，水面亦然。

30　今有直田欲截一段之積，只云截長六步，不足積七步；截長八步，又多積九步。問所截之積及原闊。

法以較數列之。〔其原闊即截長每一步之積。〕

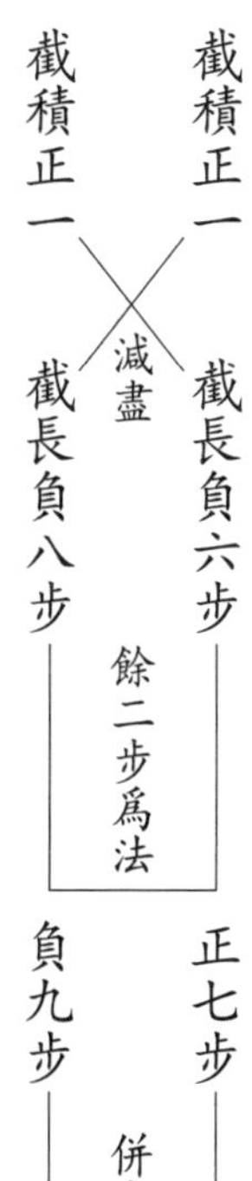

長二步，除積十六步，得原闊八步。以

[一] 見上頁左圖。

[二] 見上頁右圖。

截長六步乘闊,得四十八步,加不足七步,得截積五十五步。

論曰:此盈朒中方田也,然無關於方田之實用,故入盈朒,然不知宜入方程也。

試更作問。

31　今有方田欲截横頭之積,改爲直田,但云截闊五步,則不足十二步;截闊九步,則如所截之積一有半。問:所截直田積并原田之方。

如法列位〔一〕。

闊一步半爲法,積十八步爲實。法除實,得原方一十二步。以闊五步乘方得六十步,加不足十二步,得截直田七十二步。

計開:

原方田方十二步,積一百四十四步。

截直田七十二步,宜截闊六步。

若此條,則盈朒不能御。

32　今有米换布七疋,多四斗;换九疋,適足。問:原米若干及布價。

法列位〔二〕。

布二疋爲法,四斗爲實。法除實,得布價每疋二斗。以九疋適足乘布價,得原米一石八斗。

論曰:此盈朒中粟布法也。

〔一〕見次頁左圖。

〔二〕見次頁中圖。

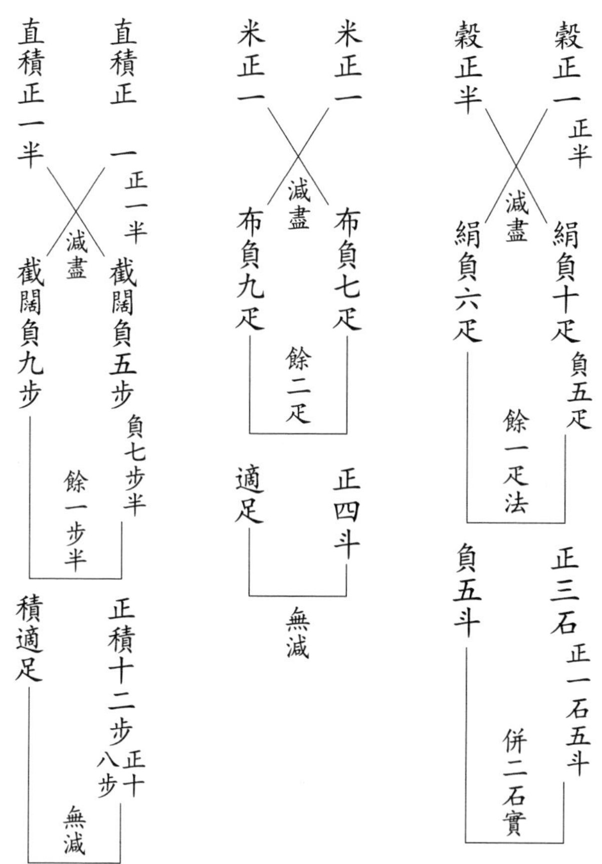

試更設問。

33　今有穀换絹十疋，餘三石；以穀之半换絹六疋，不足五斗。問：原穀若干及絹價。

法列位〔一〕。

〔一〕見本頁右圖。

法一免除，得絹每疋價二石。以十疋乘價，加餘三石，得原穀二十三石。

若此條，則非盈朒所能御。

論曰：直田截積及米換布，盈朒本法也。愚所設方田截積及穀換絹，非盈朒本法也，乃帶分盈朒之變例也。〔如舊法芝麻糶銀，是其例也。〕雖盈朒亦有求法，頗多轉折，非其質矣，不如用方程之省約。

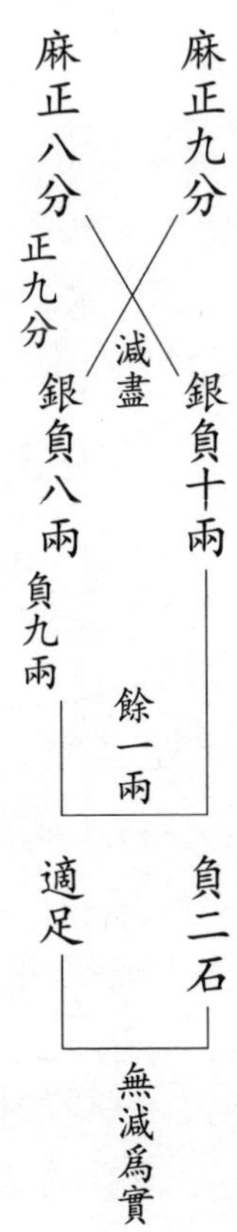

34　今有芝麻不知總，但云取麻八分之三，糶銀十兩，不足二石；取麻三分之一，糶銀八兩，適足。問：原麻總數及每銀一兩之麻。

法先以麻〔$\genfrac{}{}{0pt}{}{八}{三}$〕×〔$\genfrac{}{}{0pt}{}{之三}{之一}$〕用母相乘，得二十四爲母；母互乘子，得〔$\genfrac{}{}{0pt}{}{之九}{之八}$〕，爲所用之分而列之。依省算，左加九之一而徑減。

法一兩省除，即以麻二石命爲銀每兩之麻。以銀八兩、麻八分適足，省乘除，徑以二石爲麻之一分，以二十四分乘，得原麻四十八石。

計開：

原麻四十八石。

銀每兩麻二石。

其八之三計一十八石，銀十兩該二十石，故不足二石。

其三之一計一十六石，銀八兩恰該一十六石，故適足。

若問麻每石之銀，則以二石爲法，轉除一兩，得每石價五錢。

按：此條宜入方程，舊列帶分盈朒之末。

35　問者若云有銀買麻，以麻八之三與之，則餘二石；以麻三之一與之，適足。問：原麻及銀所買。

如前以通分齊其分〔一〕。

然後列之〔二〕。

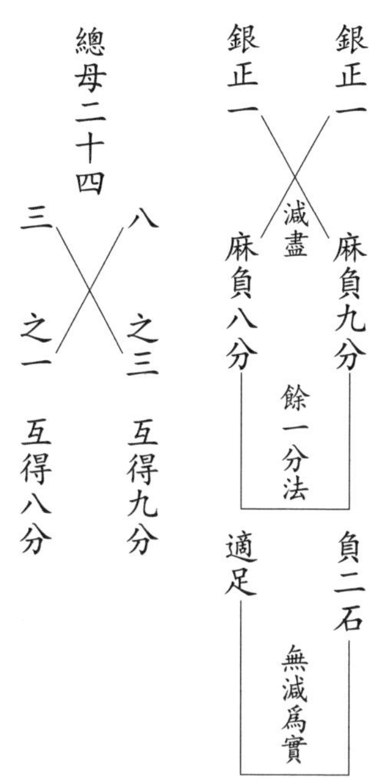

依法求得二石，爲麻之一分，以總母廿四分乘之，得原麻四十八石。以九分乘二石，減負二石，得銀所買麻十六石。

論曰：此所設問，則盈朒帶分本法也。然不能知每價，以方程法求之，亦同。觀此，益見前條之宜入方程也。

36　今有黄連、木香不知數，但云取連三之一，換木香七之二，則連多二斤；取連四之三，換木香五之四，則連少一斤；若於五之四内，減去木香三斤，則連多一斤。

法先以通分齊其分。

〔一〕見本頁左圖。

〔二〕見本頁右圖。

乃列位〔一〕。

如法乘減。餘木香二十二分爲法，異併黄連二十二斤爲實。法除實，得每木香一分〔即三十五分之一。〕換黄連一斤。以木香十分換黄連十斤，異加正二斤，共十二斤，以黄連正四分除之，得黄連每三斤爲一分。以分母十二乘

〔一〕圖見次頁。

之，得總黄連三十六斤。

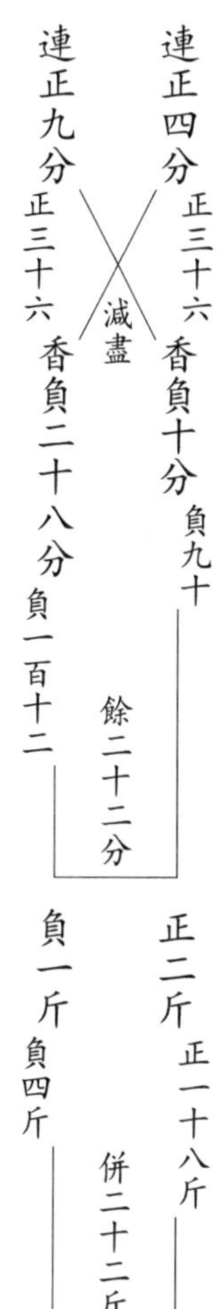

另併黄連多一斤、少一斤，共二斤爲法，除減木香三斤，得每黄連一斤换木香一斤半。〔原少連一斤，減木香三斤，而轉多連一斤，故知其數。〕

此連所换之木香一斤半，即其三十五分之一分也。以三十五分乘之，得木香五十二斤半。

計開：

黄連三十六斤。

木香五十二斤半。

每黄連一斤，换木香一斤半。

三分三十六斤而取其一，得一十二斤，爲黄連三之一。

七分五十二斤半而取其二，得十五斤，爲木香七之二。該换連十斤，今連有十二斤，是連多二斤也。

四分三十六斤而取其三，得二十七斤，爲黄連四之三。

五分五十二斤半而取其四，得四十二斤，爲木香五之四。該换連二十八斤，今連只二十七斤，是連少一斤也。

若於木香五之四減三斤，餘三十九斤。該换連二十六斤，今連有二十七斤，是連多一斤也。

論曰：凡較數方程，有若干物共幾色，又有其所較之價銀若錢之類。今所用較數，即用其物之斤兩，而無銀若錢，微有不同，乃古者貿遷有無交易之術也，專用銀若錢以權物價，後世事耳。

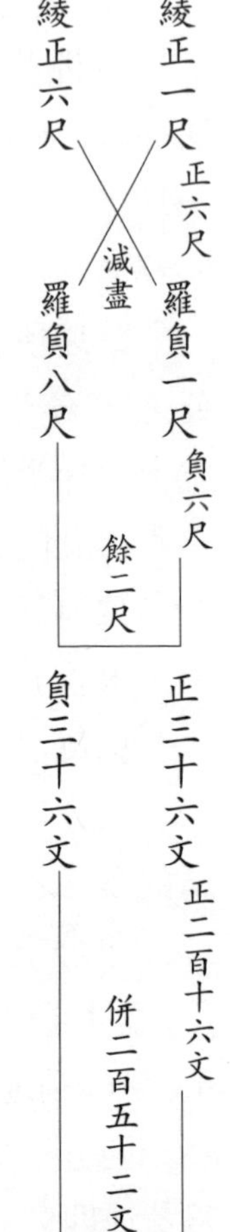

37 問：綾每尺多羅價三十六文，今買綾六尺，羅八尺，其共價綾比羅少三十六文。

答曰：綾每尺一百六十二文，羅每尺一百二十六文。

羅二尺除二百五十二文，得羅價每尺一百二十六文。加多三十六文，得綾價每尺一百六十二文。

38 問：銀二千九百二十八兩，買綾一百五十疋、羅三百疋、絹四百五十疋。只云綾每疋比羅多四錢七分，羅每疋多絹一兩三錢五分。

答曰：綾每疋四兩三錢二分。羅每疋三兩八錢五分。絹每疋二兩半〔一〕。

絹九百疋爲法，除實二千二百五十兩，得絹價二兩五錢。加多一兩三錢半，得羅價三兩八錢半。又加多四錢七分，得綾價四兩三錢二分。

39 今有兄弟三人不知年，小弟謂長兄曰："我年比汝

〔一〕見次頁左圖。

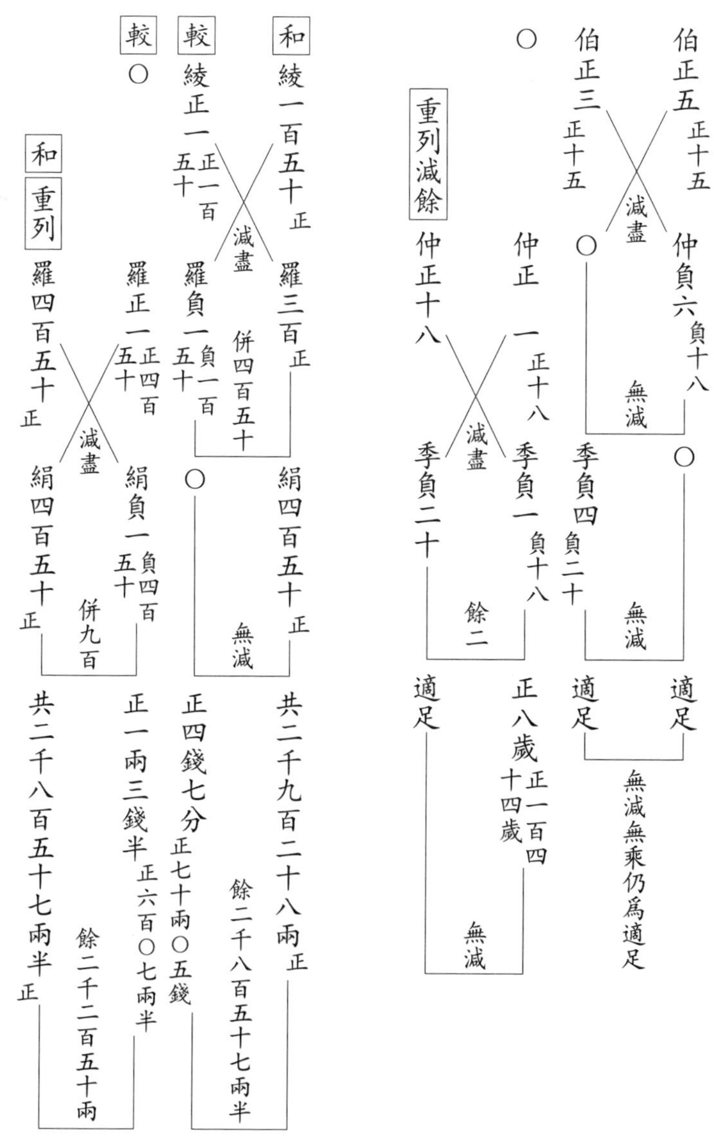

四之三，次兄比汝六之五，比我多八歲。”

法以帶分別之。皆變零從整。〔一〕

季弟二，除一百四十四歲，得年七十二歲。加八歲，得仲兄年八十。六因仲年，五除之，得伯年九十六歲。

計開：

伯九十六歲。

仲八十歲。〔爲伯年六之五。〕

季七十二歲。〔爲伯年四之三。〕

40 今有四人分錢，但云乙得甲六之五，丙得甲四之三，丁得甲二十四之十七，其丁與丙差四文〔二〕。

丁四除二百七十二，得丁錢六十八文。加四文，得丙錢七十二文。四乘丙錢，三除之，得甲錢九十六文。五乘甲錢，六除之，得乙錢八十文。

計開：

甲九十六文。

乙八十文。

丙七十二文。

丁六十八文。

甲六之一得一十六，以五因得八十文，爲六之五，乙數也。

甲四之一得二十四，以三因得七十二，爲四之三，丙

〔一〕見上頁右圖。

〔二〕圖見次頁。

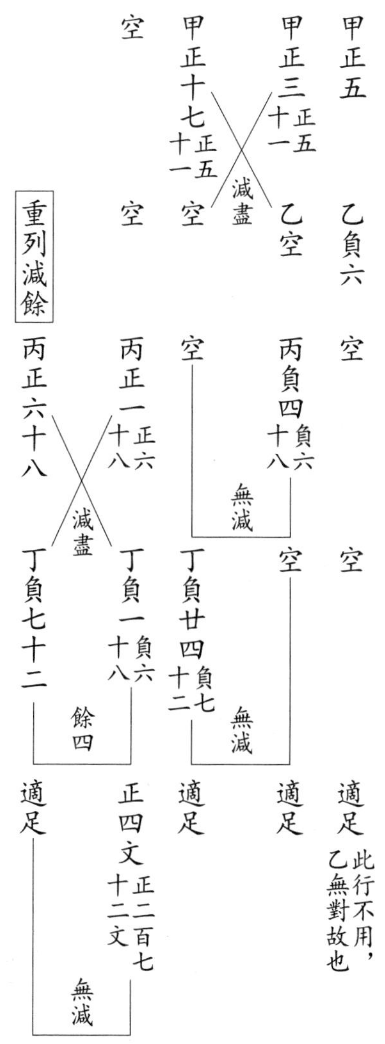
甲正五
乙負六
空
空
適足
此行不用，乙無對故也
甲正三十一正五
乙空
丙負四十八負六
空
適足
減盡
無減
無減
甲正十七十一正五
空
空
丁負廿四十二負七
適足
空
空
丙正一十八正六
丁負一十八負六
正四文十二正二百七文
重列減餘
丙正六十八
丁負七十二
適足
減盡
餘四
無減

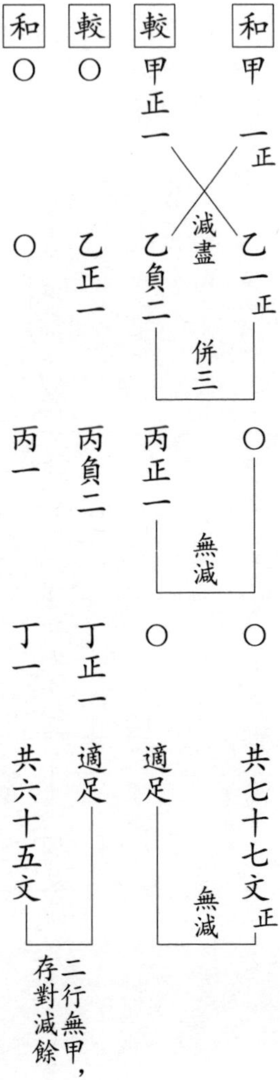

數也。

甲二十四之一得四，以一十七因得六十八，爲二十四之一十七，丁數也。

論曰：此雖四色，實三色也，故徑以三色取之。

41 今有七人遞差分錢，但知首二人共七十七文，次二人共六十五文，不知各數，亦不知餘人數。

法以遞差，故知倍乙當甲丙、倍丙當乙丁而列之〔一〕。

重列減餘與三行，減餘變較〔二〕。

重列減餘與四行〔三〕。

丁八爲法，除實二百四十八文，得三十一文爲丁數。倍丁數，與六十五文相減，得遞差三文。以差遞加，得甲、乙、丙數；以差遞減，得戊、己、庚數，皆加減丁數得之。

計開：

甲四十文。乙三十七文。丙三十四文。丁三十一文。戊二十八

和	較	較	和
○	○	甲正一	甲一正
○	乙正一	乙負二	乙一正
丙一	丙負二	丙正一	○
丁一	丁正一	○	○
共六十五文	適足	適足	共七十七文正

減盡

併三

無減

無減

二行無甲，存對減餘

〔一〕見本頁圖。

〔二〕見次頁左圖。

〔三〕見次頁右圖。

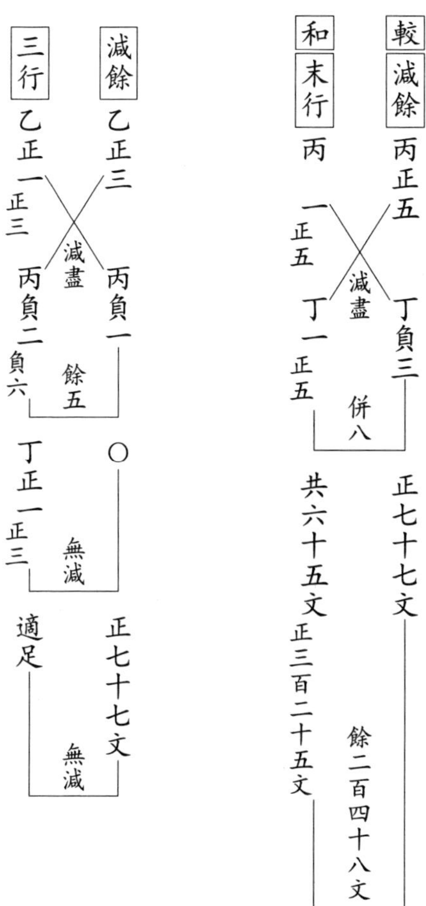
較
減餘
丙正五
丁負三
正七十七文
減盡
併八
餘二百四十八文
和
末行
丙一正五
丁一正五
共六十五文
正三百二十五文
減餘
乙正三
丙負一
○
正七十七文
減盡
餘五
無減
無減
三行
乙正一正三
丙負二負六
丁正一正三
適足

文。己二十五文。庚二十二文。

42 今有銀二百四十兩，以四人遞差分之，只云甲多丁一十八兩。

如前法，以倍乙當甲丙，倍丙當乙丁。又依省算，移甲於丁位〔一〕。

重列兩減餘〔二〕。

又重列減餘與末行〔三〕。

甲四除二百七十六兩，得甲數六十九兩。甲數内減十八兩，得丁數五十一兩。以甲數減二百四十兩，餘一百七十一兩。丙三除之，得丙數五十七兩。併丙數、甲數一百廿六兩，半之，得乙數六十三兩。

計開：

甲六十九兩。乙六十三兩。丙五十七兩，丁五十一兩。

遞差六兩。

43 今有米二百四十石，五

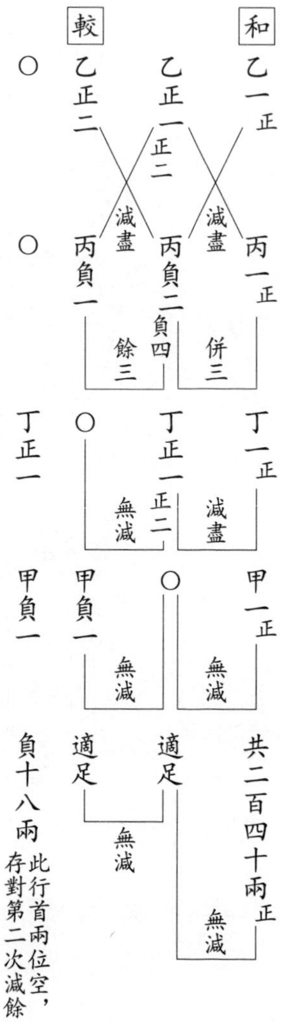

	較				和
○	乙正二	減盡	乙正一 正二	減盡	乙一正
○	丙負一	餘三	丙負二 負四	併三	丙一正
丁正一	○	無減	丁正一 正二	減盡	丁一正
甲負一	甲負一	無減	○	無減	甲一正
負十八兩 此行首兩位空，存對第二次減餘	適足	無減	適足	無減	共二百四十兩正

〔一〕見本頁圖。

〔二〕見次頁左圖。

〔三〕見次頁中圖。

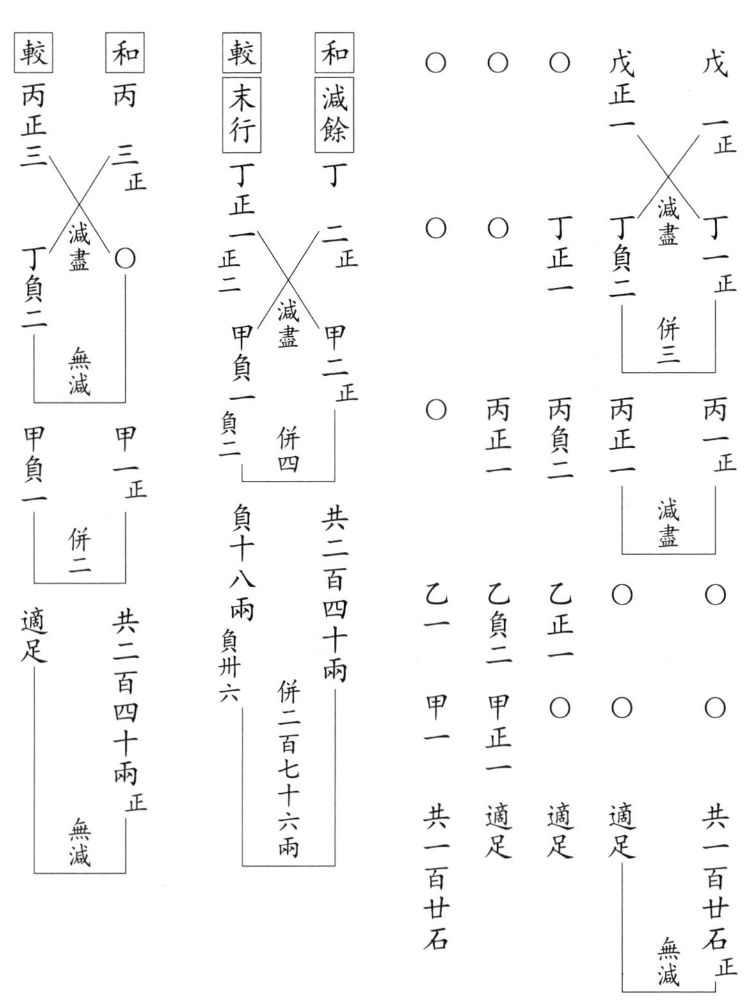

人遞差分之，其甲乙二人與戊丁丙三人共數等。

如前法列位。依省算，倒甲位自下而上〔一〕。

重列減餘與三行〔二〕。

又重列減餘與四行〔三〕。

又重列減餘與末行〔四〕。

甲十五除九百六十，得甲數六十四石。倍甲數減一百廿石，餘得遞差八石。以差遞減各數，得乙、丙、丁、戊數。

計開：

甲六十四石，乙五十六石，共一百廿石。

丙四十八石，丁四十石，戊卅二石，共一百廿石。

其數相等。

細分之，遞差八石。

論曰：凡差分章竹筒七節盛米之類，皆可以此法求之，玆不煩列。

〔一〕見上頁右圖。
〔二〕見次頁左圖。
〔三〕見次頁中圖。
〔四〕見次頁右圖。

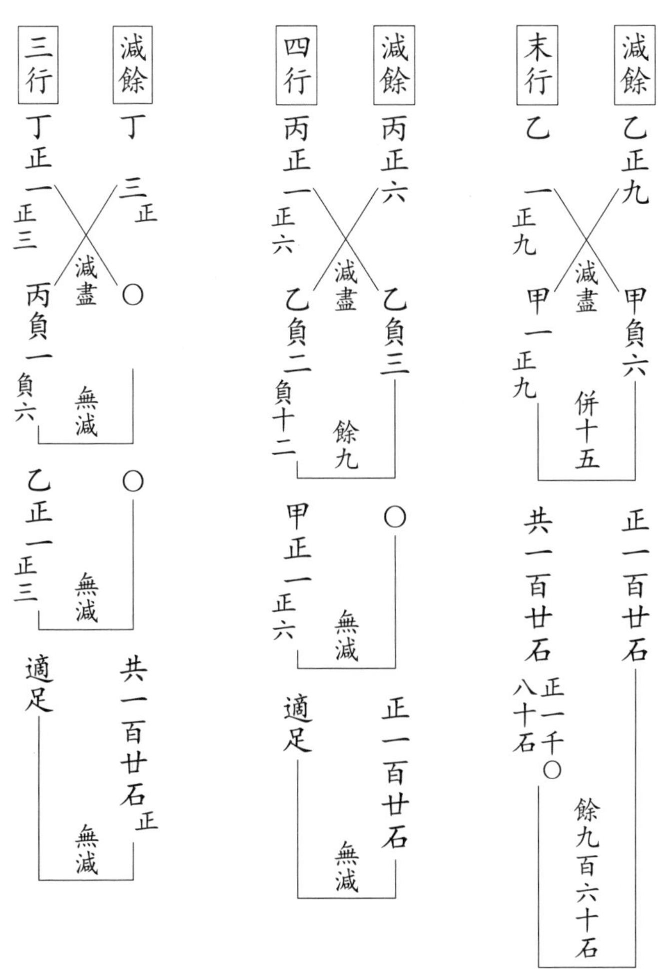
減餘
乙正九
甲負六
正一百廿石
末行
乙一正九
甲一正九
共一百廿石
正一千〇八十石
減盡
併十五
餘九百六十石
減餘
丙正六
乙負三
○
正一百廿石
四行
丙正一正六
乙負二負十二
甲正一正六
適足
減盡
餘九
無減
無減
減餘
丁
三正
○
○
共一百廿石正
三行
丁正一正三
丙負一負六
乙正一正三
適足
減盡
無減
無減
無減

餘　論〔一〕

數學有九，要之則二支，一者算術，一者量法。量法者，長短遠近以求其距，西法謂之測線；方圓弧矢、冪積周徑以相求，西法謂之測面；立方、渾圓、堆垜之形以求容積，西法謂之測體。在古九章則爲方田，爲少廣，爲商功，爲句股。算術者，消息盈虚，乘除進退，以差多寡，驗往以測來，西法謂之比例；通分子母，整齊畫一，不盡者以法命之，西法謂之畸零。若夫隱雜重複，參錯難稽，即顯驗幽，探賾窮深，無例可比，故西法别立借衰互徵以爲用，亦比例也。在古九章則爲粟布，爲衰分，爲均輸，爲盈朒，爲方程。此二者相需，不可偏廢。雖然，算術可以濟量法之窮，而量法不可以盡算術之變。何也？可量者，其可見也。天下之不可見者多矣，非算術何以御之？故量法有窮而算術不窮也。夫既量之而得其率矣，所量者一，欲知者百，西法之用比例，亦以算術佐量法也。然以例相比，非量法而有量法之理。吾友桐城方位伯謂九章出於句股，蓋以此也。然吾觀方程正負同異減併之用，非句股所能御，而能生比例，愚故以算術必不可廢也。

言數學者亦有二家，一古法，一泰西。泰西之説，詳明

〔一〕原在方程論自叙後，版心鐫“方程論卷一”，今據鵬翮堂本及目録移至卷末。

曉暢；古人之法，徑捷簡易，可互明也。然古書僅存算術，而略於測量；泰西詳於測量，而或遺在算術。吾觀泰西家言矩度三角八線割圜，幾何原本備矣，謂其善用句股，能有新意出於古率之外，未爲過也。若所譯同文算指者，大約用三率以變古法，至於盈朒、方程，則其術不復可行，於是取古人之法以傳之，非利氏之所傳也。算術之妙，莫盈朒、方程。若而泰西皆無之，是九章闕其二也，尚謂之賢於古法乎？且泰西家欲以其説易天下，故必宛轉箋疏以達其意，以取信於學者。若盈朒、方程立法之意，殊不能言也。不能言盈朒，故别立借衰之法以代之，自謂超妙，可廢古法矣，而終不能廢盈朒。若方程一章，不但不能言之，亦不能用之，不過取古人之僅存者，具數而已，不能别立術以代之也。諸書之謬誤，皆沿之而不能察，其必非知之而不用，能言之而不悉，亦可見矣。夫古人之略於量法者，非不能言也，言之略耳。言之詳者，别有專書，而人不能習，不傳於世耳。學士大夫既苦其難，竟又無與進取弋獲之利，遂一切棄不道。淺獵焉者，率得少以自多，無所發明，遂使古人之精意若存若亡，不復可見。今諸書所載方程法，殘缺錯亂，視盈朒尤甚。其所僅存，又多爲後之不得其説者參以臆解，而其旨益晦，非古人舊也。使古之方程僅僅如此，何必别立一章，列於盈朒之後乎？然以好變古率如泰西，而不能變方程；勤於言算如泰西，而不能言方程，不能盡其用，不能正其沿誤，可見古人立法之深遠，而决不可易。向使習古法者盡見古人之書，又能如泰西家群萃州處，窮年累月，研精覃思，以爲之引伸而推廣，又豈止如斯而已乎？言之三歎。

兼濟堂纂刻梅勿菴先生曆算全書

少廣拾遺〔一〕

〔一〕此書成於康熙三十一年，勿庵曆算書目算學類著録爲一卷，解題内容與本書小引略同。梅瑴成兼濟堂曆算書刊謬云："此本家已刻之書，兹刻行款參差潦草，不如原刻遠甚。"梅氏家刻本今未得見。四庫本收入卷五十九，梅氏叢書輯要收入卷十。鵬翮堂宣城梅氏算法叢書亦收録。

少廣拾遺

宣城梅文鼎定九著

柏鄉魏荔彤念庭輯　男　乾敩一元

士敏仲文

士説崇寬同校正

錫山後學楊作枚學山訂補

小　引

少廣爲九章之一，其開平方法爲薄海内外測量家所需，非隸首不能作也。平方而外有立方，以爲鑿築土方之用，課工作者猶能言之。若三乘方以上，知之者蓋已尠矣。嘗見九章比類、曆宗算會、算法統宗俱載有開方作法本原之圖，而僅及五乘，並無算例。同文算指稍變其圖，具七乘方算法，而不適於用，詮釋不無譌誤。西鏡録演其圖爲十乘方，而舉數僅詳平、立、三乘一式而已，餘皆未及。康熙壬申，余在都門，有友人傳遠問〔一〕，屬詢四乘方、十乘方法。蓋諸乘方法，獨此二端不可以借用他法，而問者及之，竊喜朋儕中固自有留心學問之人。遂稍取古圖紬繹，發其指趣，爲作十二乘方算例，頗覺詳明。然後知

〔一〕有友人傳遠問，勿庵曆算書目少廣拾遺解題作“有三韓林□□寄訊楊時可及丁令調”。

今日所用開平方法，迺算數家徑捷之用，而不及古圖之簡括精深也。宣城梅文鼎。

開方求廉率作法本原圖〔自開平方至開八乘方。〕

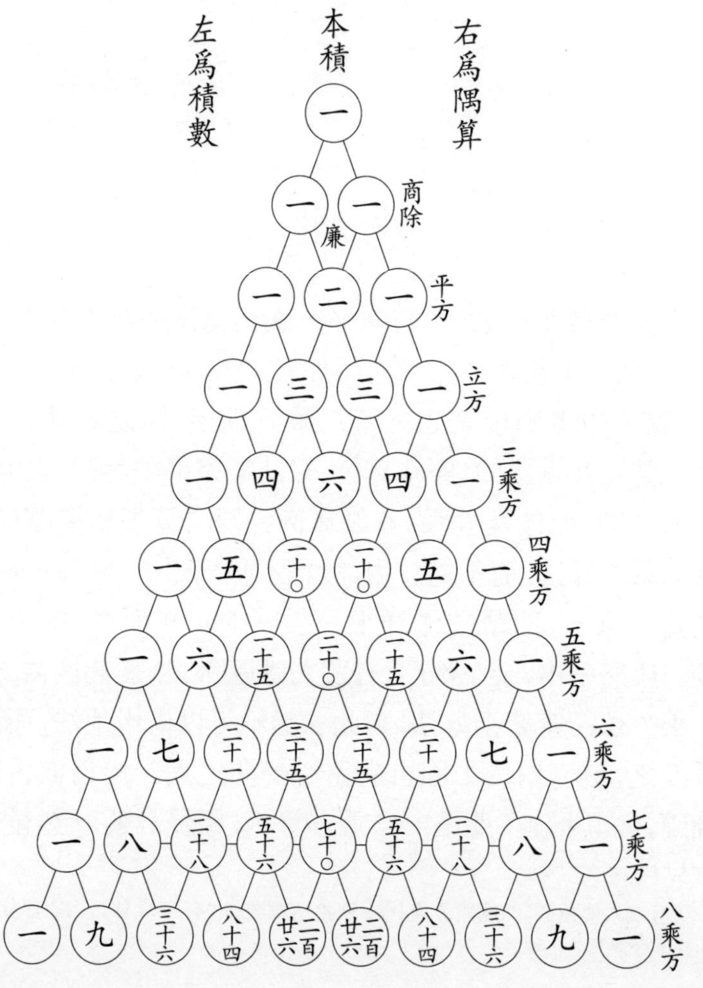

古圖附説

圖最上書一者，本數也。本數者，即大方也。大方無隅，無乘除之可言，而數從此起也。次並列〔一〕〔一〕者，方邊也，西法謂之根數，即一十一也。左一即本數，因有次商，而進位成一十，爲初商之根。右單一爲次商之根。既有根數，即有平冪，故第三層〔一〕〔二〕〔一〕者，冪積也，西法謂之面，即一百二十一也。左一百爲初商自乘之冪，即大方積也。右單一爲次商自乘之冪，即隅積也，小平方也。中二十則兩廉積也，並長方也。

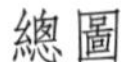
總圖

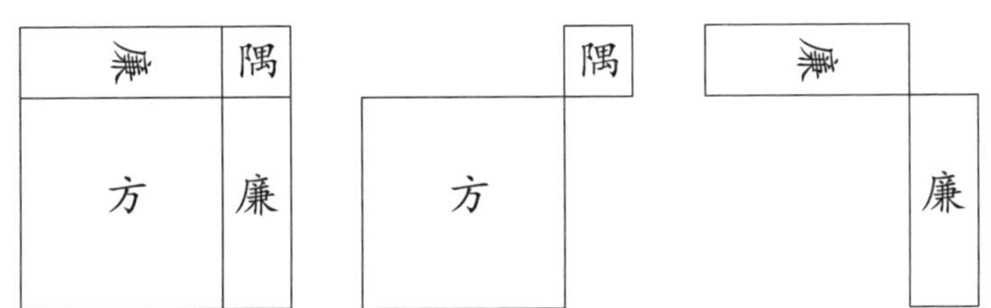

如圖，大小兩方冪以一角相聯，必得兩廉以輔之，而其方始全，故平方廉積二也。

第四層〔一〕〔三〕〔三〕〔一〕者，立方積也，西法謂之體積，即一千三百三十一也。左一千，初商再乘之積，大立方也。右單一爲次商再乘之積，隅積也，小立方也。中三百三十，皆廉積也，三百爲三平廉積，扁立方也；三十爲三長廉積，長立方也。

立方廉隅合形

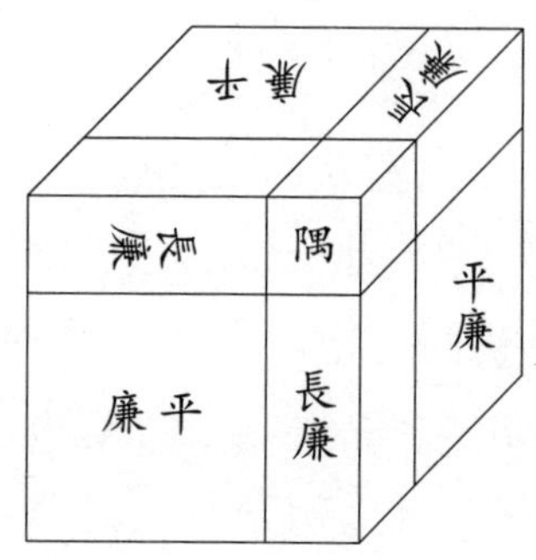

分形〔一〕

大小兩立方以斜角相連之圖

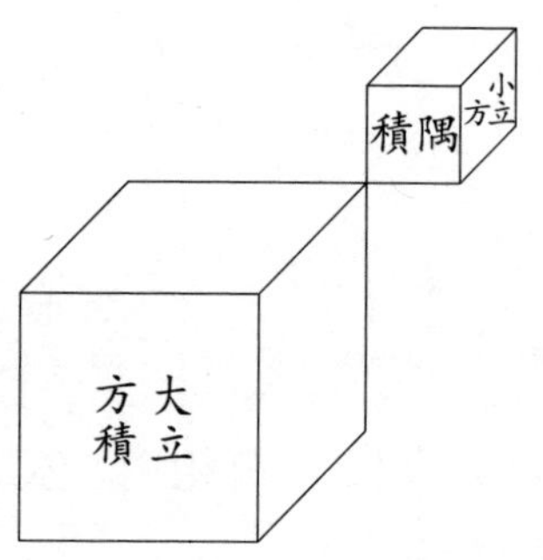

〔大方積爲廉隅所包，分形始見。〕

〔一〕分形，原作“分刑”，據文意改。

三長廉相得之圖

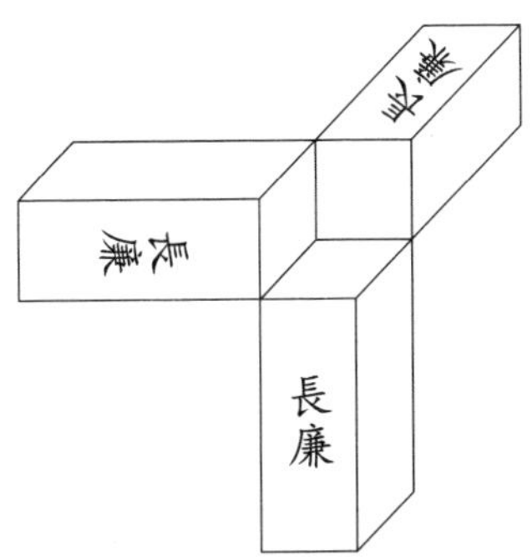

三平廉相得之圖

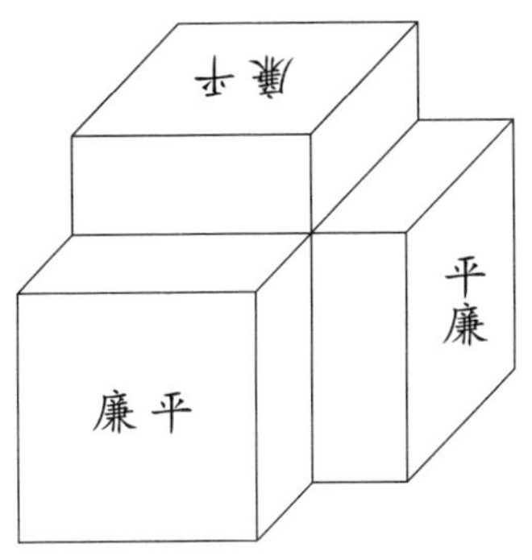

如圖，析觀之，則初商大立方體與次商隅積小立方體相連於一角，必得三平廉之扁立方體，補於大立方之三面；又有三長廉之長立方體，補於小立方之三面及三平廉之隙，而方體始全。故立方之廉積有二等，而其數各三也。

第五層〔一〕〔四〕〔六〕〔四〕〔一〕者，三乘方也，即一萬四千六百四十一也。

左一萬者，大三乘方也，初商方積也。右單一者，小三乘方也，次商隅積也。大方積既以三乘之，故而積陞至萬，小隅雖三乘，仍單一也。其相隔已三位，故必有第一廉〔舊名方法。〕爲千數、第二廉〔舊名上廉。〕爲百數、第三廉〔舊名下廉。〕爲十數以補之，其數始足，其理亦如平方、立方也。

三乘方以上，不可爲圖，諸書有强爲之圖者，非也。然其理則有可言者焉，以其相生之序言之，則皆加一算法也，初商、次商如十與一，而其冪則如百與一，故於〔一〕〔一〕之下，各加〔一〕〔一〕，即成〔一〕〔二〕〔一〕，如十一之自乘也，此平方率也。又以十一乘之，成〔一〕〔二〕〔一〕，〔一〕〔二〕〔一〕即立方率也。又以十一乘之，成〔一〕〔三〕〔三〕〔一〕，〔一〕〔三〕〔三〕〔一〕即三乘方率。四乘以上，準此加之，皆加一法也。

曰：若是，則諸乘方皆以十一遞乘而得，非十一者，何以處之？曰：根非十一，而其理皆如十與一，何則？凡增一乘，積陞一等，而亦增一廉。廉與廉之積，亦皆如十與一也。

冪〔音覓。周禮："冪人掌供巾冪。"説文："覆也。"開平方四邊俱等，中函縱横之積，亦如覆物之巾，有經緯縷文，故謂之冪，亦謂之面。〕幂〔同上，省文也，見張参五經文字。算書或小寫作"冖"。〕

廉率立成〔自開平方至開十二乘方。〕

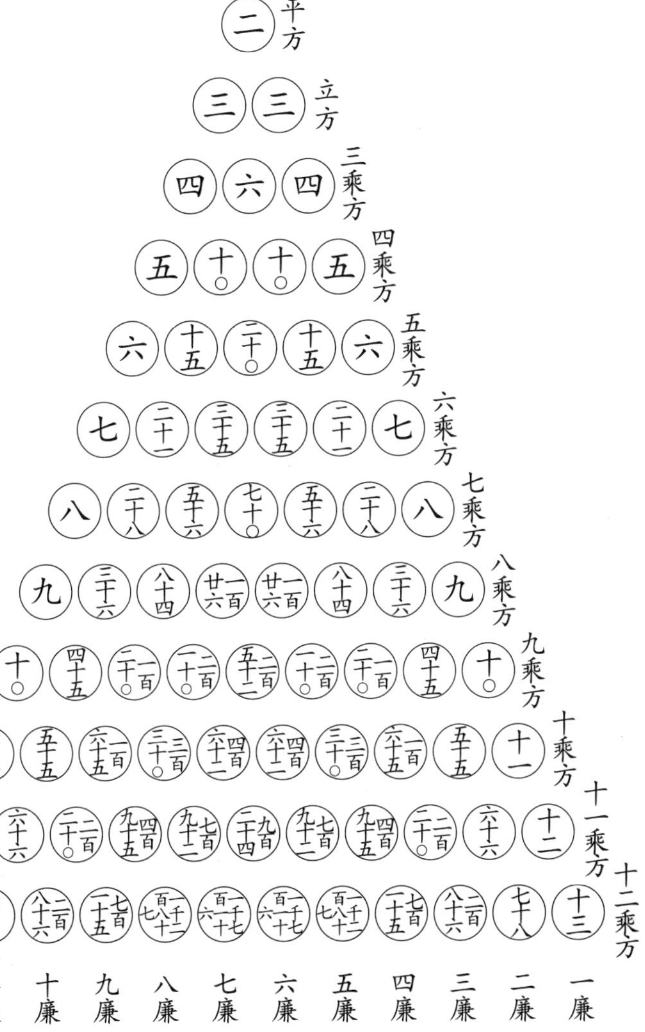

廉率立成附説

凡開方一位除盡者,無廉隅也。廉隅皆生於次商,次商之根必小於初商一等,而其小隅之體勢必與初商之大方同狀。〔如再乘之隅即小立方,三乘方之隅即小三乘方。〕此可借初商表而降等求之,不必更立隅法也。廉法則不然。每增一乘,則廉增一等,〔如平方但有廉,立方則有平廉、長廉,三乘方則有三種廉,四乘方則有四種廉。其廉之等,並與其乘數同增。〕而廉亦加多,〔如平方只二廉,立方則平廉、長廉各三,三乘方則三種廉共有十四〔一〕,四乘以上則更增而多,如圖所列。〕此廉率所由立也。

問:廉既有等,〔如平方廉爲十、立方廉爲十爲百之類。〕而今廉率只作單數用,何也?曰:此廉之數也,非廉之積也。廉積有等,則既於其次序分之矣,挨次乘之,其等自見。〔如第一廉必小於初商大方一等,第二廉又小一等,其最末之廉必大於小隅一等,各乘方皆如是。〕若同一等中應各有若干廉,必先知之而後可用,故立成中所列皆單數。

問:古圖以右爲隅法,其序自左而右,今廉率之序自右而左,何也?曰:既皆作單數用,則左右一也。今依筆算自右而左,便於取用故也。〔廉法相生之序,左右同數,如立方平廉三,長廉亦三也;三乘方第一廉四,第三廉亦四也。其近大方有若干廉,則其近小隅亦有若干廉,故左右並同。可以左爲初商大方,右爲小隅;亦可以右爲大方,而左爲小隅,此亦見古圖之妙也。〕

〔一〕十四,"四"字原脱,據輯要本補。

問：舊有方法、廉法之目，今槩曰廉法，何也？曰：開方法有方有廉有隅，其初商自乘即方也，次商自乘即隅也，方與隅之間，次商、初商相乘而得者，皆廉也。舊以立方之平廉有似扁方，故名之方法。而三乘方因之，遂又有上廉、下廉之目。故不如一切去之，但以一、二、三、四爲序，較畫一耳。

問：平方之廉皆平冪也，立方之平廉、長廉皆體積也。不知三乘方以上之廉積，亦能與方隅等狀乎？曰：凡諸乘方之廉積，無不與方隅之乘數等也。試以三乘方言之，其第一廉有四，皆初商之再乘積，而又以次商根乘之，是三乘也；其第二廉有六，皆初商自乘之平冪也，而又以次商之平冪乘之；第三廉有四，皆初商之根數，而又以次商之立積乘之，皆三乘也。又以四乘方言之，其第一廉有五，皆初商三乘積也，又乘次商根，是四乘也；其第二廉有十，皆初商再乘積也，又以乘次商冪，亦四乘也；其第三廉亦十，皆初商冪積也，又以乘次商再乘積；其第四廉有五，皆初商根也，又以乘次商之三乘積，皆四乘也。五乘方以上俱如是，觀後算例自明。

初商表〔各以最[一]上點截爲初商實，查表減積而得方根，即初商數也。〕

方根	平方〔一乘〕	立方〔再乘〕	三乘方	四乘方	五乘方
一	一	一	一	一	一
二	四	八	一六	三二	六四
三	九	二七	八一	二四三	七二九
四	一六	六四	二五六	一〇二四	四〇九六
五	二五	一二五	六二五	三一二五	一五六二五
六	三六	二一六	一二九六	七七七六	四六六五六
七	四九	三四三	二四〇一	一六八〇七	一一七六四九
八	六四	五一二	四〇九六	三二七六八	二六二一四四
九	八一	七二九	六五六一	五九〇四九	五三一四四一

方根	六乘方	七乘方	八乘方
一	一	一	一
二	一二八	二五六	五一二
三	二一八七	六五六一	一九六八三
四	一六三八四	六五五三六	二六二一四四
五	七八一二五	三九〇六二五	一九五三一二五
六	二七九九三六	一六七九六一六	一〇〇七七六九六
七	八二三五四三	五七六四八〇一	四〇三五三六〇七
八	二〇九七一五二	一六七七七二一六	一三四二一七七二八
九	四七八二九六九	四三〇四六七二一	三八七四二〇四八九

〔一〕最，原作“再”，據鵬翮堂本、輯要本改。

方根	九乘方	十乘方
一	一	一
二	一〇二四	二〇四八
三	五九〇四九	一七七一四七
四	一〇四八五七六	四一九四三〇四
五	九七六五六二五	四八八二八一二五
六	六〇四六六一七六	三六二七九七〇五六
七	二八二四七五二四九	一九七七三二六七四三
八	一〇七三七四一八二四	八五八九九三四五九二
九	三四八六七八四四〇一	三一三八一〇五九六〇九

方根	十一乘方	十二乘方
一	一	一
二	四〇九六	八一九二
三	五三一四四一	一五九四三二三
四	一六七七七二一六	六七一〇八八六四
五	二四四一四〇六二五	一二二〇七〇三一二五
六	二一七六七八二三三六	一三〇六〇六九四〇一六
七	一三八四一二八七二〇一	九六八八九〇一〇四〇七
八	六八七一九四七六七三六	五四九七五五八一三八八八
九	二八二四二九五三六四八一	二五四一八六五八二八三二九

諸乘方進位例

	根 一	一○	一○○
平方	積 一	一○○	一○○○○
立方	一	一○○○	一○○○○○○
三乘方	一	一○○○○	一○○○○○○○○
四乘方	一	一○○○○○	一○○○○○○○○○○
五乘方	一	一○○○○○○	一○○○○○○○○○○○○
六乘方	一	一○○○○○○○	一○○○○○○○○○○○○○○
七乘方	一	一○○○○○○○○	一○○○○○○○○○○○○○○○○
八乘方	一	一○○○○○○○○○	一○○○○○○○○○○○○○○○○○○
九乘方	一	一○○○○○○○○○○	一○○○○○○○○○○○○○○○○○○○○
十乘方	一	一○○○○○○○○○○○	一○○○○○○○○○○○○○○○○○○○○○○
十一乘方	一	一○○○○○○○○○○○○	一○○○○○○○○○○○○○○○○○○○○○○○○
十二乘方	一	一○○○○○○○○○○○○○	一○○○○○○○○○○○○○○○○○○○○○○○○○○

諸乘方根同而積不同，本易知也。惟根之一者，積同爲一，似乎無别矣。然有冪積之一，有體積之一，有三乘以上諸乘方之一，雖曰積同爲一，其實不同也。今以方根之爲單一、爲一十、爲一百者，爲例如右。

初商又表

方根	一〇	二〇	三〇	四〇
一乘方	方積平冪 一〇〇 面	四〇〇	九〇〇	一六〇〇
再乘方	立積 一〇〇〇 體	八〇〇〇	二七〇〇〇	六四〇〇〇
三乘方	一〇〇〇〇	一六〇〇〇 〇	八一〇〇〇 〇	二五六〇〇 〇〇
四乘方	一〇〇〇〇 〇	三二〇〇〇 〇〇	二四三〇〇 〇〇〇	一〇二四〇 〇〇〇〇
五乘方	一〇〇〇〇 〇〇	六四〇〇〇 〇〇〇	七二九〇〇 〇〇〇〇	四〇九六〇 〇〇〇〇〇
六乘方	一〇〇〇〇 〇〇〇	一二八〇〇 〇〇〇〇〇	二一八七〇 〇〇〇〇〇 〇	一六三八四 〇〇〇〇〇 〇〇
七乘方	一〇〇〇〇 〇〇〇〇	二五六〇〇 〇〇〇〇〇 〇	六五六一〇 〇〇〇〇〇 〇〇	六五五三六 〇〇〇〇〇 〇〇〇
八乘方	一〇〇〇〇 〇〇〇〇〇	五一二〇〇 〇〇〇〇〇 〇〇	一九六八三 〇〇〇〇〇 〇〇〇〇	二六二一四 四〇〇〇〇 〇〇〇〇〇
九乘方	一〇〇〇〇 〇〇〇〇〇 〇	一〇二四〇 〇〇〇〇〇 〇〇〇〇	五九〇四九 〇〇〇〇〇 〇〇〇〇〇	一〇四八五 七六〇〇〇 〇〇〇〇〇 〇〇

續表

方根	一〇	二〇	三〇	四〇
十乘方	一〇〇〇〇〇〇〇〇〇〇〇	二〇四八〇〇〇〇〇〇〇〇〇〇〇	一七七一四七〇〇〇〇〇〇〇〇〇〇〇	四一九四三〇四〇〇〇〇〇〇〇〇〇〇〇
十一乘方	一〇〇〇〇〇〇〇〇〇〇〇〇	四〇九六〇〇〇〇〇〇〇〇〇〇〇〇	五三一四四一〇〇〇〇〇〇〇〇〇〇〇〇	一六七七七二一六〇〇〇〇〇〇〇〇〇〇〇〇
十二乘方	一〇〇〇〇〇〇〇〇〇〇〇〇〇	八一九二〇〇〇〇〇〇〇〇〇〇〇〇〇	一五九四三二三〇〇〇〇〇〇〇〇〇〇〇〇〇	六七一〇八八六四〇〇〇〇〇〇〇〇〇〇〇〇〇
方根	一〇	二〇	三〇	四〇

方根	五〇	六〇	七〇	八〇	九〇
一乘方	二五〇〇	三六〇〇	四九〇〇	六四〇〇	八一〇〇
再乘方	一二五〇〇〇	二一六〇〇〇	三四三〇〇〇	五一二〇〇〇	七二九〇〇〇
三乘方	六二五〇〇〇〇	一二九六〇〇〇〇	二四〇一〇〇〇〇	四〇九六〇〇〇〇	六五六一〇〇〇〇
四乘方	三一二五〇〇〇〇〇	七七七六〇〇〇〇〇	一六八〇七〇〇〇〇〇	三二七六八〇〇〇〇〇	五九〇四九〇〇〇〇〇
五乘方	一五六二五〇〇〇〇〇〇	四六六五六〇〇〇〇〇〇	一一七六四九〇〇〇〇〇〇	二六二一四四〇〇〇〇〇〇	五三一四四一〇〇〇〇〇〇
六乘方	七八一二五〇〇〇〇〇〇〇	二七九九三六〇〇〇〇〇〇〇	八二三五四三〇〇〇〇〇〇〇	二〇九七一五二〇〇〇〇〇〇〇	四七八二九六九〇〇〇〇〇〇〇

續表

方根	五〇	六〇	七〇	八〇	九〇
七乘方	三九〇六二五〇〇〇〇〇〇〇〇	一六七九六一六〇〇〇〇〇〇〇〇	五七六四八〇一〇〇〇〇〇〇〇〇	一六七七七二一六〇〇〇〇〇〇〇〇	四三〇四六七二一〇〇〇〇〇〇〇〇
八乘方	一九五三一二五〇〇〇〇〇〇〇〇〇	一〇〇七七六九六〇〇〇〇〇〇〇〇〇	四〇三五三六〇七〇〇〇〇〇〇〇〇〇	一三四二一七七二八〇〇〇〇〇〇〇〇〇	三八七四二〇四八九〇〇〇〇〇〇〇〇〇
九乘方	九七六五六二五〇〇〇〇〇〇〇〇〇〇	六〇四六六一七六〇〇〇〇〇〇〇〇〇〇	二八二四七五二四九〇〇〇〇〇〇〇〇〇〇	一〇七三七四一八二四〇〇〇〇〇〇〇〇〇〇	三四八六七八四四〇一〇〇〇〇〇〇〇〇〇〇
十乘方	四八八二八一二五〇〇〇〇〇〇〇〇〇〇〇	三六二七九七〇五六〇〇〇〇〇〇〇〇〇〇〇	一九七七三二六七四三〇〇〇〇〇〇〇〇〇〇〇	八五八九九三四五九二〇〇〇〇〇〇〇〇〇〇〇	三一三八一〇五九六〇九〇〇〇〇〇〇〇〇〇〇〇
十一乘方	二四四一四〇六二五〇〇〇〇〇〇〇〇〇〇〇〇	二一七六七八二三三六〇〇〇〇〇〇〇〇〇〇〇〇	一三八四一二八七二〇一〇〇〇〇〇〇〇〇〇〇〇〇	六八七一九四七六七三六〇〇〇〇〇〇〇〇〇〇〇〇	二八二四二九五三六四八一〇〇〇〇〇〇〇〇〇〇〇〇
十二乘方	一二二〇七〇三一二五〇〇〇〇〇〇〇〇〇〇〇〇〇	一三〇六〇六九四〇一六〇〇〇〇〇〇〇〇〇〇〇〇〇	九六八八九〇一〇四〇七〇〇〇〇〇〇〇〇〇〇〇〇〇	五四九七五五八一三八八八〇〇〇〇〇〇〇〇〇〇〇〇〇	二五四一八六五八二八三二九〇〇〇〇〇〇〇〇〇〇〇〇〇
方根	五〇	六〇	七〇	八〇	九〇

因有續商，故方根以十數見例。方積以尾〇定位，

無次商者去尾〇用之，則方根只爲單數。

方廉隅乘法圖〔以三乘方舉例。〕

隅積	第三廉	第二廉	第一廉	方積
次商三乘	初商根	初商根	初商根	初商根
次商再乘	次商再乘	初商自乘	初商自乘	初商自乘
次商自乘	次商自乘	次商自乘	初商再乘	初商再乘
次商根	次商根	次商根	次商根	初商三乘

凡方積，皆初商自乘。〔如三乘方，即自乘三遍。〕

凡隅積，皆次商自乘。〔其自乘若干遍，一如初商。〕

凡廉積，皆初商與次商相乘。但近大方者，初商乘之遍數多；〔如第一廉用初商立積，二廉則初商冪，遞減以至三廉，則初商只用根。〕近小隅者，次商乘之遍數多。〔如第一廉只用次商根，第二廉則次商亦用冪，三廉則遞加而用次商立積。〕各乘方皆如是。

開諸乘方大法

諸乘方法，惟平方爲用最多，因有專法。今自平方、立方，推之三乘以上，至於多乘，而通爲一法，是爲大法。〔諸乘方大法可以開平方，而平方專法不可以開諸乘方。〕

總法：凡諸乘方皆先列實。次作點分段。次查表，以定初商。次求廉隅，以定續商。

列實之法：依勿菴筆算，作平行兩直線，以設積紀於右直線之右，皆自上而下，至單數止，無單數者作〇存其位。

作點分段之法：皆於原積末位單數作一點起，〔凡減隅積，必至單位，故分段之法以此爲宗。同文算指但言起末位，殊混。〕依各乘方，宜以若干位爲一段，即隔若干位點之。〔或作實點、，或作虚點↘，俱可。然虚點尤便，以減商積時有借上位之點，免淩雜也。〕如平方以每兩位爲一段，則隔一位點之；立方以三位爲一段，則隔兩位點之。乃至十二乘方，以十三位爲一段，則隔十二位點之，並同一法。

謹按：作點分段，其用有二。一以定開方有若干次也，如有一點則只開一次，有兩點則開二次，三點則開三次之類。一以定開方所得爲何等數也，如只有一點，則初商即單數，二點則初商是十數，三點則初商是百數之類。是故初商減積必至於最上點而止也，次商減積必至於次點而止也。每開一次，必減積一次，而所減之數必各盡於其作點之位，亦可以驗開方之無誤也。又最上點以上，初商實也；次點以上，次商實也。每商皆以點位截實，此法於初商尤爲扼要。

又按：開方分段，古人舊法之精。錢塘吴信民九章比類、山陰周述學曆宗算會悉著其説，而同文算指西鏡録本其意以作點定之，施於筆算，爲極善也。〔鼎於三十年前見同文算指作點之法，驚嘆其奇。後讀諸書，始知其有所祖述，非西人創也。〕

初商之法：皆以最上一點，截原積若干位爲初商實。乃查初商表，視本乘方下數有與實相同或較小於實者録之,紀於左線之左,〔皆以表數末位對右線上原實最上點紀之。〕是爲初商應減之積。即於本表旁行查方根,紀於左線之右,〔皆對所紀表數首位,進一位紀之。〕是爲初商數。

以初商應減之積〔左行所紀。〕與初商實〔右行最上點所截原實。〕對位相減,〔皆以左減右,須依筆算,從小數減起。如左行減數大,右行實數反小而不及減,則作點於上一位,借十數減之。〕減不盡者爲餘實,以待續商。

凡原實有二點,則初商爲十數,而有次商。有三點,初商爲百數,而有次商及三商。以上倣論。如實只一點,則初商即是單數,無續商。

次商之法:皆以第二點截餘實爲次商實。

凡初商皆爲方積,次商以後,則有廉積、隅積。

先求廉率:查廉率立成,本乘方廉率有若干等,等有若干數,平列之爲若干行,謂之定率。〔如平方只一種廉,其定率二;立方有二種廉,曰平廉,曰長廉,其定率並三;若三乘方,則有三種廉,曰一廉,曰二廉,曰三廉,其定率曰四,曰六,曰四,詳後式。〕每增一乘,即廉增一等,而定率增一行。〔有廉之等,有廉之數。如平方有二廉,立方有三平廉、三長廉,此廉之數也。平方之兩廉同積,共爲一等。立方之三平廉同積,爲一等;三長廉同積,爲一等,共爲二等。此廉之等也。廉率中兼此二義。〕

求廉汎積:以各廉定率乘初商應有各數,各依本乘方減小一等用之。廉多者,又遞減挨次乘之,至根數止,是爲汎積。〔有初商數,即各帶有自乘冪積,二乘立積,乃至三乘以上各積,是爲應有各數也。今求汎積,當依本乘方減小一等用之。如平方只用根數,立方用初商冪積，乃至十二乘方用初商十一乘，此爲減小一等也。至第二廉，則立方用初商根，三乘方用初商自乘〔一〕，乃至十二乘方用初商十乘，此爲廉多者二廉以上又遞減挨次乘之也。遞減至初商根，則爲末後一廉矣，故曰至根數止。〕

求次商數：以汎積約餘實得之。

求廉定積：以各廉汎積乘次商數，廉多者遞增一等挨次乘之，至本乘方減小一等止，是爲定積。〔凡第一廉汎積，皆乘次商根而得定積，有第二廉則以次商自乘積乘之，有三廉則以次商立方積乘之，是爲遞增一等也。然增不得至本乘方，但增至本乘方減小一等數，即爲末後一廉矣。〕

求隅積：以次商數查初商表，各依本乘方取之，〔以次商對横行根數，以本乘方對直行，縱横相遇得之。〕列於廉積之後一行，是爲隅積。〔小隅體勢並同初商大方，如平方則隅即小平方，立方則隅即小立方，三乘方之隅亦爲小三乘方，四乘以上並同，故可借初商表用之。〕

求廉隅共積：以所得各廉定積及隅積，用併法併之，即得。

求次商定數：以所得廉隅共積紀左線之左，〔又在表數之左，以末位對第二點紀之，爲次商應減之數。〕與次商實〔右行第二點所截。〕對位相減，〔以左減右。〕減不盡者，又爲餘實，以待三商。遂紀次商數於初商之下，爲次商定數。如廉隅共積大於次商實，不及減，則改次商，至及減而止，乃爲次商定數。

三商以後，並同上法。

〔一〕自乘，原作"再乘"，據輯要本改。

不論三商、四商，乃至多商，其廉定率不變。但求汎積時，三商則並初商、次商兩位商數，合而用之；四商則併前三次商數。皆取其應有各數，以乘定率而得汎積，亦如上法之用初商。其求定積，則三商即用三商之數，四商即用四商之數，以乘汎積而得定積，亦如上法之用次商。餘法並同次商。

審〇位之法：凡廉汎積大於餘實，或僅相等而無隅，不能商一數，是次商爲〇位也。即紀〇位於先商之次，而併下一點餘實，爲續商餘實。

次商單一之法：凡汎積與實僅同而有隅一，是商得一數也。即以汎積爲定積，不必更乘次商。〔惟單一則然，若商得一十、一百、一千，仍須如法乘之。〕

開平方〔即一乘方。〕

設平方積三千三百四十四萬三千〇八十九，問：方根若干？

答曰：五千七百八十三。

列實法：〔先作兩直綫，次以方積三三四四三〇八九列右綫之右。〕

作點。〔法於實末位單數作一點起，逆上每隔一位點之。有四點，宜商四次，初商是千。〕

初商法曰：〔用最上一點，截原實兩位三三爲初商實，查表，有小於實三三者，是二五，其方根五。即以五爲初商，對實首上一位，書於左綫之右。卻以表數二五對實三三，書左綫之左，與原實對減。先於實次位減五，實係三，不足減，作點借上一數爲十三，減去五餘八，改書八於實三之右。次於實

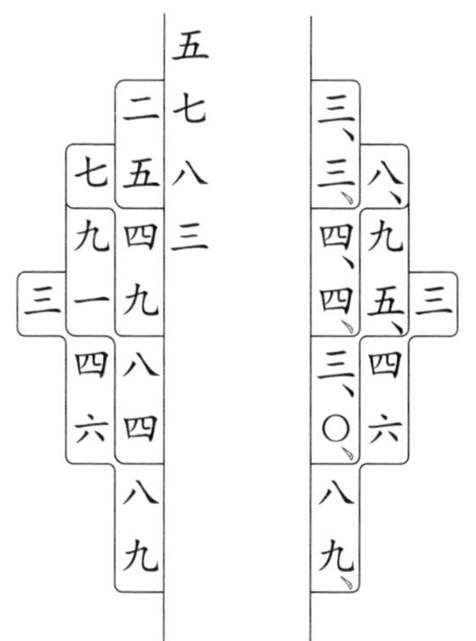

首減二,原實是三,因借下去一,只得二,減盡。乃作綫,抹去三三,存八,以待次商。亦於左作綫,抹去減數二五。〕

求次商:用第二點上餘實八四四爲次商實〔一〕。

次商法曰:〔置廉率立成内定率二,乘初商五千,得一萬爲汎積。乃約實作七百,定爲次商。即以汎積乘之,得定積七百萬。再用次商自乘爲隅,其積四十九萬。併定積,成七百四十九萬,即廉隅共積也。俱如式列之。於是將次商七續書初商五之下,又將共積七四九對實八四四,書左綫之左,以減實,餘九五。乃作綫,抹去八四四。亦於左作綫,抹去七四九。〕

求三商:用第三點上餘實九五三〇爲三商實〔二〕。

三商法曰:〔復置定率二,以乘初商、次商合數五千七百,得一萬一千四百爲泛積。乃約實作八十爲三商,即以泛積乘之,得定積九十一萬二千。三商亦自乘爲隅,得積六千四百。以併定積,成九十一萬八千四百,爲

〔一〕見次頁左圖。
〔二〕見次頁中圖。

定率 二
以乘 初商根 五〇〇〇
得汎積 一〇〇〇〇
又乘 次商根 七〇〇
得定積 七〇〇〇〇〇〇

隅 次商自乘 四九〇〇〇〇

廉隅共積 併得 七四九〇〇〇〇

定率 二
以乘 初商次商合數 五七〇〇
得汎積 一一四〇〇
又乘 三商根 八〇
得定積 九一二〇〇〇

隅 三商自乘 六四〇〇

廉隅共積 併得 九一八四〇〇

定率 二
以乘 初商次商三商合數 五七八〇
得汎積 一一五六〇
又乘 四商根 三
得定積 三四六八〇

隅 四商自乘 九

廉隅共積 併得 三四六八九

廉隅共積。俱如式列之。再將三商八十挨書次商七百之下，而以其廉隅積九一八四對實九五三〇，書於左綫之左，去減實，餘三四六，即改書之，以待四商。作綫，抹去九五三〇。左亦作綫，抹去九一八四。〕

求四商：用第四點上餘實三四六八九爲四商實〔一〕。

四商法曰：〔用定率二乘初商、次商、三商合數五千七百八十，得一萬一千五百六十爲泛積。乃約實，可商三，定爲四商。即以泛積乘之，得定積三萬四千六百八十。四商三自乘得九爲隅積，併定積，成三萬四千六百八十九，是爲廉隅共積。各如式列訖。再將四商三挨書於三商八十之下，而以其廉隅積三四六八九對第四點實，書左綫之左。就以減四商實，恰盡。乃作綫抹去之，左減數亦抹去。〕

初商五千。有四點，故初商是千位。

次商七百。

三商八十。

四商單三。

凡開得平方根五千七百八十三。

還原法：置方根五千七百八十三自乘，得積三千三百四十四萬三千〇八十九，合原積。

開立方〔即再乘方。〕

設立方積一千〇〇七萬七千六百九十六尺，問：每面方若干？

答曰：二百一十六尺。

〔一〕見前頁右圖。

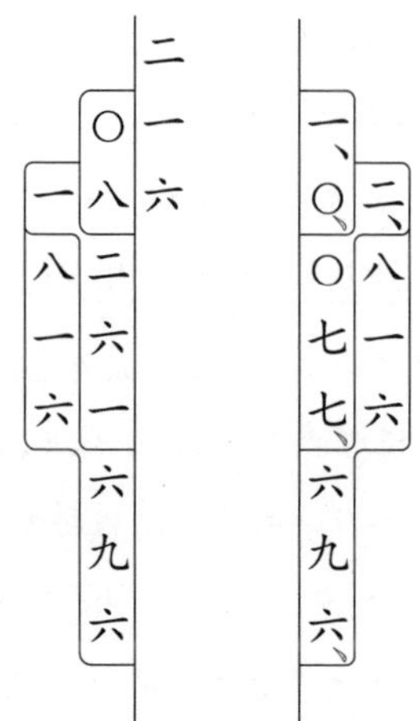

依法列實。作點。〔自末位單數作一點起，逆上每隔兩位點之，有三點，宜商三次。〕

求初商。〔用最上一點截原實兩位一〇爲初商實，查初商表，有小於一〇者，是〇八，其方根二。即以二定爲初商，對實首上一位書左綫之右，而以其積數〇八對實一〇書左綫之左。對減初商實餘二，改書之，以待次商。〕

初商二百尺。〔有三點，初商是百。〕

求次商：用第二點上餘實二〇七七爲次商實〔一〕。

依法求得次商一十尺。〔書於初商二百之下，而以其廉隅共積一百二十六萬一千減次商實，餘八一六，改書之，以待三商。〕

求三商：用第三點上餘實八一六六九六爲三商實〔二〕。

依法求得三商六尺。〔續書次商一十之下，而以廉隅共積八十一萬六千六百九十六減三商實，恰盡。〕

〔一〕見次頁左圖。
〔二〕見次頁右圖。

廉	隅	廉長	廉平
隅		率定	
共		三	三
積		乘	
	三	初商次商合數	初商次商平冪
			四
			四
		二	一
		一	〇
併	商	〇	〇
		積泛得	
			一
			三
	再		二
		六	三
		三	〇
		〇	〇
得	乘	乘又	
		三商冪	三商根
		三	
		六	六
		積定得	
八			七
一		二	九
六		二	三
六	二	六	八
九	一	八	〇
六	六	〇	〇

廉	隅	廉長	廉平
隅		率定	
共		三	三
積		乘以	
	次	初商根	初商平冪
			四
			〇
		二	〇
		〇	〇
併	商	〇	〇
		積泛得	
			一
			二
	再		〇
		六	〇
		〇	〇
		〇	〇
得	乘	乘又	
		次商冪	次商根
		一	
		〇	一
		〇	〇
		積定得	
一			一
二			二
六		六	〇
一	一	〇	〇
〇	〇	〇	〇
〇	〇	〇	〇
〇	〇	〇	〇

凡開得立方根二百一十六尺。

還原：置方根〔二百一十六尺〕，自之得〔四萬六千六百五十六尺〕，爲平冪。又置平冪，以方根乘之，得一千〇〇七萬七千六百九十六，合原數。

開三乘方

設三乘方積一億三千六百〇四萬八千八百九十六，問：方根若干？

答曰：一百〇八。

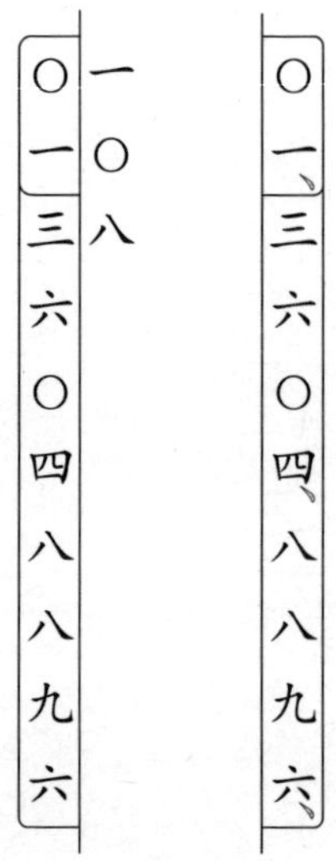

依法列實。作點。〔自末位單數作一點起，逆上每隔三位點之。〕

求初商：用最上一點截實首位一爲初商實。

凡積一者，其根亦一，不必查表，竟以一爲初商。〔其積與實對減恰盡。〕

廉一	廉二	廉三	隅：三商自乘三次丨	廉隅共積併得
定率				
四	六	四		
以乘				
初商立積 一〇〇〇〇〇〇	初商平冪 一〇〇〇〇	初商根 一〇〇		
得泛積				
四〇〇〇〇〇〇	六〇〇〇〇	四〇〇		
又乘				
三商根 八	三商冪 六四	三商立積 五一二		
得定積				
三二〇〇〇〇〇〇	三八四〇〇〇〇	二〇四八〇〇	四〇九六	三六〇四八八九六

廉一	廉二	廉三	隅：次商三乘	廉隅共積併得
定率				
四	六	四		
以乘				
初商立積 一〇〇〇〇〇〇	初商平冪 一〇〇〇〇	初商根 一〇〇		
泛積				
四〇〇〇〇〇〇	六〇〇〇〇	四〇〇		
又乘				
次商根 一〇	次商冪 一〇〇	次商立積 一〇〇〇		
定積				
四〇〇〇〇〇〇〇	六〇〇〇〇〇〇	四〇〇〇〇〇	一〇〇〇〇	四六四一〇〇〇〇

初商一百。〔有三點,初商是百。〕

求次商:用第二點餘實三六〇四爲次商實〔一〕。

依法求得廉隅共積四千六百四十一萬,爲次商一十之積,大於次商實,不及減,是無次商也,法於初商一百下書〇。

求三商:用第三點合上第二點餘實三六〇四八八九六共八位爲三商實。〔三商減積至末位第三點,故合八位爲其實。〕

凡求三商,當合初商、次商兩數乘定率,以求泛積。今次商〇,故只用初商數〔二〕。

依法求得三商八。〔續書次商〇之下,而以其廉隅共積三千六百〇四萬八千八百九十六與餘實相減,恰盡。〕

凡開得三乘方根一百〇八。

還原:置方根〔一〇八〕自乘,得〔一一六六四〕爲平冪。平冪又自乘,得一億三千六百〇四萬八千八百九十六,合原積。

或以方根一百〇八自乘三次,亦同。

開方簡法:置三乘方積〔一三六〇四八八九六〕,以平方法開之,得〔一一六六四〕。再置〔一一六六四〕,以平方開之,得方根一百〇八。合問。

開四乘方

設四乘方積一十三億五千〇一十二萬五千一百〇七,問:方根若干?

〔一〕見前頁左圖。
〔二〕見前頁右圖。

答曰：六十七。

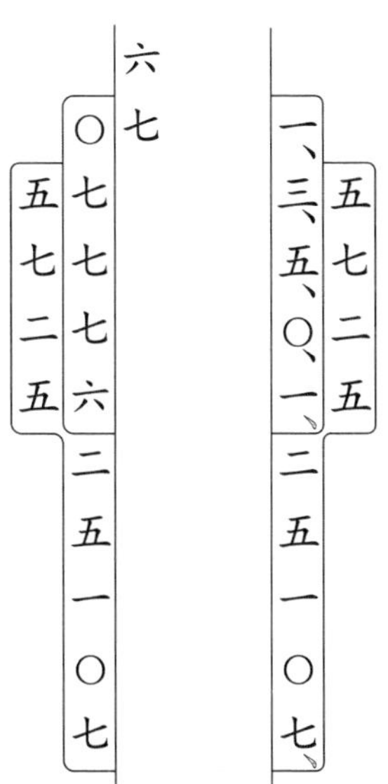

依法列實。作點。〔自末位單數作一點起，逆上每隔四位點之。共兩點，宜商兩次。〕

求初商：用最上一點截原實一三五〇一爲初商實。〔查表，有七七七六小於實，其根六。即以六爲初商，而以其積七七七六對減初商實，餘五七二五，改書之，以待次商。〕

初商六十。〔有兩點，初商是十。〕

求次商：用第二點上餘實五七二五二五一〇七爲次商實〔一〕。

依法求得次商七。〔書於初商六十之下，而以廉隅共積五億七千

〔一〕圖見次頁。

	廉一	廉二	廉三	廉四	隅
定率	五	一〇	一〇	五	
以乘	初商三乘一二九六〇〇〇〇	初商立積二一六〇〇〇〇	初商平冪三六〇〇〇	初商根六〇	次商四乘
得汎積	六四八〇〇〇〇〇	二一六〇〇〇〇〇	三六〇〇〇〇	三〇〇	
又乘	次商根七	次商冪四九	次商立積三四三	次商三乘二四〇一	
得定積	四五三六〇〇〇〇〇	一〇五八四〇〇〇〇	一二三四八〇〇〇	七二〇三〇〇	一六八〇七

廉隅共積併得五七二五二五一〇七

二百五十二萬五千一百〇七減次商實,恰盡。〕凡開得四乘方根六十七。

還原:置方根〔六十七〕,自乘四次,得積一十三億五千〇一十二萬五千一百〇七,合原數。

開五乘方

設五乘方積一兆七千五百九十六萬二千八百七十八億〇一百萬,問:方根若干?

答曰:五百一十。

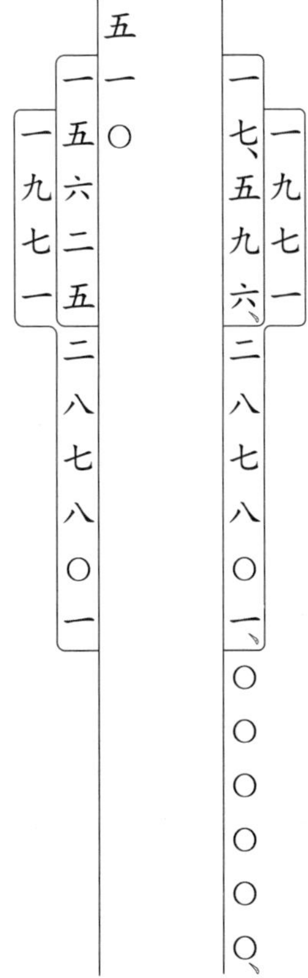

	定率	以乘	得汎積
廉一	六	初商四乘 三一二五〇〇〇〇〇〇〇〇〇〇	一八七五〇〇〇〇〇〇〇〇〇〇〇
廉一	一五	初商三乘 六二五〇〇〇〇〇〇〇〇	九三七五〇〇〇〇〇〇〇〇
廉二	二〇	初商立積 一二五〇〇〇〇〇〇	二五〇〇〇〇〇〇〇〇
廉三	一五	初商平冪 二五〇〇〇〇	三七五〇〇〇〇
廉四	六	初商根 五〇〇	三〇〇〇

	置泛積	又乘	得定積
廉一	一八七五〇〇〇〇〇〇〇〇〇〇〇	次商根 一〇	一八七五〇〇〇〇〇〇〇〇〇〇〇〇
廉二	九三七五〇〇〇〇〇〇〇〇	次商平冪 一〇〇	九三七五〇〇〇〇〇〇〇〇〇〇
廉三	二五〇〇〇〇〇〇〇〇	次商立積 一〇〇〇	二五〇〇〇〇〇〇〇〇〇〇〇
廉四	三七五〇〇〇〇	次商三乘 一〇〇〇〇	三七五〇〇〇〇〇〇〇〇
廉五	三〇〇〇	次商四乘 一〇〇〇〇〇	三〇〇〇〇〇〇〇〇
隅		次商五	丨丨丨一〇〇〇〇〇〇

廉隅共積併得 一九七一二八七八〇一〇〇〇〇〇〇

列實。〔數以單位爲根,今原積尾位是百萬,故補六〇列之。〕

作點。〔自末單位〇上作一點起,逆上每隔五位點之。〕

求初商:〔用最上一點截原實五位一七五九六,爲初商實,入表得五爲初商。對實首上一位録左綫右,即以其積數對實列左綫左,相減餘一九七一,改書之,以待次商〕。

初商求到五百。〔有三點,故初商是百。〕

求次商:〔用第二點上餘實一九七一二八七八〇一爲次商實。〕〔一〕

依法求得次商一十。〔書初商五百之下,再將廉隅共積一千九百七十一萬二千八百七十八億〇一百萬去減次商實,恰盡。〕

原實三點,宜有三商,而次商已减實盡,無可商,作〇於次商下。

凡開得五乘方根五百一十〇。

還原:置方根〔五百一十〇〕,自乘五次,復得一兆七千五百九十六萬二千八百七十八億〇一百萬,合原積。

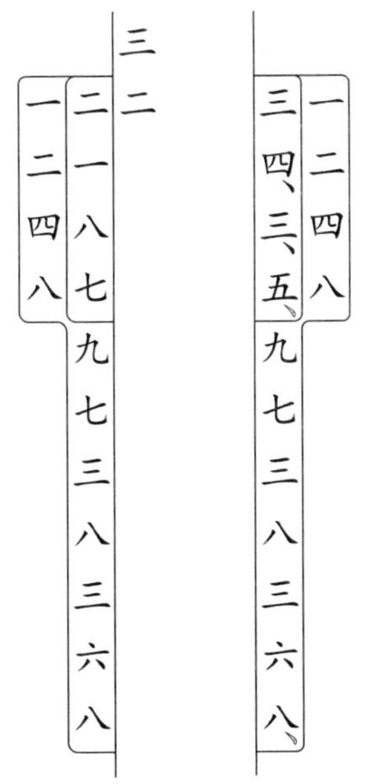

開六乘方

設六乘方積三百四十三億五千九百七十三萬八千三百六十八,問:方根若干?

答曰:三十二。

〔一〕圖見前頁。

	廉一	廉二	廉三	廉四	廉五	廉六	隅
定率	七	二一	三五	三五	二一	七	
以乘	初商五乘七二九〇〇〇〇〇〇	初商四乘二四三〇〇〇〇〇	初商三乘八一〇〇〇〇	初商立積二七〇〇〇	初商平冪九〇〇	初商根三〇	次商六乘
得汎積	五一〇三〇〇〇〇〇〇	五一〇三〇〇〇〇〇	二八三五〇〇〇〇	九四五〇〇〇	一八九〇〇	二一〇	
又乘	次商根二	次商平冪四	次商立積八	次商三乘一六	次商四乘三二	次商五乘六四	
得定積	一〇二〇六〇〇〇〇〇〇	二〇四一二〇〇〇〇〇	二二六八〇〇〇〇〇	一五一二〇〇〇〇	六〇四八〇〇	一三四四〇	一二八

廉隅共積併得一二四八九七三八三六八

依法列實。作點。〔自末位單數作點起，逆上每隔六位點之，共兩點，宜商兩次。〕

求初商：用最上點截原實三四三五爲初商實。〔查表得三爲初商，書左綫右，而以其積數二一八七書左綫之左，對減初商實，餘一二四八，改書之，以待續商。〕

初商三十。〔有兩點，故初商是十。〕

求次商：用第二點上餘實〔一二四八九七三八三六八〕爲次商實〔一〕。

依法求得次商二。〔書初商三十之下，再以廉隅共積與次商實對減，恰盡。〕

凡開得六乘方根三十二。

還原：置方根〔三十二〕，自乘六次，得積〔三四三五九七三八三六八〕，合原數。

開七乘方

設七乘方積一千一百〇〇億七千五百三十一萬四千一百七十六，問：方根若干？

答曰：二十四。

依法列實。

作點。〔自末位單數作點起，逆上每隔七位再作一點。〕

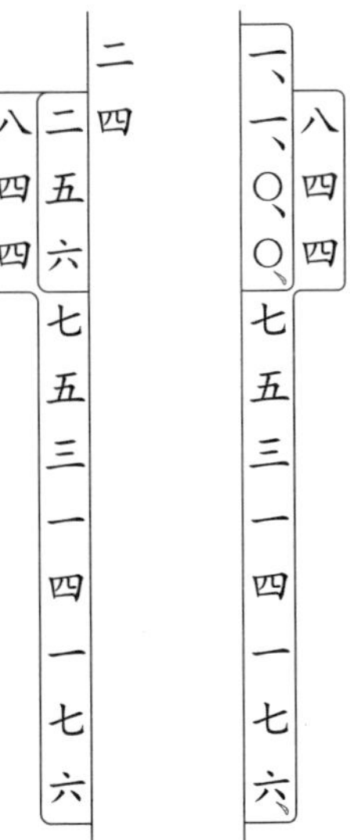

〔一〕圖見前頁。

	廉一	廉二	廉三	廉四	廉五	廉六	廉七	隅
定率	八	二八	五六	七〇	五六	二八	八	
以乘	初商六乘 一二八〇〇〇〇〇〇〇	初商五乘 六四〇〇〇〇〇〇	初商四乘 三二〇〇〇〇〇	初商三乘 一六〇〇〇〇	初商立積 八〇〇〇	初商平冪 四〇〇	初商根 二〇	次商七乘
得泛積	一〇二四〇〇〇〇〇〇〇〇	一七九二〇〇〇〇〇〇〇	一七九二〇〇〇〇〇	一一二〇〇〇〇〇	四四八〇〇〇	一一二〇〇	一六〇	
又乘	次商根 四	次商平冪 一六	次商立積 六四	次商三乘 二五六	次商四乘 一〇二四	次商五乘 四〇九六	次商六乘 一六三八四	
得定積	四〇九六〇〇〇〇〇〇〇〇	二八六七二〇〇〇〇〇〇〇	一一四六八八〇〇〇〇〇	二八六七二〇〇〇〇〇	四五八七五二〇〇〇	四五八七五二〇〇	二六二一四四〇	〡〣〣〣〣〢〡〡 六五五三六

廉隅共積併得 八四四七五三一四一七六

求初商：用最上點截原實一一〇〇爲初商實。〔查表得二爲初商，即以二書左綫之右，而以其積二五六書左綫之左，對減初商實，餘八四四，改書之，以待續商。〕

初商二十。〔有兩點，初商是十。〕

求次商：用第二點上餘實〔八四四七五三一四一七六〕爲次商實。〔一〕

依法求得次商四。〔書初商二十之下。再將廉隅共積八四四七五三一四一七六與次商實對減，恰盡。〕

凡開得七乘方根二十四。

還原：置方根〔二十四〕，自乘七次，復得〔一一〇〇七五三一四一七六〕，合原數。

或以根〔二十四〕自乘，得〔五百七十六〕爲平冪。平冪又自乘，得〔三十三萬一千七百七十六〕爲三乘方積。三乘方積又自乘，得〔一一〇〇七五三一四一七六〕，亦合原數。

開方簡法：置設積〔一一〇〇七五三一四一七六〕，以平方法開之，得〔三三一七七六〕。又置爲實，以三乘方法開之，得方根二十四。

或置設積〔一一〇〇七五三一四一七六〕，用平方法連開三次，亦得方根二十四。

開八乘方

設八乘方積一千六百二十八萬四千一百三十五

〔一〕圖見前頁。

億九千七百九十一萬○四百四十九，問：方根。

答曰：四十九。

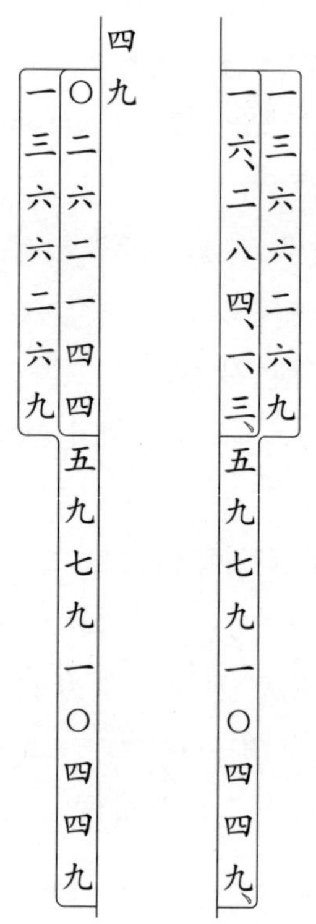

列實。〔法同前。〕

作點。〔自末位單數作點起，逆上每隔八位點之。〕

求初商：〔用最上一點截原實一六二八四一三爲初商實，查表得八乘方積二六二一四四，其根四。即以四定爲初商，書左綫右。而以其積數書左綫左，對減初商實，餘一三六六二六九，待次商。〕

初商四十。〔有兩點，初商是十。〕

廉八	廉七	廉六	廉五	廉四	廉三	廉二	廉一
		率			定		
九	三六	八四	一二六	一二六	八四	三六	九
		乘			以		
初商根	初商平冪	初商立積	初商三乘	初商四乘	初商五乘	初商六乘	初商七乘
四〇	一六〇〇	六四〇〇〇	二五六〇〇〇〇	一〇二四〇〇〇〇〇	四〇九六〇〇〇〇〇〇	一六三八四〇〇〇〇〇〇〇	六五五三六〇〇〇〇〇〇〇〇
		積		汎		得	
三六〇	五七六〇〇	五三七六〇〇〇	三二二五六〇〇〇〇	一二九〇二四〇〇〇〇〇	三四四〇六四〇〇〇〇〇〇	五八九八二四〇〇〇〇〇〇〇	五八九八二四〇〇〇〇〇〇〇〇

	復置汎積	又以乘	得定積
廉一	五八九八二四〇〇〇〇〇〇〇〇	次商根九	五三〇八四一六〇〇〇〇〇〇〇〇
廉二	五八九八二四〇〇〇〇〇〇〇	次商平冪八一	四七七七五七四四〇〇〇〇〇〇〇
廉三	三四四〇六四〇〇〇〇〇〇	次商立積七二九	二五〇八二二六五六〇〇〇〇〇〇
廉四	一二九〇二四〇〇〇〇〇	次商三乘六五六一	八四六五二六四六四〇〇〇〇〇
廉五	三二二五六〇〇〇〇	次商四乘五九〇四九	一九〇四六八四五四四〇〇〇〇
廉六	五三七六〇〇〇〇	次商五乘五三一四四一	二八五七〇二六八一六〇〇〇
廉七	五七六〇〇	次商六乘四七八二九六九	二七五四九九〇一四四〇〇
廉八	三六〇	次商七乘四三〇四六七二一	一五四九六八一九五六〇
			〡〢〢〤〣〣〤〤〤〢〡〢〡〡
隅		次商八乘	三八七四二〇四八九
廉隅共積併得			一三六六二六九五九七九一〇四四九

求次商：用第二點上餘實〔一三六六二六九五九七九一〇四四九〕爲次商實。〔一〕

依法求得次商九。〔書初商四十之下。再將廉隅共積對減次商實，恰盡。〕

凡開得八乘方根四十九。

還原：置方根〔四十九〕，自乘八次，復得〔一六二八四一三五九七九一〇四四九〕，合原積。

開九乘方

設九乘方積八十三兆九千二百九十九萬三千六百五十八億六千八百三十四萬〇二百二十四，問：方根若干？

答曰：六十二。

列實。〔法同前。〕

作點。〔自末位單數作點起，逆上每隔九位點之。〕

求初商：〔如法用最上一點，原積八位，截爲初商實。查表得九乘方根六，即以六爲初商。而以其積數六〇四六六一七六減初商實，餘二三四六三七六〇，待續商。各如法書之。〕

初商六十。〔有兩點，初商是十。〕

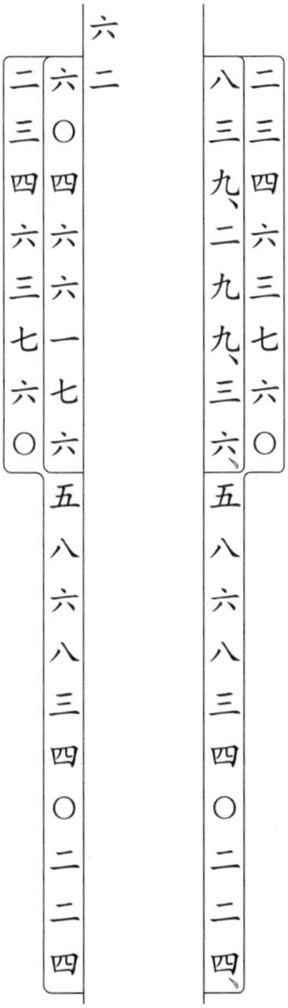

二三四六三七六〇
八三九、二九九、三六、五八六八三四〇二二四、

六二
六〇四六六一七六
五八六八三四〇二二四
二三四六三七六〇

〔一〕圖見前頁。

廉一	廉二	廉三	廉四	廉五	廉六	廉七	廉八	廉九
定率								
一〇	四五	一二〇	二一〇	二五二	二一〇	一二〇	四五	一〇
以乘								
初商八乘一〇〇七七六九六〇〇〇〇〇〇〇〇〇	初商七乘一六七九六一六〇〇〇〇〇〇〇〇	初商六乘二七九九三六〇〇〇〇〇〇〇	初商五乘四六六五六〇〇〇〇〇〇	初商四乘七七七六〇〇〇〇〇	初商三乘一二九六〇〇〇〇	初商立積二一六〇〇〇	初商平幂三六〇〇	初商根六〇
得汎積								
一〇〇七七六九六〇〇〇〇〇〇〇〇〇〇	七五五八二七二〇〇〇〇〇〇〇〇〇	三三五九二三二〇〇〇〇〇〇〇〇	九七九七七六〇〇〇〇〇〇〇	一九五九五五二〇〇〇〇〇	二七二一六〇〇〇〇〇	二五九二〇〇〇〇	一六二〇〇〇	六〇〇

	各置汎積	又以乘	得各定積
廉一	一〇〇七七六九六〇〇〇〇〇〇〇〇〇〇	次商根二	二〇一五五三九二〇〇〇〇〇〇〇〇〇〇
廉二	七五五八二七二〇〇〇〇〇〇〇〇〇	次商平冪四	三〇二三三〇八八〇〇〇〇〇〇〇〇〇
廉三	三三五九二三二〇〇〇〇〇〇〇〇	次商立積八	二六八七三八五六〇〇〇〇〇〇〇〇
廉四	九七九七七六〇〇〇〇〇〇〇	次商三乘一六	一五六七六四一六〇〇〇〇〇〇〇
廉五	一九五九五五二〇〇〇〇〇	次商四乘三二	六二七〇五六六四〇〇〇〇〇
廉六	二七二一六〇〇〇〇〇	次商五乘六四	一七四一八二四〇〇〇〇〇
廉七	二五九二〇〇〇〇	次商六乘一二八	三三一七七六〇〇〇〇
廉八	一六二〇〇〇	次商七乘二五六	四一四七二〇〇〇
廉九	六〇〇	次商八乘五一二	三〇七二〇〇
隅	次商九乘		一〇二四

〡〢〢〢〤〢〡〢〡〢〡〡

廉隅共積併得二三四六三七六〇五八六八三四〇二二四

求次商：用第二點上餘實二三四六三七六〇五八六八三四〇二二四爲次商實。

依法求到次商二。〔書於初商六十之下。乃以其廉隅共積二十三兆四千六百三十七萬六千〇五十八億六千八百三十四萬〇二百二十四減次商實，恰盡。〕

凡開得九乘方根六十二。

又法：置九乘方積〔八三九二九九三六五八六八三四〇二二四〕，以平方法開之，得〔九一六一三二八三二〕，爲四乘方積。再以四乘方法開之，得方根〔六十二〕。

或置九乘方積〔八三九二九九三六五八六八三四〇二二四〕，以四乘方開之，得〔三八四四〕。再以平方開之，得方根〔六十二〕，並同。

還原：以方根〔六十二〕自乘九次，得原積。

或以原根〔六十二〕自乘四次，得〔九一六一三二八三二〕，爲四乘方積。再以四乘積自乘，得原積，亦同。

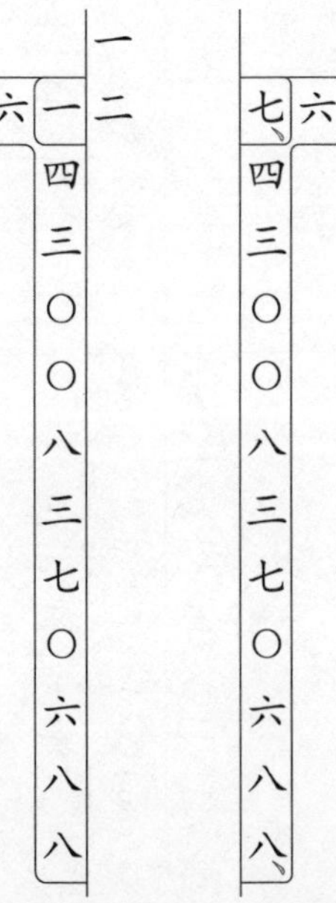

開十乘方

設十乘方積七千四百三十〇億〇八百三十七萬〇六百八十八，問：方根。

答曰：一十二。

依法列實。作點。〔自末位單數作

	廉一	廉二	廉三	廉四	廉五	廉六	廉七	廉八	廉九	廉十
定率	一一	五五	一六五	三三〇	四六二	四六二	三三〇	一六五	五五	一一
以乘	初商九乘	初商八乘	初商七乘	初商六乘	初商五乘	初商四乘	初商三乘	初商立積	初商平冪	初商根
	一〇〇〇〇〇〇〇〇〇〇	一〇〇〇〇〇〇〇〇〇	一〇〇〇〇〇〇〇〇	一〇〇〇〇〇〇〇	一〇〇〇〇〇〇	一〇〇〇〇〇	一〇〇〇〇	一〇〇〇	一〇〇	一〇
得汎積	一一〇〇〇〇〇〇〇〇〇〇	五五〇〇〇〇〇〇〇〇〇	一六五〇〇〇〇〇〇〇〇	三三〇〇〇〇〇〇〇〇	四六二〇〇〇〇〇〇	四六二〇〇〇〇〇	三三〇〇〇〇〇	一六五〇〇〇	五五〇〇	一一〇

	廉一	廉二	廉三	廉四	廉五	廉六	廉七	廉八	廉九	廉十	隅
置各泛積	一一〇〇〇〇〇〇〇〇〇〇	五五〇〇〇〇〇〇〇〇〇	一六五〇〇〇〇〇〇〇〇	三三〇〇〇〇〇〇〇〇	四六二〇〇〇〇〇〇	四六二〇〇〇〇〇	三三〇〇〇〇〇	一六五〇〇〇	五五〇〇	一一〇	次商十乘
又以乘	次商根	次商平冪	次商立積	次商三乘	次商四乘	次商五乘	次商六乘	次商七乘	次商八乘	次商九乘	
	二	四	八	一六	三二	六四	一二八	二五六	五一二	一〇二四	
得定積	二二〇〇〇〇〇〇〇〇〇〇	二二〇〇〇〇〇〇〇〇〇〇	一三二〇〇〇〇〇〇〇〇〇	五二八〇〇〇〇〇〇〇〇	一四七八四〇〇〇〇〇〇	二九五六八〇〇〇〇〇	四二二四〇〇〇〇〇	四二二四〇〇〇〇	二八一六〇〇〇	一一二六四〇	丨、丨、丨丨丨、丨丨、丨、丨丨、 、丨 二〇四八

廉隅共積 併得 六四三〇〇八三七〇六八八

一點起，逆上每隔十位，再作一點。〕

求初商：〔用最上點截實首位七爲初商實，查表得十乘方根一，定爲初商。即以其積一減初商實七，餘六，改書之，以待續商。〕

初商一十。〔有二點，初商是十。〕

求次商：用第二點上餘實六四三〇〇八三七〇六八八爲實。

依法求得次商二。〔書初商一十之下。再將廉隅共積減次商實，恰盡。〕

凡開得十乘方根一十二〔一〕。

還原：置方根〔一十二〕，自乘十次，復得七千四百三十〇億〇八百三十七萬〇六百八十八，合原積。

又法：置方根〔一十二〕，自乘〔一四四〕，爲平冪。平冪自乘〔二〇七三六〕爲三乘方積。三乘方又自乘，得〔四二九九八一六九六〕爲七乘方積。再以根再乘之立積〔一七二八〕乘之，得十乘方積。

開十一乘方

設十一乘方積七千三百五十五萬八千二百七十五億一千一百三十八萬六千六百四十一，問：方根若干？

答曰：二十一。

列實。〔法同前。〕

作點。〔自末位單數作點起，逆上每隔十一位點之。〕

〔一〕原無"凡開得十乘方根一十二"十字，據鵬翮堂本補。

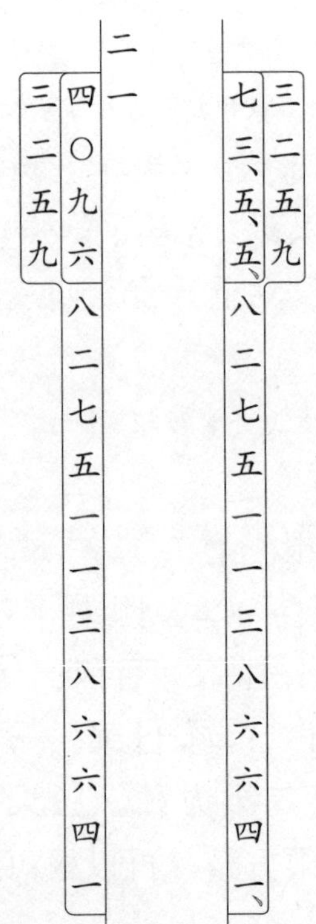

求初商：用最上一點截實七三五五爲初商實，查表得十一乘方根二，定爲初商。〔以其積四〇九六對減初商實，餘三二五九，以俟續商。皆各如法書之。〕

初商二十。〔有二點，初商是十。〕

求次商〔一〕：用第二點上餘實〔三二五九八二七五一一三八六六四一〕爲次商實。

依法求得次商一。〔書初商二十之下。其廉隅共積三千二百

〔一〕次商，原作"初商"，據鵬翮堂本、輯要本改。

	定率	以乘	得汎積
廉一	一二	初商十乘 二〇四八〇〇〇〇〇〇〇〇〇〇〇	二四五七六〇〇〇〇〇〇〇〇〇〇〇
廉二	六六	初商九乘 一〇二四〇〇〇〇〇〇〇〇〇〇	六七五八四〇〇〇〇〇〇〇〇〇〇
廉三	二二〇	初商八乘 五一二〇〇〇〇〇〇〇〇〇	一一二六四〇〇〇〇〇〇〇〇〇〇
廉四	四九五	初商七乘 二五六〇〇〇〇〇〇〇〇	一二六七二〇〇〇〇〇〇〇〇〇
廉五	七九二	初商六乘 一二八〇〇〇〇〇〇〇	一〇一三七六〇〇〇〇〇〇〇
廉六	九二四	初商五乘 六四〇〇〇〇〇〇	五九一三六〇〇〇〇〇〇
廉七	七九二	初商四乘 三二〇〇〇〇〇	二五三四四〇〇〇〇〇
廉八	四九五	初商三乘 一六〇〇〇〇	七九二〇〇〇〇〇
廉九	二二〇	初商立積 八〇〇〇	一七六〇〇〇〇
廉十	六六	初商平冪 四〇〇	二六四〇〇
廉十一	一二	初商根 二〇	二四〇
隅		次商單一，雖十一乘，只得本數	〇丨〇丨〇丨〇‖〇‖〇丨〇丨〇‖〇‖〇丨〇〇〇〇〇一

因次商是單一，即以所得汎積爲各廉定積，不用更乘次商

廉隅共積併得　三二五九八二七五一一三八六六四一

五十九萬八千二百七十五億一千一百三十八萬六千六百四十一,減餘實,恰盡。]

凡開得十一乘方根二十一。

還原:用方根〔二十一〕自乘十一次,復得原積。

又法　置方根自乘再乘,得〔九二六一〕爲立方積。立方積自乘,得〔八五七六六一二一〕爲五乘方積。五乘方積又自乘,得十一乘方原積。

開方簡法:置設積〔七三五五八二七五一一三八六六四一〕,以平方法開之,得五乘方積〔八五七六六一二一〕。又置爲實,以五乘方法開之,得根二十一。

開十二乘方

設十二乘方積一十五兆四千四百七十二萬三千七百七十七億三千九百一十一萬九千四百六十一,問:方根若干?

答曰:二十一。

依法列實。作點。〔自末位單數作點起,逆上隔十二位點之。〕

求初商:用最上一點截原實一五四四七爲初商實,查表得十二乘積〔八一九二〕,其方根二,即以二定爲初商。〔其積數與實對減,餘七二五五,再俟續商。〕

一、五四、四七、二三七七七三九一一九四六一、　七二五五

二一　八一九二二三七七七三九一一九四六一　七二五五

	定率	以乘	得汎積
一廉	一三	初商十一乘四○九六○○○○○○○○○○○○	五三二四八○○○○○○○○○○○○
二廉	七八	初商十乘二○四八○○○○○○○○○○○	一五九七四四○○○○○○○○○○○
三廉	二八六	初商九乘一○二四○○○○○○○○○○	二九二八六四○○○○○○○○○○
四廉	七一五	初商八乘五一二○○○○○○○○○	三六六○八○○○○○○○○○○
五廉	一二八七	初商七乘二五六○○○○○○○○	三二九四七二○○○○○○○○
六廉	一七一六	初商六乘一二八○○○○○○○	二一九六四八○○○○○○○
七廉	一七一六	初商五乘六四○○○○○○	一○九八二四○○○○○○
八廉	一二八七	初商四乘三二○○○○○	四一一八四○○○○○
九廉	七一五	初商三乘一六○○○○	一一四四○○○○○
十廉	二八六	初商立積八○○○	二二八八○○○
十一廉	七八	初商平冪四○○	三一二○○
十二廉	一三	初商根二○	二六○
隅		次商單一，雖十二乘，只得本數	○○○○○○○○○○○○○○○○一

因次商單一，即以所得汎積爲各廉定積，不用更乘次商

〡〢〢〣〢〢〢〡〡〡〡〡

廉隅共積　并得　七二五五二三七七七三九一一九四六一

求次商：用第二點上餘實七二五五二三七七七三九一一九四六一爲次商實。

依法求得次商一。〔書於初商二十之下。再將廉隅共積七兆二千五百五十二萬三千七百七十七億三千九百一十一萬九千四百[一]六十一以減餘實，恰盡。〕

凡開得十二乘方根二十一。

還原：置方根二十一，自乘十二次，復得原積。

或以方根〔二十一〕自乘得〔四四一〕，再乘得〔九二六一〕，三乘得〔一九四四八一〕，爲三乘方積。即以三乘方積自乘，得〔三七八二二八五九三六一〕，再自乘，得〔七三五五八二七五一一三八六六四一〕，爲十一乘方積。又置爲實，而以方根〔二十一〕乘之，得十二乘原積。

又法：以方根自乘再乘，得〔九二六一〕爲立方積。就以立方積自乘三次，得〔七三五五八二七五一一三八六六四一〕，爲十一乘方積。如前再以方根乘之，亦得原積。

又法：以根〔二十一〕自乘之平方〔四四一〕爲法，自乘四次，得九乘方積〔一六六七九八八〇九七八二〇一〕。再以根〔二十一〕再乘之立方〔九二六一〕乘之，得十二乘原積，並同。

論諸乘方簡法

凡開平方二次，即三乘方也，是爲方之方。開平方、

〔一〕原“四百”下有“有”字，二年本作“百”，鵬翮堂本、輯要本並無，據删。

立方各一次，五乘方也，可名爲立方之平方，亦可名爲平方之立方。

開平方三次，七乘方也；或三乘方、平方各開一次，亦同。可名爲平方之三乘方，亦可名爲三乘方之平方。

開立方二次，八乘方也，可名爲立方之立方。

開四乘方、平方各一次，九乘方也，可名爲四乘方之平方。

開平方二次、立方一次，十一乘方也；或三乘方、立方各一次，亦同。可名爲三乘方之立方，亦可名爲立方之三乘方。

按：惟四乘方、六乘方、十乘方不能借用他法。同文算指謂四乘方開二次爲六乘方，又謂四乘方開三次爲十乘方，非也。且四乘方、平方各一次，已爲九乘方矣，安得有開四乘方二次而反爲六乘，開四乘方三次而止爲十乘乎？必不然矣。

演諸乘方遞增通法

平方積自乘爲三乘方，立方積自乘爲五乘方，三乘方積自乘爲七乘方，四乘方積自乘爲九乘方，五乘方積自乘爲十一乘方，六乘方積自乘爲十三乘方，七乘方積自乘爲十五乘方，八乘方積自乘爲十七乘方，九乘方積自乘爲十九乘方，十乘方積自乘爲二十一乘方，十一乘方積自乘爲二十三乘方，十二乘方積自乘爲二十五乘方，十三乘方積自乘爲二十七乘方，十四乘方積自乘爲二十九乘方，

十五乘方積自乘爲三十一乘方。〔以上並超兩位。〕

平方積再自乘爲五乘方,立方積再乘爲八乘方,三乘方積再乘爲十一乘方,四乘方積再乘爲十四乘方,五乘方積再乘爲十七乘方,六乘方積再乘爲二十乘方,七乘方積再乘爲二十三乘方,八乘方積再乘爲二十六乘方,九乘方積再乘爲二十九乘方,十乘方積再乘爲三十二乘方。〔以上並超三位。〕

平方積自乘三次爲七乘方,立方積自乘三次爲十一乘方,三乘方積自乘三次爲十五乘方,四乘方積自乘三次爲十九乘方,五乘方積自乘三次爲二十三乘方,六乘方積自乘三次爲二十七乘方,七乘方積自乘三次爲三十一乘方。〔以上並超四位。〕

平方積四乘爲九乘方,立方積四乘爲十四乘方,三乘方積四乘爲十九乘方,四乘方積四乘爲二十四乘方,五乘方積四乘爲二十九乘方。〔以上並超五位。〕

平方積五乘爲十一乘方,立方積五乘爲十七乘方,三乘方積五乘爲二十三乘方,四乘方積五乘爲二十九乘方。〔以上並超六位。〕

平方積六乘爲十三乘方,立方積六乘爲二十乘方,三乘方積六乘爲二十七乘方,四乘方積六乘爲三十四乘方。〔以上並超七位。〕

平方積七乘爲十五乘方,立方積七乘爲二十三乘方,三乘方積七乘爲三十一乘方。〔以上並超八位。〕

平方積八乘爲十七乘方,立方積八乘爲二十六乘方,

三乘方積八乘爲三十五乘方。〔以上並超九位。〕

平方積九乘爲十九乘方，立方積九乘爲二十九乘方。〔以上並超十位。〕

〔平方至十二乘方已有初商表，其十三乘以後，不及詳列。惟以根之爲二爲三者，演之至三十二乘，以見其意。〕

根二至三十二乘，則有十位。		根三至三十二乘，則有十六位。
十三乘	一六三八四	四七八二九六九
十四乘	三二七六八	一四三四八九〇七
十五乘	六五五三六	四三〇四六七二一
十六乘	一三一〇七二	一二九一四〇一六三
十七乘	二六二一四四	三八七四二〇四八九
十八乘	五二四二八八	一一六二二六一四六七
十九乘	一〇四八五七六	三四八六七八四四〇一
二十乘	二〇九七一五二	一〇四六〇三五三二〇三
二十一乘	四一九四三〇四	三一三八一〇五九六〇九
二十二乘	八三八八六〇八	九四一四三一七八八二七
二十三乘	一六七七七二一六	二八二四二九五三六四八一
二十四乘	三三五五四四三二	八四七二八八六〇九四四三
二十五乘	六七一〇八八六四	二五四一八六五八二八三二九
二十六乘	一三四二一七七二八	七六二五五九七四八四九八七
二十七乘	二六八四三五四五六	二二八七六七九二四五四九六一
二十八乘	五三六八七〇九一二	六八六三〇三七七三六四八八三
二十九乘	一〇七三七四一八二四	二〇五八九一一三二〇九四六四九
三十乘	二一四七四八三六四八	六一七六七三三九六二八三九四七
三十一乘	四二九四九六七二九六	一八五三〇二〇一八八八五一八四一
三十二乘	八五八九九三四五九二	五五五九〇六〇五六六五五五五二三

附開多乘方求次商捷法

列實作點,截實求初商如常法。既得初商,減一等自乘,爲廉積。〔如五乘方,則用四乘。〕又以本乘方數加一,爲廉數。〔如五乘方,則用六。〕廉數乘廉積,得數爲法,以除餘實,爲次商。遂合初商、次商數,依本乘方數乘之,〔如五乘方,亦自乘五次。〕得積合原數,定所得爲方根。〔如原積數少,不及減,則改次商,及減而止。〕

假如三乘方積五百七十六萬四千八百〇一,問:方根若干?

答曰:四十九。

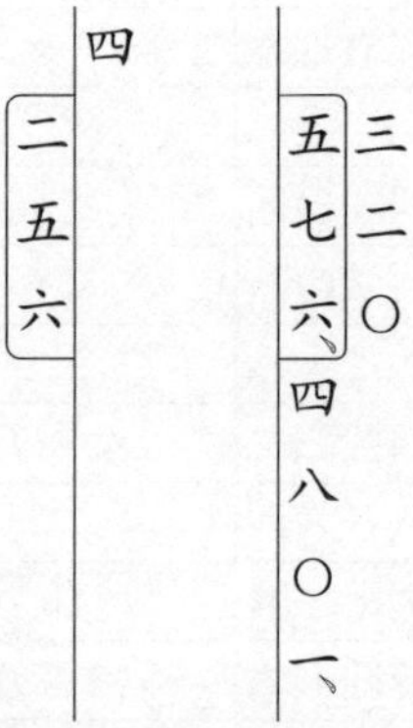

	四		
二		五	三
五		七	二
六		六、	〇
		四	
		八	
		〇	
		一、	

如法,於初商表取三乘方積二五六,減原實,定初商爲四十,餘實〔三二〇四八〇一〕,爲次商實。

法置初商四〇自乘再乘,得〔六四〇〇〇〕爲廉積。〔本方三乘,故廉積用再乘,爲減一等[一]。〕又以四爲廉數,〔三乘方,故用四爲

〔一〕故廉積用再乘爲減一等,輯要本作"廉積減一等,故用再乘"。

廉數，爲加一數〔一〕。〕廉數乘廉積得〔二五六〇〇〇〕爲法，以除次商實，得九爲次商。〔得數可進一十，因欲存第二廉以下廉隅積數，不得滿除，只商作九數待酌。〕遂合初商、次商共四十九，依法自乘，得〔二四〇一〕。又以〔二四〇一〕自乘，得〔五七六四八〇一〕，以較原實，相同減盡，即定四十九爲三乘方根。

〔一〕三乘方故用四爲廉數爲加一數，輯要本作“廉數比本乘方加一數，故用四”。

附録一　勿菴曆算書目〔一〕

〔一〕據清華大學圖書館藏康熙刻本録文。

勿菴曆算書目自序

家世學易，亦頗旁及於諸家雜占及三式諸術，以爲皆太卜、筮人遺意，而易之餘也。然百氏言休咎，往往依托象緯以尊其旨，故惟詳徵之推步實理，其疑始斷。余之從事曆學也餘四十年，性好苦思，時有所通於積疑之後，著撰遂復多種。將欲悉出其書就正當世，而未之能也。稍爲臚列書名，各繫數語，發揮撰述本旨，庶以質諸同好，共明兹事云爾。

康熙四十有一年歲在玄黓敦牂，勿菴老人梅文鼎識於坐吉山中，時年七十。

勿菴曆算書目

宣城梅文鼎定九　撰

孫　㲉成玉汝　校正

01 曆學駢枝二卷已刻。

順治辛丑，鼎始從同里倪竹冠先生受交食通軌，歸與文鼐、文鼏兩弟習之，稍稍發明其所以立法之故。併爲訂其訛誤，補其遺缺，得書二卷。以質倪師，頗爲之首肯，自此遂益有學曆之志。是書少參三韓金鐵山先生刻於保定。

02 元史曆經補注二卷

因讀交食通軌及臺官氣朔章，竊疑其非全書也。續得家誕生先生所藏二十一史讀之，始知許文正衡、郭若思守敬諸公測驗之精、製器之巧，歎授時曆法之善。但曆經簡古，作史者又缺載立成，初學難通，因稍爲圖注，以發其意。

03 古今曆法通考有魏叔子、費燕峰二序。

授時曆集古法之大成，自改正七事、創法五端外，大率多因古術，故不讀耶律文正之庚午元曆，不知授時之五星；不讀統天曆，不知授時之歲實消長；不攷王朴之欽天曆，不知斜升正降之理；不攷宣明曆，不知氣刻時三差；非一行之大衍曆，無以知歲自爲歲、天自爲天；非淳風之麟德曆，不能用定朔；非何承天、祖沖之、劉焯諸曆，無以知歲差；非張子信，無以知交道表裏、日行盈縮；非姜岌，不知以月蝕檢日躔；非劉洪之乾象曆，不知月行遲疾。然非洛下閎、謝姓等肇啓其端，雖有善悟之人，無自而生其智矣。閒嘗於古曆七十餘家詳爲參校，竊睹古人之用心勤也。或矜新得而篾棄前聞，夫亦未之攷矣。

往讀馬貴與文獻通攷，於天文五行備矣，顧獨無曆法，故作此以補其缺。無何，從亡友黄俞邰太史虞稷借讀邢觀察雲路古今律曆攷，驚其卷帙之多。然細攷之，則於古法殊略，所疏授時法意，亦多未得其旨。則愚之一得，似尚可存。

邢氏書但知有授時，而姑援經史以張其説，古曆之源流得失未能明也，無論西術矣。鼎此書蓋兼古術西術，攷其同異，而求端於天，不敢以己見少爲軒輊。

古曆之踵事增華，屢變益密，人多知之，而愚攷西曆亦非一種也。故在唐則有九執曆，爲西法之權輿；其後有婆羅門十一曜經及都利聿斯經〔一〕，皆九執之屬也；在元則有札馬魯丁西域萬年曆；在明則有馬沙亦黑、馬哈麻之回回曆，以算陵犯，與大統同用者三百年。修回曆者，則有陳星川壤增天地人三元；而袁了凡黄本之爲曆法新書；唐荆川太史順之亦深明西域之法，而加之以論説；周雲淵處士述學因之爲曆宗通議、曆宗中經；雷氏宗又有合璧連珠曆法。以上數種，皆會通回曆以入授時，而並在

〔一〕都利聿斯經，原作“都聿利斯經”，據新唐書藝文志三、宋史藝文志五改。

大西洋書未出之前,乃西域之舊法也。自利西泰瑪竇來賓著天學初函,至崇禎朝,上海相徐文定公同西士湯道未若望等譯崇禎曆書百餘卷,本朝時憲曆用之,則西術之一變,故曰西洋新法也。雖同曰西洋新法,而湯氏所譯多本地谷,與利氏之説亦多不同。又有西士穆尼閣著天步真原,與曆書規模又復大異,青州薛儀甫鳳祚本之爲天學會通,又新瀍中之新瀍矣。通曆書之理,而自闢門庭,則有吴江王寅旭錫闡,其立議有精到之處,可謂後來居上。又廣昌揭子宣暄著寫天新語,桐城方位伯中通與相質難,著揭方問答,並多西書之所未發。而監正南敦伯懷仁儀象志、康熙永年曆,與曆書亦微有出入。總而計之,約有九家:前五家,九執一,萬年二,回曆三,陳、袁四,唐、周五。皆西之舊法,即回回曆也;後四家,利、湯、南共一,穆、薛二,寅旭三,揭、方四。皆西之新法,即歐邏巴曆也。析而言之,利與湯、湯與南亦各不同,愚故曰西法原非一種,亦以踵事益精,非深讀其書,亦不能知其故矣。

曆法新書亦載古曆,不過寥寥數語。曆宗通議僅録史志,靡所闡發,以絜邢書,亦魯衛之政也。蓋曆家有法無論,理隱數中,自非專家,罕能究悉。惟曆書理數兼推,頗稱發覆,而枝柯繁衍,約舉斯難,集腋成裘,不無參錯。自外文人間有涉筆,或美言可市,而實測無徵;崇議堪驚,而運籌尠叶。去數譚理,聚訟徒紛,舉一廢多,抑揚失實,又奚當矣?鼎之爲此,既不敢附和偏辭,亦不敢任情立異,兼采旁蒐,詳探淺説。生平矢願,欲使幽微之旨較若列眉，寥廓之觀近陳几案。往往直言其立法之所以然，庶以管蠡之見，與天下學者共見共知。而學與年遷，前之所疑，或爲今之所信，稿經數易，點竄衡從。擬分短帙，以便省覽，庶望高識爲之是正也。原分五十八卷，今卷數未定。

04 春秋以來冬至攷一卷

曆元並起冬至，自春秋書南至，而左氏傳有登觀臺、書雲物之禮。周禮言"日至之景，尺有五寸"，遂爲曆家測景之權輿。然候景甚難，史書中所據測景之真者，可數而知也。授時列六曆以攷古今之冬至，合於古者或戾於今，合於今者又差於古，其後天也，或差至一二日。惟統天曆有古大今小之算，以合前代所用之率，而授時因之。顧曆議欲尊授時，遂取魯獻公冬至以證統天之疏。兹爲各依本率步算，則雖上推至魯獻，未嘗違統天法也。郭太史歲實消長不在創法五端之内，意可知矣。按：太史自有曆議擬稿，不知作史者何以不收，而用李謙之議。

05 寧國府志分野稿一卷已刻志中。

分野之説，本於周禮，其來舊矣。史書所載分野之法，初非一説。如論宿論宫既各不同，而諸家曆法分宫又別，且時日枝幹亦各占其國，而北斗、五車、天市及女宿下十二國星，及五星之熒惑、列舍之鳥衡並占南國之類，具載天官書，乃占家但據一端爲説，宜其疏矣。康熙癸丑，奉同侍講施愚山先生纂修郡乘，諸友人咸以此項見屬。因具録歷代宿度分宫之同異，及各種分野之法，皆以諸史爲徵，雖一郡之專書，實馮相之公法也。

06 宣城縣志分野稿一卷已刻志中。

大體同府志。

07 曆志贅言一卷

康熙戊午，愚山侍講欲偕余入都，不果行。次年己未，愚山奉命〔一〕纂修明史，寄書相訊，欲余爲曆志屬稿。而余方應臬臺金長真先生之召，授經官署，因作此寄之。大意言明用大統，實即授時，宜於元史闕載之事詳之，以補其未備。又回回曆承用三百年，法宜備書。又鄭世子曆學已經進呈，亦宜詳述。他如袁黄之曆法新書，唐順之、周述學之會通回曆，以庚午元曆之例例之，皆得附録。其西洋曆方今現行，然崇禎朝徐、李諸公測驗改憲之功，不可没也，亦宜備載緣起。蓋曆志大綱略盡於此。一二年後，擔簦入都，承史局諸公以曆志見商，始見湯潛菴先生所裁定吴志伊之稿，大意多與鼎同，然不知其曾見余所寄愚山贅言與否。亦承潛菴公屢次寄訊相招，而未及搴裳，比入都，則作古久矣，爲之慨然。

08 江南通志分野擬稿一卷

康熙甲子，制府於公檄修通志，鼎以事辭，未往。皖江太史陳默公先生焯專函致書，以江南分野稿見商。介家叔瞿山清督促至再，余方病瘧小愈，力疾爲之删潤，頗費經營。無何，默翁亦辭志局矣。聊存兹稿，以俟方來著述者或取衷焉，亦以志知己之感云爾。

〔一〕奉命，"命"前原空一格，文津閣四庫全書本改作"入史局"。

09 明史曆志擬稿三卷有先蠲齋序。

明史曆志屬稿者,簡討錢唐吴志伊任臣,總裁者,中丞湯潛菴先生斌也。潛菴殁後,史事總屬崑山,志稿經嘉禾徐敬可善、北平劉繼莊獻廷、毘陵楊道聲文言諸君子各有增定,最後以屬山陰黄梨洲先生宗羲。歲己巳,鼎在都門,崑山以志稿見屬,謹摘訛舛五十餘處,粘籤俟酌,欲候黄處稿本到齊屬筆,而崑山謝事矣。無何,梨洲季子主一百家從余問曆法,乃知鼎前所摘商者,即黄稿也。於是,主一方受局中諸位之請,而以授時表缺,商之於余,余出所攜曆草、通軌補之。然寫本多誤,皆手自步算,凡篝燈不寢者兩月,始知此事之不易也。

曆志擬稿雖爲大統而作,實以闡明授時之奥,補元史之缺略也。其總目凡三:曰法原,曰立成,曰推步。而法原之目凡七:曰句股測望,曰弧矢割員,曰黄赤道差,曰黄赤道内外度,曰白道交周,曰日月五星平立定三差,曰里差刻漏。立成之目凡四:曰太陽盈縮,曰太陰遲疾,曰晝夜刻,曰五星盈縮。推步之目凡六:曰氣朔,曰日躔,曰月離,曰中星,曰交食,曰五星。

10 郭太史曆草補注二卷

據元史本傳,郭太史守敬著撰極富,並藏於官。厥後疇人子弟皆以元統之通軌入算,逐末忘源,郭書存亡不可得而問。所僅存者,曆草一書而已。其書有算例,有圖,有立成,曆經立法之根多在其中,而深諳者希,傳寫多誤。因稍爲訂正,而於義之精微者,特爲拈出,庶俾學者知其所以然，而法非徒設矣。

授時測渾員之法，從二至起算以至二分，與西術起二分以至二至者不同，要其剖析渾體，於無句股中尋出句股，則無二理也。於此而益知此理之同。鼎注曆草，或引八線三角以明之，蓋謂此耳。

11 庚午元曆攷一卷

據史，元太祖以己卯親征西域諸國。次年庚辰夏五月，駐蹕也兒的石河〔一〕。有西域人與耶律文正王楚材爭月蝕，而西説並詘，故耶律作曆，托始是年也。又以太祖庚午始絶金，次年伐之，不五年，天下略定。故推演上元庚午冬至朔旦，七曜齊元，爲受命之符，謂之西征庚午元曆。西征者，謂太祖庚辰也；庚午元者，上元起算之端也。今曆志訛太祖庚辰爲太宗，則太宗無庚辰也。太宗在位共十有三年，起己丑，畢辛丑。又訛上元爲庚子，則於積年不合也。據演紀，積年二千二十七萬五千二百七十，算外得庚辰，則起算必庚午。故特攷而正之。

元之曆法，實始耶律。故庚午元曆之法，授時多本而用之。崇禎曆書乃謂授時陰用回回，非也。

12 大統曆立成注二卷

有布立成之法，有攷立成之法。不得其説，則有以傳寫魯魚，而施之步算者矣。鼎故於曆家用數必慎思之，思

〔一〕也兒的石河，原作"也石的石河"，元史太祖本紀本年同，據太祖本紀元年、三年改。

之不得，不敢妄用也。

據史，立成之算皆太史令王公恂卒後，經郭公之手而後成書。今監本只載王名，蓋不敢以終事之勤没人創始之美。古人讓善之義，令人起敬也。

13 寫算步曆式一卷

友人潘錫疇天成從余學曆，而苦於布算，故作此授之，殊便初學。

14 授時步交食式一卷

季弟爾素有累年算稿，録存之，以存舊法。

15 步五星式六卷

初學曆時，未有五星通軌，無從入算。因取元史曆經，以三差法布爲五星盈縮立成，然後算之，蓋與仲弟和仲文鼐共成之也。和仲於此事甚勤，能助予，惜早卒。其後十餘年，乃得通軌，校之頗合，恨仲弟未之見。至於立成謄清，從弟懷叔瑾〔一〕與有勞焉，而亦久爲古人矣。

16 答李祠部問曆一卷

禮部郎中李古愚先生諱焕斗，豫章人也。從余問皇極經世，遂及曆法。余有行笥中邢觀察律曆攷，書凡三尺，先生皆手自抄畢。稍有所疑，必手書致問，故往復甚多。今存數稿，其實不止於是也。既而余去天津，先生亦擢陜邊道缺以去。每思其勤學好問之誠，有經生家所不能逮者，猶依依如昨日。

〔一〕懷叔瑾，即梅瑾，梅氏詩略卷十一作"梅瑜"，字懷叔。

17 回回曆補注三卷

回回曆法刻於貝琳，然其布立成以太陰年，而取距算以太陽年，巧藏根數，雖其子孫隸籍臺官者，亦不能言其故也。唐荆川順之論回曆之語，載王宇泰肯堂筆麈中，頗有發明，殊勝曆宗通議。或反謂荆川曆學得之雲淵者，非定論也。若天地人三元積年，則陳星川壤之法，非西域本色。然回曆即西法之舊率，泰西本回曆而加精焉耳。故惟深知回曆，而後知泰西之學有根源，亦惟深知回曆，而後知授時之未嘗陰用其法也。

18 西域天文書補注二卷

此書與回回曆經緯度及其算法共四卷，並洪武時翰林吴伯宗、李翀受詔與回回大師馬沙亦赫、馬哈麻同譯，而天順〔一〕時欽天監正貝琳所刻也。余嘗於友人馬德稱儒驥處見其全書，蓋今泰西天文實用又本此書而加新意也。不知者或謂此即天文實用，而反謂回回之冒竊其書，豈不陋哉！書首小序曰："此書亦有不驗之時，不可以其不驗而遂廢此理。"其言類有道者，非術數家所能及也。

19 三十雜星攷一卷

西域天文中有雜星三十之占，然未譯中土星名。余嘗以歲差度攷之，得其二十餘。後見錢塘友人袁惠子士龍及青州薛儀甫鳳祚氣化遷流並有斯攷，不謀而同者十

〔一〕天順，貝琳於成化六年任欽天監監副，"天順"當作"成化"。

之七八。余則以巨蠏第一星證之回曆刻本〔一〕，似尤確也。

20 四省表景立成一卷

表景生於日軌之高下，而日軌又因於里差，獨四省者，陝西、河南、北直、江南也。今回回所在，多禮拜之寺，不知何以只有此四處表景之傳，或當初只此四處耶？然其中亦有傳訛之處。庚申歲，余養痾白下，西域友人馬德稱儒驥以此致詢，遂爲訂定，并附用法，以補其缺。

21 周髀算經補注一卷

周髀即蓋天也，自漢人伸渾天而絀蓋天，書遂不傳。今惟有周髀一經，又言之不詳。然觀其所言里差之法，謂北極之下以半年爲晝夜，是即西人之説所自出也。因稍稍注之，俾天下疑西説者，知其説之有所自來。

22 答劉文學問天象一卷

劉文學介錫，滄州老儒也，頗留心象數。辛未、壬申，與余同客天津，承有所問，並據曆法正理告之。

23 分天度里圖注各省直及蒙古各地南北東西之差。一卷

自北齊張子信發明交道表裏，爾後曆家類能言里差。今以地員之理徵之，其故益顯。新法用北極高度分地緯南北，用月食早晚分地經東西，故各省直及口外蒙古皆能得其距度。蓋地有南北，故晝夜有長短；地有東西，故加

〔一〕此句文意不通，疑有闕文。三十雜星攷原書自序云："（錢塘袁惠子）又以余言，改定巨蟹爲積尸氣，缺碗爲貫索。薛儀甫曆學會通亦有三十雜星之攷，亦有缺星名者。今余所攷，則以回曆星名同者爲證，似比兩公爲有根本也。"據此，"余則以巨蠏第一星"後當補"爲積尸氣"四字，語義方完整。

時有後先。若算交食，則兩差並用，以爲根數，而後虧復時刻、食分多寡可以預知矣。時憲曆所載，歲歲頒行，或習而不察，有望洋之歎。兹爲設一總圖明之，但及於正朔所頒之處，裂渾幂之經緯各二十餘度，其形正平，而地員之理亦在其中矣。

24 七政細草補注三卷

崇禎曆書之有細草，以便入算，亦猶授時曆之有通軌也，蓋即七政蒙引而有詳略爾。然算者貪其簡便，而全部曆書或庋高閣矣。兹以曆指大意，檃栝而注之，使用法之意瞭然，亦使學者知其所以然，益有所據，而不致有臨時之誤云爾。

25 曆學疑問三卷已刻進呈。

鼎嚮有古今曆法通攷，因時時增改，訖無定本。己巳入都，獲侍誨於安溪先生，先生曰："曆法至本朝〔一〕大備矣，經生家猶若望洋者，無快論以發其意也。宜略倣元趙友欽革象新書體例，作爲簡要之書，俾人人得其門户，則從事者多，此學庶將益顯。"鼎受命唯謹，然自惟固陋，雅不欲直襲諸家所已言，又欲其望而輒解，斟酌於淺深詳略之間，屢涉筆而未果。至辛未夏，移榻於中街寓邸，始克爲之。先生既門庭若水，絶諸酬應，退朝〔二〕則亟問今日所成何論，有脱稿者，手爲點定，如是數月，得稿三十餘篇。

〔一〕至本朝，"本"前原有一空格，文津閣四庫全書本改作"至於今而"。
〔二〕退朝，"朝"前原有一空格，文津閣四庫全書本改作"退食暇"。

授徒直沽，又陸續成其半。然尚有宜補之篇目及其圖表，擬至山中續完。自癸酉南旋以後，屢奉手書相勉，亡友寧波萬季野斯同亦復寄言諄復。而鄙性特耽探索，恒欲明其所疑，雜撰盈笥，率多未竟之緒。心追筆步，顧彼失此，忽忽數年，未有以應屬。先生視學大名，遂以原稿付之雕版云。壬午夏〔一〕，安溪公以撫臣扈蹕行河，進呈此書，欽蒙御筆親加評閲，事具安溪恭紀中。

26 交食蒙求訂補二卷內已刻日食一卷。

曆書有交食蒙求、七政蒙引二目，今刻本並皆逸去。兹以諸家所用細草攷其同異，參之曆指，而爲是書，以便初學。

交食細草原只十六求，厥後復增爲十七求者，蓋所以爲東西異號之用也。日食甚近黄平象限，而或在限東，則有減差，而同於初虧，異於復圓；或在限西，則有加差，而同於復圓，異於初虧。曆指於此處語焉不詳，故以十七求補之，不知作者誰氏，要不可謂其無見。但法止復圓，尚缺其半，似爲未定之稿。今依法爲之訂補，始爲完書。

授時曆東西、南北差，並有反減之用，即東西異號之理。但其法並以午正爲限，回回曆及今西術，則皆以黄道在地平上半周折半取中，謂之九十度限，又曰黄平象限，而不用午正，於理爲親〔二〕。

〔一〕夏，據李光地恭記，此書進呈時間爲壬午年十月，“夏”當作“冬”。
〔二〕於理爲親，文津閣四庫全書本作“於理爲親切，較舊法加精矣”。

然仍有可議者，交食當兼論月道，月道在地平上亦有半周，亦即有九十度限，而不與黄平限同度。太陰既由白道行，月道，古謂之九道，授時曆謂之白道。則其東西加減之視差，必以白道之九十度限爲中，若但論黄道之九十度限，而不言月道，則諸差皆誤矣。新法有時不甚合，蓋由於此。今立一簡法，謂之定交角，則十七求可以不用，而其理尤確。

定交角者，借黄道以求白道也。黄道上兩圈交角，以白黄之交角損益之，即成白道交角，而東西異號之用，亦於此定，故不必更用十七求。捷法：但視定交角加滿九十度以上成鈍角，即東變爲西，西變爲東，乃置半周度，以此鈍角減之，而用其餘，爲所變異號之交角度。

27 交食蒙求附説二卷已刻一卷。

曆法可驗者，莫如交食，如晷景之進退、月光之消長、中星之應候、五星之伏見淩犯，隨地隨時，皆可測驗。然惟交食，則萬目所共睹，尤爲易見。而最難者，亦莫如交食。凡日躔、月離之法，黄道赤道歲差、里差諸法，至算交食，則無所不備。故言之亦最不易〔一〕。古曆皆有法無説，惟曆書説之甚詳。而義既淵微，文復曼衍，雖治曆疇人能通其説者，或已尠矣。今於蒙求各附淺顯之説，使用法者稍知立法根源，庶可以益致其精爾。以上二書，並安溪公刻於保定。

28 交食作圖法訂誤一卷

此有二端。其一爲分金環於食甚之誤。凡算日食，

〔一〕亦最不易，文津閣四庫全書本作“易而實不易”。

以兩心正相對一度分時，謂之食甚。假如日食十分，則正相掩見星時是也。若食有金環，太陰黑影侵入太陽而四面露光，則其時正爲兩心相掩，即食甚也。今乃以金環與食甚分爲二圖，而各具時刻，其誤非小矣。圖見楊監正不得已書。

其一爲圖日月食不由月心起算之誤。凡月食，以月入闇虚最深時爲食甚。假如月食九分，則惟此刻見食九分，與所算相符，故謂之甚。蓋前此則未及，過此則已退，皆不能滿九分也。法當從月心作距線至闇虚心，其距線與月道正如十字，蓋必如是，而後食甚度分正居虧、復之間。今所圖距線，反從闇虚心打十字線至月心，則食在交後者，虧至甚必稍長，甚至復必稍短，食甚度分不居虧、復之正中，而所圖必後天；食在交前，反此論之，所圖食甚又必先天矣。且如此作圖，則食甚分數不能如所算，安得謂之食甚乎？此姑據所見頒刻月食圖言之，其日食作圖，亦當從月心打十字，其理無二，詳交食蒙求。

29 求赤道宿度法原自爲一卷，今收入蒙求訂補。

古法赤道定而黄道有歲差，故以赤求黄。新法黄道有定緯，惟經度移，而赤道經緯時時改易，故以黄求赤。交食細草用儀象志八卷、九卷表求之，乃近年之法。儀象志成於康熙甲寅，非蒙求本法。雖便初學，固不如弧三角之爲親切也。因特著之，以明算理。

30 交食管見一卷

中西兩家曆術求交食起虧等方位，皆以東西南北爲言。如日食八分以上者，初虧正西，復圓正東。其食八分以下者，陽曆則初虧西南，食甚正南，復圓東南；陰曆則初虧西北，食甚正北，復圓東北。若月食八分以上，則虧正東，而復正西。八分以下者，陽曆則虧於東北，甚於正北，而復於西北；陰曆則虧於東南，甚於正南，而復於西南。事事與日食相反。其法以日月體之中心爲中，而論其方位。故其向北極處命之爲北，向南極處命之爲南，又即以向黄道東陞處命之爲東，向黄道西没處命之爲西。此惟太陽、太陰行至午規而又近天頂，則東西南北各正其位矣。自非然者，則黄道度既有斜升正降之殊，而自虧至復，經歷時刻展轉遷移，皆從弧度之勢而頃刻易向。且北極出地有高下，則虧復方位又以日月距地之度，而隨處所見必皆不同，然則月體之東西南北與人所見之東西南北必不相應，人之東西南北，是以人之立處命爲中央，日月之東西南北，是以圓體最中處爲中央，故往往不相合。而何以施諸測驗乎？然而古今曆家未有議及者，不可謂之非缺事也。愚今别立新術，不用東西南北之號，惟據人所見日月圓體，分爲八向：以正對天頂處命之曰上，對地平處命之曰下，上下聯爲直線，即地平經度高弧。中分之，作十字横綫，命之曰左，曰右，依人之左右定之。此四正向也；曰上左、上右，曰下左、下右，則四隅向也。乃以法求得交食各限虧、甚、復爲三限，月食既者，則有五限。白道與高弧所作之角，而定其受蝕之所在，則舉目可見，並如所圖，不可以絲毫假借，即不正當八向，而少有偏側，亦可預知。誠爲簡易直捷，於測食之用，不無小補。

嚮考古曆，惟隋劉焯皇極曆言交食方位頗詳。嘗思作一簡法，而頻年測交食方位，不符所算，屢欲爲之，不能得其要領。今訂蒙求作圖之誤，始定此法，實千年未發之祕也。

又從來言交食，只有食甚分數，未及其邊。惟王寅旭則以日月圓體分爲三百六十度，而論其食甚時所虧之邊凡幾何度。今爲推演其法，頗爲真確。寅旭言方位，亦以東西南北。然既知所虧邊度，可以餘光兩角折半取中，即爲食甚時所當方位之衡，於是依法再以上下左右命之，即食甚之方位亦定矣。◎初虧是初缺光處，復圓是光欲滿而尚有微缺，略如初虧，並可以指定其處。惟食甚方位難測，故必以折半取中。

31 日差原理一卷

曆有平時，有用時。平時者，步算所得；用時者，測驗所徵。太陽之有日差加減，猶月離、交食之有加減時也。月離表是改用時爲平時，交食表是改平時爲用時，故此之所減，即彼之所加，其用相反，而積差之分秒並同。而日躔表所載之數獨異，據表説謂有二根，一黄赤之斜直，一高卑之盈縮。其説尤含糊支蔓，月離、交食二章棄而不用，彼蓋自知其非是矣。若日躔宜用日差表之法，則交食等亦宜用之。今所立加減時表，秖以黄赤之斜直爲根，而不兼高卑盈縮，是不用日躔表説之法也。而日躔表仍誤不改，若以此入算，則節氣加時皆謬矣。據正理，則節氣加時亦宜用加減時表。

余嚮疑日差既有二根，即宜列二表，蓋謂盈縮起高衝，在冬至後數日，且每年有東移度分，而黄赤斜直算起冬至，故不宜合爲一表。嘗持是説以語劉繼莊〔一〕，深以爲然。作蒙求時，欲以此補交

〔一〕劉繼莊，原作"劉季莊"，據"明史曆志擬稿""奇器補詮"諸條改。

食章之缺，方著論以明之，而孫轂成。竊竊然疑之。以爲定朔時既有高卑盈縮之加減矣，兹復用於此，豈非複乎？余因其説而覆思焉，然後知交食章之非缺，而不須二表也。至理人人可知，而執成見者昧之。童烏九歲，能與太玄，於兹益信。

32 火緯本法圖説一卷解地谷立法之根，以正曆書之誤。

熒惑一星，最爲難算，至地谷而其法始密，圖表具在，可攷而知也。何嘗云火星天獨以太陽爲心，不與餘四星同法乎？作曆書者突發此語，遂令學者沿譌，是執圖以觀圖，而不以算理觀圖也。不知曆算家有實指之圖，有借象之圖。地谷氏之圖火星，所謂借象也，非實指也。錢唐友人袁惠子士龍。受黄三和先生宏憲〔一〕。曆學，以曆指爲金科，余故爲作此以極論之，而徵之切綫分角之法，以著其理，袁子虚懷見從。已復質諸睢州友人孔林宗，興泰。亦以爲然，而手抄以去。又旁證諸穆氏天步真原、王氏曉庵曆法，大旨亦多與余合。

33 七政前均簡法一卷訂火緯表説，因及七政。

西法用表，如古法之用立成。不得其列表之根，表或筆誤，無從訂改矣，故有表説以發明之。然或表説所用之數有與表中互異者，則是作表者一人，作表説者又一人也。余因查火星之表，而爲之推演，然後知立表之法甚簡。洵乎此心此理，不以東海西海而殊。

〔一〕宏憲，原作“弘憲”，據崇禎曆書治曆緣起改。

34 上三星軌跡成繞日圓象一卷

五星本天並以地爲心，與日月同。至若歲輪，即古法遲、留、逆、伏之段目。則惟金、水二星繞太陽左右而行，其歲輪直以日爲心。土、木、火三星則不然，並以本天上平行度爲歲輪心。金、水以太陽爲歲輪心，亦以二星之平行與太陽同度也。然其軌跡所到，並於太陽有一定之距，故又成繞日左行之圓象。西人所立新圖，不用九重天，而五星並以太陽爲心，蓋以此也。然金、水歲輪繞日，其度右移，上三星土、木、火。軌跡，其度左轉，若歲輪則仍右移耳。

35 黄赤距緯圖辯一卷

凡圖黄道緯度，於赤道左右取二至所到度分，聯爲横綫，而作小圈以擬黄道。乃於小圈上匀分節氣，各作直綫，過赤道子午大圈，即各節氣之黄緯可得，此法甚確。今天問略省去子午大圈，惟取赤道左右四十七度，左右各二十三度半。儘其兩端爲邊，以作黄道小圈，未爲不可。但此四十七緯度，仍宜作大圈上弧度，斯爲得法。乃今徑作直線，故其距緯皆不真，而列表從之誤，故具論之。

36 太陰表影辯一卷

月能掩日，日遠月近，其理明白而易見，不在表影。西人之測，則謂太陽、太陰各高五十度時，太陽表景必短，而太陰表影必長，以是爲月近於日之徵。夫表影既有長短矣，又何以明其同高五十度乎？必不然矣。初讀天問略，竊疑其非。尋見西書稍多，其説並同，故謹爲之辯。

按：立表取影，所得者皆光體上邊之影。故古人用景符取竅達日光，僅如黍米，宛然見横梁於其中，是爲中影。今太陰之景既長於太陽，而猶能知其爲五十度之高勢，必用他測器施闚筩而得之也。然則闚筩所得者中景，中景者，實度也；直表者邊景，非實度也。太陽光盛，故其光溢於邊之外而影瘦。太陰光微，故其光斂於邊之内而影肥。此亦易見易知之理，奈何以此言日月遠近乎？

37 渾蓋通憲圖説訂補一卷

渾蓋之器，以蓋天之法代渾天之用，其製見於元史札馬魯丁所用儀器中，竊疑爲周髀遺術，流入西方者也。法最奇，理最確，而於用最便，行測之第一器也。然本書中黄道分星之法尚缺其半，故此器甚少，蓋無從得其制度也。兹爲完其所缺，正其所誤，可以依法成造，用之不疑矣。

38 西國月日攷一卷

曆書中七政算例多有言西某月某日者，既非建寅、建丑、建子之法，又非以節氣爲序，如回回曆之用太陽年。其紀日數，既非以朔爲初一，然又非如回回之以見月爲朔。且其雜見於諸卷者，又各自不同。嘗疑其各國自爲正朔，立法相懸也。既而彙集詳攷，然後知其所用並以太陽會恒星爲主，即恒星歲也。恒星東行有歲差度分，則太陽會之以成月者，亦漸不同，故諸卷中所載互異。而以年代徵之，亦可見也。今西教中齋日，所謂正月一日者，在今冬至後第四度間，亦是此法。至其一年十二月，有一定大小，大者三十一日，小者二十八日，閏年則增一日。並以太陽行黄道三十度而成一月，大致並同回曆矣。嘗於武林遇殷鐸德，言彼國月日〔一〕，又與齋日互異。豈彼中原有各國之正朔不同，而曆書所舉，是其一法歟？存之再攷。

39 七十二候太陽緯度一卷

緯度以測日高因知北極高，爲用甚博。古用二至二分，今則逐日可測。玆約之於七十二，亦承友人之命而爲之者。

40 陸海鍼經一卷又謂之里差捷法。

地既渾圓，則所云二百五十里一度者，緯度則然。若經度，離赤道遠則里數漸狹，然惟其路正東西行，與距等圈合，自有一定算法。路或斜行，則其法不可用。愚爲立法，若兩地各有北極高度，又有相距之經度，而無相距里數，是爲有兩邊一角，而求餘一邊，即可以知斜距之里。若先有斜距之里數，而求經度，是爲三邊求角，亦可以知相距之經度。其法並用斜弧三角形立算，可與月食求經度之法相參，而且簡易的確。月食不常有，又須多人於各地同測，視此爲難。

又按：距赤道遠而里數漸狹者，乃距等圈之算。距等圈不惟漸狹，而其勢微曲，以兩極爲心，離赤道遠，其曲益深，去極益近，則成繞極之圓圈矣。故惟兩地之北極同高，始能與漸狹之數相符。若正東西行，則爲球上大圈，不與距等同勢，故不論赤道遠近，並以二百五十里爲度，但係

〔一〕月日，原作“月目”，據知不足齋叢書本改。

斜度，非對兩極之經度耳。◎推此而知斜弧所算，亦每度二百五十里。距等圈既不與正東西行之大圈相應，則里數難定，故月食只可以求經度，不可以定里數，亦從來未發。亦不論赤道遠近，但須取直如鳥道海程，乃相應耳。

41 帝星句陳經緯攷異一卷

余所見曆書刊本，多有互異之處，恒星經緯改處尤多，二星亦然。不知其既刻復改，是何時更定。今以弧三角推之，有與所改合者，有與先刻合而所改反離者，故爲之攷。

42 星晷真度一卷

定夜時之法多端，而測星以知太陽，其最確也。測星定時法亦多端，而用句陳大星及帝星〔一〕，其最簡也。然恒星既隨黄道東移，以生歲差，則二星亦不能定於一度，而何以定時？故作星晷者，必知現在二星之真度分，而後其用不忒。前條攷二星經緯亦以此也。二星與北極不動處，正作弧三角形。法於二星正南北時，求其子午規上是何宫度，即星晷真度也。用極星亦可作星晷，然極星離北極亦三度奇，而句陳明顯，尤爲便用。

43 測器攷二卷

在璿璣玉衡，以齊七政，乃治曆之根本。自唐虞以來，未有不精測驗而能定曆者也。曆法以踵事增華而益善，測天之器亦然。羲和舊器没於秦焰，洛下閎、鮮于妄人等

〔一〕帝星，原作“帝座”，後文云“前條攷二星經緯亦以此也”，知此“帝座”即前條考訂之“帝星”，據改。

始創爲之，謂之渾天儀，但有赤道，無黄道。至東漢 永元中，始有黄道銅儀。厥後李淳風、梁令瓚之徒，代有製作。至唐 一行、元 郭守敬，始有行測之器，而郭公簡儀秖用赤道一環，以二綫代管闚，諸星距度始有分秒可言，最簡最確。其所製仰儀、立運諸器，或用渾圓之半，或只平圓一規，以視古器之重環掩映，殊爲簡玅矣。至今西法以象限儀測高度，秖用平圓四之一；以紀限儀測兩星之距，又只平圓六之一，其器益簡，其測益精。行測之器，有渾蓋、簡平諸製，隨地隨時皆可施用，渾天渾地之理，遂如列眉。然則測器至今日誠大備矣，故謹爲之攷。

44 自鳴鐘説一卷

測時之法，晝占日景，夜候星度，其理已盡。然無以處陰雨之際，古所以有壺漏之製也。西法入，乃有自鳴之器，蓋亦行測所需。乃至窮工極巧，收其機牙於徑寸之中，聊供翫好，無裨實用。若其稍大者，按候支更，以節晨昏，則爲用亦大矣。

45 壺漏攷一卷

自周官有挈壺氏，歷代用之，史每言晝漏若干下是也。吾宣譙樓有宋製銅壺滴漏，明 天啓間尚存。而遠公在廬山有蓮華漏，宛陵集有田家水漏詩，然則隱者之居、東作之務，蓋亦有資之爲用者。故爲之博攷，以存古義。宋景濂先生有五輪沙漏銘，今西人四刻沙與之同理，故各附一則。

46 日晷備攷三卷

吾郡日晷依赤道斜安，實爲唐製，則日晷非始西人也。西製有平晷、立晷、碗晷、十字晷諸式，廣之不啻百十餘種。余所見自曆書渾天儀説、比例規解外，别有日晷耑書三種，互爲完缺。而其中作法亦有似是而非之處，則以所學有淺深，抑倣而爲者以臆參和，厥理遂晦。天下事往往而然，而曆學爲甚，日晷其一端耳。

47 赤道提晷説一卷

赤道提晷亦日晷之一，其製甚巧。友人有其器，不知所用，爲補其説。備攷中所無也，故别爲卷。

48 思問編一卷

鼎生平於難讀之書，不敢置也，每手疏而攜諸篋衍，以待明者問之，則於曆算尤多。今雖稍有所窺，如遊名勝，其入既深，益多欲探之奇，所願有志者起而共圖之也。

49 勿菴揆日器一卷

取里差以定高度，黍珠進退，準乎節序，用二至爲端，器溢於寸，表止於分，而黄赤之理備焉。乙卯年偶爲斯製，續得日晷諸書，亦未有相同者也。

50 諸方節氣加時日軌高度表一卷

曆書目有諸方晝夜晨昏論及其分表，今軼不傳。交食高弧表非節氣度。節氣黄緯有畸零，而高弧表用整度故也。今依弧三角法算定，爲揆日之用，自北極二十度至四十二度。並余孫瑴成所步也。

51 揆日淺説一卷

日晷之書詳於法，法之理多未及也，倣作多差，不亦宜乎？故擇其尤難解者疏之。所説多渾天大意，故别爲卷。

52 測景捷法一卷

精於測景之法，可以知南北之里差；既知里差，則隨地隨時可以預定其景之分寸。約而言之，惟切線一法而已。切線者，句股相求也。表如半徑，直表之景如餘切，爲以股求句。横表之景如正切，爲以句求股。並以極高度取之。鼎向在燕山，有以此法問者，作此應之。書成倉猝，殊覺簡明也。

53 璇璣尺解一卷

渾蓋通憲爲行測占天之巧製，然作之不易。歲己未，與山陰友人何奕美言測算之理，爲作渾蓋地盤，而苦乏銅工，爰作此尺以代天盤。尺有二，皆同樞，樞即北極。尺以堅楮爲之，銅亦可。其一具周歲節氣，所以測日也；其一載大星十數，所以測星也，並以赤道緯度定之。晝測日景，得其高度，即可查節氣，以知時刻；夜測星，得其高度，亦可查星距太陽經度，以知時刻。善用者，即此已足。蓋渾蓋天盤之法，略具其中矣。

54 測星定時簡法一卷

有日之時，有星之時。法用星之緯度，於簡平儀上查其星距子午規若干時刻，再查此星距太陽若干時刻，以相加減，即得真時。此法不拘何星可用，故曰簡法。

55 勿菴側望儀式一卷

簡平儀耑論日景，故以二至爲限。鼎此製於二至外仍具緯度，北至極、南至地平，如置身六合之外以望天體，故曰側望。

56 勿菴仰觀儀式一卷

圖星垣者，以北極居中，見界爲邊；或分兩極居中，赤道爲邊。此即經緯無差，必所居之地以極爲天頂，則所見然耳。其各地天頂之星與地平環上之星，不可以擬諸形容也。鼎此式各依本方極高之度以規地平，而安天頂於中央，依距緯以安北極。再從北極出弧綫以定赤道，又自北極依法作多圈，以擬赤緯。則某星在天頂，某星在某方高若干度，某星在地平環，二十四向可以周知。又依分至節氣，各爲一圖，則天盤經緯與地盤經緯相加之處，可指而數，毫無疑似，雖從未知星者，可以按圖而得矣。

57 勿菴渾蓋新式一卷

渾蓋舊製，以赤道外二十三度半爲限，止於晝短規。今於短規外再展八度，則太白所居南緯，可以查其所加。占測之用，於是而全。

58 勿菴月道儀式一卷

月道出入於黄道，猶黄道之出入於赤道也。自古及今，未有爲之儀器者。惟大衍曆以篾作月道，依二百四十九交，鑽孔於渾儀黄道。每交，移動以擬之。然其法不傳，蓋難用也。今依渾蓋北密南疏之度，以黄極爲樞，而月道半在其内，半出其外，則月緯大小之理，及正交中交、交前交後之法，可以衆著。儀以銅爲之，略如渾蓋，其上盤爲月道，亦如渾蓋天盤之黄道圈，其下盤黄道經緯分宫分度，並以黄極爲心，而儘邊以黄緯九十五度少半爲限。出黄道南五度少半，月道所到也。

59 天步真原訂注

西士穆尼閣作天步真原，與曆書有同有異。其似異而實同者，布算之圖、對數之表，與曆書迥別，然得數無二，則雖異而實同也。若夫黄道春分二差，則根數大異，此謂誠異。然非測候之真，亦無以斷其是非。原書剞劂多訛，殆不可讀，故稍爲訂注，以待後賢論定。

60 天學會通訂注

青州薛儀甫鳳祚本天步真原而作會通，以西法六十分通爲百分，從授時之法，實爲便用。然仍以對數立算，愚則以不如直用乘除爲正法也。

以上二書，嚮從金陵老友劉文學〔一〕于弢昭借鈔。續遇潁州劉行人子端淑因，慨然欲校刻青州遺書，約鼎爲之是正，以事不果。近承東藩梁□□〔二〕先生世勳惠寄薛氏全書，則氣化遷流諸卷俱已續刊矣。潁州師弟之誼甚篤，若見刊本必喜，余所訂注之處，亦未獲與之相質也〔三〕。

穆先生久居白門，吾友六合湯聖弘濩與之善，言其喜與人言曆，而不强人入教，君子人也。儀甫初從魏玉山文魁主張舊法，後復折節穆公，受新西法，盡傳其術，亦

〔一〕劉文學，知不足齋叢書本作“顧文學”。

〔二〕梁□□，“□□”原爲墨丁，知不足齋叢書本作“鶴江”，文津閣四庫全書本作“方伯”。據高陵碑石梁世勳墓誌銘，梁世勳字廷鏞，號鶴汀，知本“鶴江”當爲“鶴汀”之訛。

〔三〕亦未獲與之相質也，文淵閣與文津閣四庫全書本“亦”俱作“惜”，知不足齋叢書本此句作“亦亟欲與之相質。頃聞賜環之後，悠游林泉。而道阻且長，何時重晤，以遂兹懷”。

未嘗入耶蘇會中。當其刻書南都，鼎方株守窮山，不相聞知。歲乙卯，晤馬德稱諸君，始知之，則其歸已久。至庚申，汪發若先生燦作宰淄川，托致一書，而薛先生方病革，遂未奉其回示。甚矣僻處之難爲學，而深自悔其因循也。

61 王寅旭書補注

吴江王寅旭先生錫闡深明曆術，著撰極富。初，太史潘稼堂先生爲鼎稱述之。己巳入都，始從嘉禾徐敬可善抄得其圜解一册，爲之訂其缺誤。已復因阮于岳副憲寄訊稼堂，抄到測食諸稿，又因張簡菴雍敬寄到曆法書二卷。又於簡菴處見其所定大統法及三辰儀晷，竊亦稍有附論，然寅旭之書不止於是也。鼎嘗評近代曆學，以吴江爲最，識解在青州以上，惜乎不能蚤知其人，與之極論此事。稼堂屢相期訂，欲盡致王書，屬余爲之圖注，以發其義類，而皆成虚約，生平之一憾事也。

62 平立定三差詳説一卷

授時曆於日躔盈縮、月離遲疾，並云以算術垜積招差立算，而今所傳九章諸書無此術也，豈古有而今逸耶？載攷曆草，並以盈縮日數離爲六段，各以段日除其段之積度，得數乃相減爲一差，一差又相減爲二差，則其數齊同，乃緣此以生定差及平差、立差。定差者，盈縮初日最大之差也，於是以平差、立差減之，則爲每日之定差矣。若其布立成法，則直以立差六因之，以爲每日平、立合差之差。此兩法者若不相蒙，而其術巧會，從未有能言其故者。余因李世德〔一〕孝廉之疑，而試爲思之，其中原委亦自歴然。爰命孫瑴成衍爲垛積之圖，得書一卷。李世兄敏而好學，事事必求其根本，所謂胸中無膏肓之疾者也。乃一病遽赴玉樓，豈天不欲此學之明耶？爲之泫然。

63 寫天新語鈔存一卷

廣昌 揭子宣 暄深明西術，而又别有悟入。謂七政之小輪皆出自然，亦如盤水之運旋，而周遭以行，急而生漩渦，遂成留逆，實爲古今之所未發。歲己巳，始得奉寄一函，承其不棄，以寫天新語草稿見寄，因摘録存之。因見邸抄有章君順節尉廣昌，以爲穎叔也，因屬周星士致書焉。次年得報函，則余在京師矣。然其爲尉者，亦山陰 章氏，而非穎叔。乃此君仍能遣役，遠尋揭先生，覓致此書，有古人之義焉，至今銜德，未有以報也。◎爾後揭先生翩然遊皖，住半年而返，余方羈燕，不相值也。於是先生年踰八十，有子有孫，不以自隨，而隻身攜襆被，行數千里，不以爲遠，真奇士也。

64 古曆列星距度攷一卷

西法言普天星宿並依黄道東行，愚嘗以唐書證之，斷其可從。獨恨古無信圖，而史志載距度，亦只及於列宿距星而止，無可廣徵。數十年前，收得書肆中殘壞刻本，有普天星宿入宿、去極度分，而中缺二宿。康熙己卯，偶至閩中，借抄林同人〔二〕侗寫本，始補完之，然不審其誰作。據寫本往往標有古人名姓，如謝姓、張衡等，不一而足，然

〔一〕李世德，知不足齋叢書本"德"作"得"，後同。按：榕村全集卷三十三家男鍾倫墓誌銘亦作"得"。

〔二〕林同人，原作"林侗人"，據知不足齋叢書本改。

刻本無之,不足爲據也。攷宋以前,並以日法命度,各有畸零,無整用百分者。百分爲度,實始授時。今度下分有至九十餘分,其爲授時之法無疑。郭太史傳有二十八舍雜坐入宿去極度分一卷、新測無名星一卷,並藏之官,而書皆不傳。今得此爲徵,亦足與西測恒星互相參攷矣。

以上曆學書六十二種。

内已刻者七種。

01 中西算學通序例一卷已刻。

算數作於隸首,見於周官,吾聖門六藝之一也。自利氏以西算鳴,於是有中西兩家之法,派别枝分,各有本末,而理實同歸。或專己守殘而廢兼收之義,或喜新立異而缺稽古之功,算數之所以無全學也。夫理求其是,事求適用而已,中西何擇焉?雖然,不爲之各極其趣,亦無以觀其會通。因不揣固陋,著書九種,而爲之序例。爾後論撰稍多,因以此爲初編云爾。

02 勿庵籌算七卷已刻。

籌算之法,蓋始於作曆書時。曆引言算術:"古用觚棱,近便珠算,西法第資毫穎,今復有籌算之創,其簡捷更倍於疇昔諸術。"由是言之,則籌算乃爾時新創,非歐邏之舊術。其爲術也,本係直籌横寫,鼎此書則易之以横籌直寫,乃所以適中土筆墨之宜。友人蔡璣先見而悦之,爲雕版於金陵。憶歲己酉,桐城方位伯言籌算之善,然未見其書。無何,家澹如兄至自都門,有所攜算籌一握,而缺算例,余爲補之。澹如大喜,因問余曰:"能易之以直寫,不更便乎?"子彦姪亦以爲然。遂如言作之,凡三易稿而後成。文人才士每病算書難讀,余此書頗覺詳明。是爲初編之第一書。嚮在京師，宫坊趙仲符〔一〕先生執信遲鼎言籌算。寓處稍遠，余行步舒緩，趙不能待，自取其書。繙閲一時許，則乘除之法盡了然矣。

03 勿菴筆算五卷已刻。

余筆算亦用直寫，以便文人之用。而定位一端，視舊法尤捷。有二稿，一作於金陵，有蔡璣先序；一作於天津。初編之第二書也。是書少參金鐵山先生刻於保定。

04 勿菴度算二卷

西人尺算，即比例規解所述也，余初購曆書佚此卷。歲戊午，黄俞邰太史爲借到皖江劉潛柱先生本，乃鈔得之。頗多譌缺，殊不易讀，蓋攜之行笈，半年而通其指趣。歲庚申，晤桐城方素伯中履，見鼎所作尺，驚問曰："君何從得此？蓋家兄久欲爲此而未能。履遊豫章，拾得遺本寄之，乃明厥製耳。"續見位伯書，以三尺交加取數，故秖能用平分一綫，且亦非比例規解本法也。夫用規取數，則兩鋭所到毫釐可辨，而其數即徵之本尺，執柯伐柯，其則不遠，所得無殊於横尺，而爲用加捷。不知位伯何故改法，又不知素伯所拾遺本其立法何似，惜未獲與之深論也。本書原無算例，今所用者，並吾弟爾素所補，而參之以陳礦菴者也。嘉禾陳獻可先生藎謨有尺算用法一卷，然亦只平分一綫，爾素書則諸綫皆備。余亦時時涉筆，聊以窮其作法之根，通其用尺之變，而未暇爲例。今得二書，補塞遺缺，中邊〔二〕備矣。

又有矩算，則鼎所創也。西人用三角，故兩其尺。今

〔一〕趙仲符，原作"趙升符"，據碑集傳卷四五趙先生執信墓誌銘改。
〔二〕中邊，文津閣四庫全書本作"其法"。

用句股，故祇用一尺一方版，其理無二。初晤位伯，極言尺算之奇，而未悉厥狀，思之屢日，爰成斯製。續從新安戴季默得礲菴書，内有斂規取數之用，然後疑前所悟之猶非也。最後得比例規解，其疑乃釋。蓋比例即異乘同除之理，故可以句股取之，而原法以規當横尺，本自靈妙。並存兩術，用相参校，則比例之理益著矣。

尺算、矩算皆爲度算，則初編之第三書也。

05 比例數解四卷

比例數表者，西算之别傳也。其法自一至萬，並設有他數相當，謂之對數。假令有所求數，或乘或除。但於本表簡兩對數相加減，即得所求。乘者，兩對數相加得總。除者，兩對數相減得較。總較各以入表，取其所對本數，即各所求之乘得數、除得數〔一〕。

中土習用珠盤，西法用筆用籌用尺，各有所長，垜積合總，莫速於珠盤；乘法位多，莫穩於筆算；開平方，莫便於籌算；製器作圖，莫良於尺算。然並須布算而知。今則假對數以知本數，不用乘除，惟憑加減。加者，對數也；求得者，本數也。所算在彼，所得在此，一對即知，無所庸其推索。術之奇也，前此無知者。本朝順治間，西士穆尼閣以授薛儀甫，始有譯本。

對數之奇，尤在開方。古開方術至三乘方以上，委曲繁重，積晷刻而後成。今用對數，俄頃可得，如平方但取對數折半，立方取對數三之一，三乘方則四之一，四乘方則五之一，五乘方以上並然，並取其所對本數，命爲所求方根。神速簡易，殆非擬議所及。

又有四線比例數，亦穆所授也。八線割圓，西曆舊法。

〔一〕各所求之乘得數除得數，文津閣四庫全書本作“各得所求乘除之數矣”。

今只用正弦、餘弦、正切、餘切，故曰四線。舊八線表以正矢、餘矢，即餘弦、正弦之餘，故列表止六，而有八線之用。今比例數又省去兩割線，故表只四線，然亦實有六線之用矣。

穆先生曰："表有十萬，西來不戒於途，僅存一萬。萬以上，以法通之。"四線本數逾百萬，而亦列對數，是即以法通之之數也。◎嘗見薛刻别本，數有二萬。

儀甫又有四線新比例，用四線同，惟度析百分。從古率也。

穆有天步真原，薛有天學會通，並依此立算。不知此，則二書不可得而讀。故稍爲詮次，爲初編之第四書。

06 三角法舉要五卷已刻進呈。

西法用三角，猶古法之用句股也，而三角能通句股之窮，要其理不出於句股。故鋭角形分之，則二句股也；鈍角形以虚補實，亦句股也。鈍角形補其虚角，則成半虚半實之句股形，又即成一虚句股形。而所設鈍角形，又即爲兩句股相較之餘形，皆句股法也。至於弧三角，則於無句股中尋出句股，其法最奇，其理最確，八線之用於是而神。是故全部曆書，皆弧三角之法也，不明三角，則曆書佳處必不能知；其有缺誤，亦不能正矣。故以是爲初編之第五書也。

必先知平三角，而後可以論弧三角，猶之必先知句股，而後可以論三角也。平三角原止一卷，今廣之爲五卷。曰測算名義，曰算例，曰内容外切，曰或問，曰測量。

是書安溪公刻於保定，乙酉南巡，蒙恩召對，進呈御覽。

07 方程論六卷已刻。

九章之第八曰方程，以御錯糅正負。自明算者稀，能舉其名者，或已尠矣。今諸書所存數例，率多臆説，而厥旨益汶。李水部括九章於西術，至此一章，亦仍其誤也。鼎疑之蓋將二十年，始得其解。然後知算法之有方程，猶量法之有句股，皆其最精之事，因作論明之。蓋必如是，而方程始爲有用，即古人之别立一章，不爲徒設。竊意天下之大，豈無宋元以前之善本留至今日者，庶幾足以訂余之説？所望留心學問者，相與博求而共證之也。是爲初編之第六書。初，穃堂賞余此書，阮副憲于岳爲付刻貲，而余未及爲，嘉魚明府李安卿鼎徵乃刻於泉州。彼教人或見李序言西法不知有方程，憤然而争，不知西術有借衰互徵，而無盈朒、方程，同文算指未嘗自諱，李序蓋有所本耳。

08 幾何摘要三卷

幾何原本爲西算之根本，其法以點、線、面、體疏三角測量之理，以比例、大小、分合疏算法異乘同除之理，由淺入深，善於曉譬，但取徑縈紆，行文古奥而峭險，學者畏之，多不能終卷。方位伯幾何約又苦太略。今遵新譯之意，稍爲順其文句，芟繁補遺，而爲是書。於初編則爲第七。柘城杜端甫孝廉知耕有幾何論約，吾弟爾素有幾何類求，並可與是書參證。

09 句股測量二卷

測量必用句股，即戴記所謂絜矩也。絜矩之道，立少以觀多，即近以見遠。故立矩可以測高，覆矩可以測深，偃矩可以測遠。然而方可測，圓不可測，於是而割圓之法立；平可測，險不可測，於是而重差之術生。古書雖不盡傳，然周髀開方之圖，海島量山之算，猶存什一於千百。乃若測圓海鏡，元欒城李冶著，明大司寇吴興顧箬溪先生應祥爲之注釋者。實句股容圓之一術，而引而伸之，遂如五花八陣。故具録其要，以存古意焉。於初編爲第八也。

古測量家有叀術、綴術。叀術者，謂以器測之而得其數，如纍矩、重表之類，曆家則有渾儀窺管。綴術者，謂據所測之數，而繼之以算法，句股、旁要是也。

言測量，至西術詳矣，然不能外句股以立算。故三角即句股之精理，八綫迺句股之立成也。平三角、弧三角不離八綫，則皆句股之術而已。

10 九數存古十卷

算數之學初無今古也，自學者避難好徑，古籍日以散亡。或有踵事生新，自矜創獲，輒輕古率爲疏，將此僅存者，亦難終保矣。鼎生也晚，凡遇古人舊法，雖片紙如拱璧焉。家貧居僻，不能多致典墳，聊存此以見余之志。惟冀好古博雅君子不吝鄴架之藏，以公同志，庶前賢墜緒不致終湮，可勝翹企。初編之序，以此爲第九書。

九數即九章也，一曰方田，以御田疇界域；二曰粟布，以御交質變易；一名粟米。三曰差分，以御貴賤稟税；一名衰分。四曰少廣，以御冪積方圓；五曰商功，以御功程積實；六曰均輸，以御遠近勞費；七曰盈朒，以御隱雜互見；一名贏不足。八曰方程，以御錯糅正負；九曰句股，以御高深廣遠。一名旁要。隸首之法僅存者，九章之目耳。然後有作者，靡或出其範圍，可謂規矩方圓之至矣。

古算書載程大位算法統宗者，惟劉徽九章尚有宋版，鼎嘗於黄俞邰處見其方田一章，算書中此爲最古。其錢塘吴信民九章比類，西域伍爾章□□〔一〕有其書，余從借讀焉。書可盈尺，在統宗之前，統宗不能及也。又山陰周述學著曆宗算會，於開方、弧矢頗詳，書亦在統宗前，而程氏未之見。然則古書之存者，宜尚有之。

近代作者，如李長茂之算海説詳，亦有發明，然不能具九章。惟方位伯數度衍於九章之外蒐羅甚富，杜端甫數學鑰圖注九章頗中肯綮，可爲算家程式。余於諸家間有采擷，必直書其所自，不敢掠美。亡兒以燕於此學頗有悟入，能助余之思辯。惜乎見其進，未見其止。

11 少廣拾遺一卷自此以後，並爲續編。

古有一乘方至五乘方〔二〕相生之圖，而莫詳所用。同文算指演之具七乘方，亦非了義。西鏡録增有廉積立成，然譌亂不可讀。歲壬申，余在都門，有三韓林□□〔三〕寄訊楊時可及丁令調，屬問四乘方、十乘方法。諸乘方中，惟此二者不可以借用他法，摘此爲問，蓋亦留心學問人也。因稍爲推演至十二乘方，亦有條而不紊。

12 方田通法一卷

算家有捷田二十三法，稍廣之爲百二十有四，聊存此，以見數法之無所不通。

13 幾何補編四卷

天學初函内有幾何原本六卷，止於測面，其七卷以

〔一〕□□，原爲墨丁，知不足齋叢書本作"遵韜"。
〔二〕五乘方，原作"九乘方"，據楊輝詳解九章算法所載"開方作法本源圖"改。
〔三〕□□，原爲墨丁，文津閣四庫全書本作"君曾"。

後未經譯出。蓋利氏既殁，徐、李云亡，遂無有任此者耳。然曆書中往往有雜引之處，讀者或未之詳也。壬申春月，偶見館童屈篾爲燈，詫其爲有法之形，其製以六圈成一燈，每圈匀爲六折，並周天六十度之通弦，故知其爲有法之形，而可以求其比例，然測量諸書皆未言及。乃覆取測量全義量體諸率，實攷其作法根源，法皆自楞剖至心，即皆成錐體，以求其分積，則總積可知。以補原書之未備。而原書二十等面體之算，嚮固疑其有誤者，今乃徵其實數。測量全義設二十等面體之邊一百，則其容積五十二萬三八〇九。今以法求之，得容積二百一十八萬一八二八，相差四倍。又幾何原本理分中末線，亦得其用法。幾何原本理分中末線，但有求作之法，而莫知所用。今依法求得十二等面及二十等面之體積，因得其各體中稜線及輳心對角諸線之比例，又兩體互相容及兩體與立方立圓諸體相容各比例，並以理分中末線爲法，乃知此線原非徒設。則西人之術固了不異人意也，爰命之曰幾何補編。書係稿本，李安卿手爲謄清，將以付梓，而屬余，病，李又赴任嘉魚，遂未獲相爲重校。

14 西鏡録訂注一卷

西鏡録不知誰作，然其書當在天學初函之後。知者同文算指未有定位之法，而是書則有之，其爲踵事加精可見。所立金法、雙法，亦即借衰互徵、疊借互徵之用，然較同文算指，尤覺簡明。但寫本殊多魯魚，因稍爲之訂。

15 權度通幾一卷

重學爲西術一種，然載於比例規解者，譌誤尤甚。今以南勳卿儀象志互相訂補，其數稍真。

16 奇器補詮二卷

奇技淫巧，古人所禁，爲其作無益害有益也。若關中王公徵奇器圖説所述引重轉水諸製，並有裨於民生日用，而又本諸西人重學以明其意，可謂有用之學矣。間嘗取書史所傳、如漢杜詩作水鞴以便民，及王氏農書諸水器之類。睹記所及，如劉繼莊詩集載筒車灌田法，近日吾鄉亦有爲之者。稍爲輯録，以補其所遺。而圖與説有不相應者，爲之是正。其以西字爲識者，易之，便觀覽也。

17 正弦簡法補一卷

大測諸書言作八線表之法，亦綦詳矣。續讀薛儀甫書，有用矢線求度法。爲之作圖，以發其意，因得兩法，在六宗率、三要法之外，兩法者，一曰正弦方冪倍而退位，得倍弧之矢；一曰正矢進位折半，得半弧正弦上方冪。而爲用加捷，不知作表何以不用也。薛書亦用六宗率、三要法作表，與曆書同。近見孔林宗大測精義求半弧正弦法，與余説不謀而合，可謂所見略同矣。

18 弧三角舉要五卷已刻。

三角之用，莫妙於弧度；求弧度之法，亦莫良於三角。故測量全義第七、第八、第九卷耑明此理，而舉例不全，且多錯謬。其散見諸曆指者，僅存用數，無從得其端倪。天學會通圈線三角法作圖草率，往往不與法相應，缺誤處竟若殘碑斷碣，弧三角遂成祕密藏矣。今一以正弧三角爲綱，仍用渾儀解之，於曆書原圖稍爲增訂，而正弧三角之理盡歸句股，可指而數焉。於是而參伍其變，則斜弧三角之算亦歸句股矣。書凡五卷。其目曰弧三角體勢〔一〕，曰正弧句股，曰求餘角法，曰弧角比例，曰垂弧，曰次形，曰垂弧捷法，曰八線相當。蓋自是而算弧度者，有端緒可循，讀曆書者亦有塗徑可入。

19 環中黍尺五卷已刻。

舉要中弧度之法已詳，然更有簡玅之用，不可不知也。測量全義原有斜弧用兩矢較之例，但所立圖姑爲斜望之形，聊足以明其意象，而無實度可言。今一以平儀正形爲主，則凡可以算得者，即可以器量。渾儀真像，陳諸片楮，而經緯歷然，無絲豪隱伏假借，測算家一快事也。

至於加減代乘除之用，曆書僅舉其名，不詳其説，意若有甚珍惜者。蓋嘗疑之數十年，而後乃今得其條貫，即初數次數、甲數乙數諸法，並砉然以解。書凡五卷。其目曰總論，曰先數後數，曰平儀論，曰三極通幾，曰初數次數，曰加減法，曰甲數乙數，曰加減捷法，曰加減又法，曰加減通法。

其"又法"與"加減"同理，而取徑特殊。兒以燕於恒星曆指中摘出，千里致書相詢，爰附末簡，以不没其用心之勤。◎甲數乙數用法甚奇，本以黄道求赤道，李世德孝廉準其法，以赤求黄〔二〕，作爲圖論，又製器以象之。世德於此中有得，其書原可專行，故未附此。

20 塹堵測量二卷已刻。

塹堵測量者，借土方之法以量天度也。其術以平圓御渾圓，以方體測圓體，以虚形準實形，故托其名於塹堵也。古

〔一〕弧三角體勢，"勢"原作"式"，據弧三角舉要卷一改。
〔二〕以赤求黄，原作"以黄求赤"，據知不足齋叢書本改。

法斜剖立方成兩塹堵，塹堵又剖爲三，成立三角。立三角爲量體所必需，然此義中西皆未發。今以渾儀黄赤道之割切二線成立三角形，立三角本實形，今諸線相遇成虚形，與實形等。而四面皆句股，即弧度可相求，不須用角，西法通於古法矣。又於餘弧取赤道及大距弧之割切線，成句股方錐形，亦四面皆句股，即弧度可相求，亦不言角，古法通於西法矣。二者並可用堅楮爲儀，以寫其狀，則弧度中八線相爲比例之理瞭如掌紋。作法詳本書。而郭太史圓容方直、矢接句股之法，亦不煩言説而解。書凡二卷。其目曰總論，曰立三角摘録，曰渾圓内容立三角，曰句股錐，曰句股方錐，曰方塹堵容圓塹堵，曰圓容方直儀簡法，曰郭太史本法，曰角即弧解。

以上三書，弧三角舉要、環中黍尺、塹堵測量。並安溪相國刻於保定。世兄李世得孝廉鍾倫多所參訂，而其群從世憲文學鑑及宿遷徐壇長用錫、安溪陳對初萬策、景州魏君璧廷珍三孝廉，河間王仲穎之鋭、交河王振聲蘭生二文學，並有校訂之功。其中圖象則君璧及余孫瑴成手筆也。

21 用句股解幾何原本之根一卷

幾何不言句股，然其理並句股也。此言句股，西謂之直角三邊形，譯書時未能會通，遂分途徑。故其最難通者，以句股釋之則明。惟理分中末線似與句股異源，今爲游心於立法之初，而仍出於句股，信古九章之義包舉無方。徐文定公譯大測表，名之曰割圓句股八線表，其知之矣。

22 幾何增解數則本各自爲書，今附前條共卷。

其目有四，曰以方斜較求原方〔一〕，曰切線角與圓内角交互相應，曰

〔一〕以方斜較求原方，"原方"原作"斜方"，據幾何增解數則原書改。

量無法四邊形捷法，曰取平行線簡法。並就幾何各題而增，故不入補編。補編專言體積，並幾何未有之題。

23 仰規覆矩〔一〕一卷

一查地平經度，爲日出入方位；一查赤道經度，爲日出入時刻。並依里差，用弧三角立算，與曆書法微別。秀水友人張簡菴雍敬熟觀余所製簡平儀，有所悟入，因作此相質。

24 方圓幂積二卷

曆書周徑率至二十位，然其入算，仍用古率。十一與十四之比例，本祖沖之徑七周二十二之密率。豈非以乘除之際，難用多位歟？今以表列之，取數殊易，乃爲之約法。則徑與周之比例，即方圓二幂之比例，徑一則方周四，圓周三一四一五九二六五，而徑上方幂與圓幂，亦若四與三一四一五九二六五。尾數八位，並以表爲用。亦即爲立方、立圓之比例，同徑之立方與圓柱，若四與三一四有奇，則同徑之立方與立圓，若六與三一四有奇。殊爲簡易直捷。歲癸未，匡山隱者毛心易乾乾惠訪山居，偶論周徑之理，因復推論及方圓相容相變諸率，益覺精明，蓋學問貴相長也。◎中州謝野臣廷逸，毛先生壻也，於數學甚有精思。偕隱陽羡，自相師友，著述甚富，多前人所未發。

25 麗澤珠璣一卷

鼎生平得力於友朋之益，故雖一言之惠示，不敢忘也，必謹録之，久而成帙。取其關於算學者，别爲一卷。

〔一〕仰規覆矩，"規"原作"觀"，據文淵閣與文津閣四庫全書本及仰規覆矩原書改。

26 古算器攷一卷

今有筆算，今之籌算，亦是筆書。遂以珠盤爲古，不知古用籌策，故曰持籌，其用珠盤，蓋起元末明初。制度簡玅，天下習用之，而遂忘古法，故爲之攷。作珠盤者甚巧，惜逸其名氏。

27 數學星槎一卷

初學莫易於筆算，減併乘除，三日可了。然除法定位轉易，乘法定位稍難。玆以本數、大數、小數三者別焉，雖童子可知矣。至於句股開方，非圖不解。周髀算經有古圖，簡質可翫。曆書本幾何立説，亦足引人思致。今稍廣之，爲圖者六，以示余兩孫，瑴成、玕成。俾稍知其意。數學如海，非篤好精思，鮮不自涯而返。然而千里之行，始於足下，因命之曰數學星槎云爾。

以上算學書共二十六種。

內已刻者七種。

附録二　梅文鼎曆算書序跋

曆算全書跋〔一〕

乾隆十四年梅汝培修補本曆算全書卷末。

梅汝培

曆算全書三十種，共七十卷，宣城家曾叔祖勿菴先生所著，而正謀伯祖及玉汝、肩琳兩叔參訂成帙者也。蓋先生覃精曆數，洞見根柢，會萃中西，發前人不傳之奧，固久爲海内宗仰。其三角舉要數種，安溪相國先梓行世，而先生晚年諸稿尚秘篋中。雍正初，柏鄉魏公念庭重加編校，彙付剞劂，而世之欲睹先生全書者，始無遺憾。及魏公來吴，與先父竹峰府君交好，府君每心折魏公能成勿菴之志。未幾，魏公將北歸，以是書爲家勿菴作也，欲以所鐫板歸府君。府君遂出貲購之，貯之莘莊書舍，迄今二十餘年矣。培生也晚，兼之川原迢隔，不及親宛陵族中諸先生之謦欬。然聞之家兄伯昌云，當康熙年間，淵公高叔祖，不次曾叔祖，爾止、耦長兩叔祖，宦遊吴中，與先曾祖養拙公、先祖萃菴公、先本生祖愚哉公、先本生父曾谷公數相過從，把酒留連，以敦族誼，情甚摯

〔一〕此爲擬題。

也。培輒感慕之，近則老成凋謝，音問闊疏，先府君去世亦十年餘。勿菴書板間有漫漶，今年春，培細爲檢點，命工補綴，復還舊觀，庶無負魏公刊行之心，及先府君購藏之意云爾。

乾隆己巳秋日，松陵曾姪孫汝培又生拜手敬跋。

曆算全書序〔一〕

咸豐九年閒妙香室遞修本曆算叢書卷首。

梅體萱

宣城定九先生曆算全書，少時於曝書日獲見，踞地檢閱，驚若望洋。時方肆力帖括，未暇尋繹也。丙午移篆蘄陽，盤量倉穀，偶及勾股法，迺檢書窮究，麤能解其一二。旋以調任省會，簿書鞅掌，此事遂廢。厥後十數年，馳驅楚皖，戎馬倥傯，不獲再事講求，所藏舊本，兵燹後滌然無存矣。戊午來滬，於李壬叔處見西人所著幾何原本，與是書多符合，心怦然動，思復致力徧索此書，迄無全本。是歲，族弟小巖吏部隨星使來江南勾當事件。小巖故善勾股、渾儀諸能事，偶與論及，思得一完本，重付剞劂。忽於吴趨估肆，獲柏鄉魏念庭先生所輯舊板，乃以價若干得之。其中模糊脱落並殘缺板片，促工補刻。全書既成，因記其緣起如此。

咸豐九年己未仲夏月，南城族裔體萱謹識。

〔一〕此爲擬題。

曆算全書提要

武英殿本四庫全書總目卷一百六子部天文算法類。

曆算全書六十卷。浙江汪啓淑家藏本。

國朝梅文鼎撰。文鼎字定九，宣城人。篤志嗜古，尤精曆算之學。康熙四十一年，大學士李光地嘗以其曆學疑問進呈，會聖祖仁皇帝南巡，於德州召見，御書"積學參微"四字賜之，以年老遣歸。嗣詔修樂律曆算書，下江南總督徵其孫瑴成入侍。及律呂正義書成，復驛致命校勘。後年九十餘終於家，特命織造曹頫爲經紀其喪，至今傳爲稽古之至榮。所著曆算諸書，李光地嘗刻其七種。餘多晚年纂述，或已訂成帙，或略具草稿。魏荔彤求得其本，以屬無錫楊作枚校正。作枚遂附以己説，並爲補所未備而刊行之。凡二十九種〔一〕，名之曰曆算全書。然序次錯雜，未得要領，謹重加編次，以言曆者居前，而以言算者列於後。首曰曆學疑問，論曆學古今疏密及中西二法與回回曆之異同，即嘗蒙聖祖仁皇帝親加點定者，謹以冠之簡編。次曰曆學疑問補，亦雜論曆法綱領。次曰曆學答問，乃與一時公卿大夫以曆法往來問答之辭。次曰弧三角舉要，乃用渾象表弧三角之形式。次曰環中黍尺，乃弧三角

〔一〕"並爲補所未備"至此，文津閣四庫全書書前提要作"或加辨駁，自稱訂補"。

以量代算之法。次曰歲周地度合考，乃考高卑歲實及西國年月、地度弧角、里差。次曰平立定三差説，推七政贏縮之故。次曰冬至考，用統天、大明、授時三法考春秋以來冬至。次曰諸方日軌，乃以北極高二十度至四十二度各地日軌，按時節爲立成表。次曰五星紀要，總論五星行度。次曰火星本法，專論火星遲疾。次曰七政細草，載推步日月五星法及恒星交宫過度之術。次曰揆日候星紀要，列直隸、江南、河南、陝西四省表景，並三垣列宿經緯，定爲立成表。次曰二銘補注，解仰儀銘、簡儀銘。次曰曆學駢枝，乃所注大統曆法。次曰交會管見，乃以交食方位向稱南北東西者，改爲上下左右。次曰交食蒙求，乃推算法數。次曰古算衍略，次曰籌算，次曰筆算，次曰度算釋例，俱爲步算之根源。次曰方程論，次曰勾股闡微，次曰三角法舉要，次曰解割圜之根，次曰方圓冪積，次曰幾何補編，次曰少廣拾遺，次曰塹堵測量，皆以推闡算法，或衍九章之未備，或著今法之面形，或論中西形體之變化，或釋弧矢勾股八線之比例〔一〕。蓋曆算之術，至是而大備矣。我國家修明律數，探賾索隱，集千古之大成。文鼎以草野書生，乃能覃思切究，洞悉源流，其所論著，皆足以通中西之旨而折今古之中。自郭守敬以來，罕見其比，其受聖天子特達之知，固非偶然矣〔二〕。

〔一〕“首曰曆學疑問”至此，文津閣四庫全書書前提要無。

〔二〕文淵閣四庫全書書前提要此後有“乾隆四十六年十月恭校上”句，文津閣四庫全書書前提要作“乾隆四十九年八月恭校上”。

兼濟堂曆算書刊繆引

乾隆四年刻本兼濟堂曆算書刊謬卷首。

梅瑴成

兼濟堂曆算書者，魏公荔彤所刻先大父之書也。先大父著撰甚多，安溪相國李公撫畿甸時，爲刻三角舉要等書計九種，校刻甚精。然其書板携歸安溪，不得流通。厥後方伯年公希堯約監司王公希舜、魏公荔彤，同任剞劂之役，纔刻完筆算、方程論數種，而年公被議以去，其事遂寢，而書板亦不知所在。然魏公雅好表彰絶學，曾許先人盡鐫所著，因從余弟玕成索取已刻未刻諸稿數十種，付之梨棗。乃工未及竣，而遭罷廢，憂患擾攘，雖勉强卒事，而訛舛所不免矣。裒計所刻，幾二千篇，名之曰兼濟堂纂刻梅勿庵先生曆算全書。各卷之首並列“魏某輯，後學楊作枚學山訂補”，蓋楊君素好曆算之學，嘗往來余家，予曾屬魏公任以校對，書名、凡例殆皆楊君所定也。惟是先大父嘗謂義理無窮，未有止境，隨時撰述，卷帙日增，自名曰“叢書”，今曰“全書”，非先人本指也。且著作未刻者尚多，兹刻實未嘗全，此名之不可不正者。又此書重刻者居其半，新刻者居其半，並無訂補處，而繆舛盈紙，蓋楊君未終局而去，故魏公序言“校誤之客，彈鋏他門，思訪專家就正”，其不能無憾，情見乎辭矣。今魏、楊俱作古人，而書板又質他姓，不可得而修改，則傳訛沿誤，後學何賴焉？因彙集所辨别改正者，爲刊繆一書，另帙單行，俾觀覽原書者得以考，而魏公表彰絶學之盛心，亦可以無憾矣。是爲引。

乾隆四年歲次己未孟秋，宛陵 梅瑴成撰。

曆算叢書輯要序

乾隆十年刻本曆算叢書輯要卷首。

梅瑴成

乙丑孟秋，算學生缺員，會同國學考取得丁生維烈卷，條對精詳，知非淺學。謁余於承學堂，曰："維烈性嗜數學，讀兼濟堂所刻徵君公書，私淑久矣。其書所關甚大，惜不流行，戚戚於心，無因上達。今幸托門下，請得而言之。竊謂曆算之學，爲欽若授時之要道，帝王所首務也。乃近代以來，古書散逸殘缺，其學不絶如綫。西海之士乘綫居奇，藉其必售之技，以行其學。其技既售，其學遂昌。學其學者又從而張之，往往鄙薄古人，以矜其創獲。而一二株守舊聞之士，因其學之異也，併其技而斥之，以爲戾古而不足用，又安足以服其心而息其喙哉？夫禮可求諸野，官可問諸郯，技取其長而理惟其是，又何中西之足云？今讀徵君公之書，於算術之用筆用籌用尺，以及幾何、三角、八綫、七政、交食諸術，皆一一發明其所以然，於以見西法之不盡戾於古，實足以補吾法之不逮。而於古法之少廣、方程、通軌、招差各術，尤詳爲著論，疏抉其根源，以明古人之精意。而謂句股之精微廣大，實爲西法之所莫能外，西法之三角八綫，總不外乎句股。更足以啓人稱先則古之思。使此書大行,則此學昌明,絶者復續,缺者復全,異學無所售其技,將不拒而自息矣。然則是書也,不惟絶學賴以不墜,而實有迴瀾閑聖之功。吾儒家置一函宜也,而竟不甚流行者有故。坊市所有,惟兼濟堂本,而校仇草率,編次參差,眉目不清,裝潢易舛,閲者無從稽其完缺,初學難於理會,此其所以難行也。夫經史大部之書,其卷次類皆通長編列,今宜倣之。其中縫則列書之總名,而分注各種書名於卷數之下,則展卷瞭然,庶乎其可行矣。"余聞之,爲之狂喜,益知生爲宿學不謬。蓋非好學深思,必不能言之如此親切而有味也。夫兼濟堂本之訛繆盈紙,余曾爲刊繆一書,梓而行之,俾讀是書者得以更正。至於編次之不如法者不一,以爲無甚關重輕而姑置之,孰知其流弊竟至此哉!於是公務之餘,取兼濟堂本,另爲編次。其分合不如法者正之,假借附刻者汰之,共爲六十卷,名曰曆算叢書輯要,而以末學管窺所得數卷附焉。

嗟乎!立言之不易也,不惟著撰之難,而傳之也更難。先徵君撰述盈笥,不能剞劂問世,幸少參魏公荔彤性好闡揚,爲登梨棗,所謂兼濟堂本是也。雖所著未得盡刻,其既刻者,意謂可以傳矣。而竟以編次之故而不行,則已刻者亦如未刻矣。微丁生言,余焉知兼濟堂之刻如未刻,而别圖以傳之,不幾負先人表彰絶學、嘉惠後世之盛心也哉?客聞之笑曰:"既刻之書,因編次不善而不傳,子之編次善矣,而藏諸篋笥,又安見其能傳哉?"余曰:"唯唯,否否。夫書之傳,視作者之精神。先徵君之爲此,其精力至矣。彼太玄、解嘲猶不致覆醬瓿,况有關於世道人心之書哉?雖然,莫爲之後,雖盛弗傳。斯世之大,豈無好義慷慨如魏公其人者,庶幾旦暮遇之乎?”因書所聞丁生之言,弁於卷端,以志編次緣起,并存對客語,以爲左券云。

大清乾隆十年歲次旃蒙赤奮若良月之吉,孫瑴成敬識。

梅氏叢書輯要序

乾隆二十六年刻本梅氏叢書輯要卷首。

梅㲄成

象數爲欽若授時之要道，帝王所首務也。明季兹學不絶如綫，西海之士乘機居奇，藉其技以售其學。學其學者又從而張之，往往鄙薄古人，以矜創獲。而一二株守舊聞之士，因其學之異也，并其技而斥之，以爲戾古而不足用，又安足以服其心而息其喙哉？夫禮可求野，官可求郯，技取其長而理唯其是，何中西之足云？先徵君公之書，於算術之用筆用籌用尺，以及幾何、三角、八綫、七政、交食諸法，一一發明其所以然，因以見西法之不盡戾於古，實足補吾法之不逮。而於古法之少廣、方程、通軌、招差各術，尤詳爲著論，疏決其根源，以明古人之精意。且謂勾股之精微廣大，實爲西法之所莫外，更啓人稱先則古之思。使吾儒家有其書而讀之，將見絶學昌明，西人自無所炫其異，豈非迴瀾閑聖之功歟？而乃習者寥寥，良由坊本或仇校未精，或編次混雜。夫經史大部之書，其卷次類皆通長編列，每卷首標書之總名，而分注細目於其下，故展卷瞭然，即初學無難閲讀。今仿此例，釐爲六十卷，名曰梅氏叢書輯要，而以末學管窺數卷附焉。

嗟乎！先徵君著述等身，力不能自付剞劂，諸公好事，代登梨棗，又以校仇編次之未善，不得流行，未嘗不歎絶學之難明，非唯著撰難，而傳之尤不易易也。雖然，書之傳，視作者之精神與爲久暫。我徵君公之爲此，其用功勤矣，其用心公矣。彼太玄、解嘲猶不致覆醬瓿，況實有關世道人心，而爲欽若授時之大用者哉？

大清乾隆歲次辛巳新秋，孫轂成謹識。

重刻梅氏叢書輯要序〔一〕

同治十三年梅纘高頤園重刻本梅氏叢書輯要卷首。

梅纘高

梅氏叢書，先高祖文穆公本因兼濟堂曆算全書仇校不精，編次紊亂，慮其貽誤後學，而大戾乎先徵君公作書之初心，用是詳加校正，重付梓人，題曰梅氏叢書，所以別其名而使學者知所棄取也。夫兼濟堂之刻，創自柏鄉魏念庭觀察。觀察輸貲刊布，其綿延絶學、嘉惠來兹，一徵君公作書之志也。文穆爲徵君公孫，非不深感其誼，第以天之有象，物之有數，理極精微，毫釐千里，若一仍魏本之誤，則承譌襲謬，將無已時，故既爲考訂重刊，而於凡例中詳著其失，且殫精編次，俾有志斯道者，得以循序漸進，於以知文穆公有不獲已之苦衷焉。自是書出，廬山之真面分明，而魏本遂同於覆瓿，迄於今歷年百有十四矣。

咸豐初，粵逆肇亂，家藏舊板慘付劫火。纘高慮家學就湮，欲謀補刻，適官山左，簿書鞅掌，無暇及斯。迨同治辛未冬，引疾歸里，始聞南城族人小蘇太守體萱已先我付梓。纘高且感且愧，亟從坊間購閲，乃知其名則文穆公更

〔一〕此爲擬題。

正之名，而其書則仍魏氏原刻之書也。按：觀察原序自言搆刻是書，時歷五年，中多撓阻，其間雜遝參錯，勢固宜然。文穆書成，當亦觀察所深忮。小蘇斯刻，所以繼往開來者，其志亦與念庭觀察同。觀察之書幸未貽誤於當日，而小蘇之刻勢恐貽誤於將來，非惟觀察之所不取，抑亦小蘇之所不取也。用將文穆公更正原本尅日開雕，命子壽康、姪壽祺同加校勘。工既竣，謹附數言於簡端，並質之小蘇以爲何如。

同治十三年歲次甲戌春三月既望，七世孫纘高謹識。

重刻梅氏叢書輯要跋

同治十三年梅纘高頤園重刻本梅氏叢書輯要卷末。

温葆深

深於道光建元之歲叨登恩榜，嗣京兆榜信至，伯言農部同年亦與焉。先仲兄喜謂深曰："此同年者，所當師事者也。"明歲同捷南宫，同告歸。深本居城外，每入城，輒信宿伯言處，談讌於承學堂。承學堂者，康熙朝徵君梅勿庵先生以深明算學，恩遇至隆，命徵君以孫瑴成讀書蒙養齋，爲異數曠典，堂額之名，絶殊恩也。深每至時，抱蓀年丈亦出見，曾贈深以曆算叢書及年丈自著之勾股淺述，奉歸習讀，然深素苦心氣虚。得兩書二年，深奉先嚴諱里居，取讀曆算書，知於堪輿之説有當取用者，則不啻三復之，蓋庶幾百回讀矣。若此數年，至成心疾者數年，伯言故嘗戒之曰："五星三元，累人神智若此。"而蘇賡堂同年則别爲一説曰："此固有用之學也。"深以兩同年言同書紳焉。

壬申、癸酉歲，深延伯言姪孫水部壽祺授孫輩讀。適伯言從姪卓庵觀察爲刻家集，先校刊曆算叢書成，寄壽祺校，深時亦代校，借覆讀數過。明年丙子，深乞疾歸，晤觀察嗣君壽康，奉校成本持贈，時深亦以自刻西法星命造命書乞政。爰爲新刊叢書初本，記其重刊歲月如右云。

丙子閏月望日，上元温葆深謹跋。

曆算薒書輯要凡例

乾隆十年刻本曆算叢書輯要卷首。

一、徵君公殫精此學五十餘年，或搜古法之根而闡明之，或發西書之覆而訂補之，或即中西兩家而考其異同、辨其得失。書非一種，亦非一時之筆，安溪李文貞公暨方伯金公鉷山等校刻十餘種，而常鎮道魏公所刻爲多，名曰兼濟堂纂刻梅先生曆算全書。惜其校仇編次不善，而名爲"全書"，亦非實録，故另爲編次，更名曆算薒書輯要〔一〕云。

一、歲周地度合考係兼濟堂杜撰之名，因將歲周考及里差考二書輯爲一卷，遂撰爲"合考"之名，甚爲舛繆，今入雜著。

一、火星本法、七政前均簡法、上三星軌跡成繞日圓象原係三書，不可統攝，乃兼濟堂本彙爲一卷，而總名爲火星本法，殊欠理會。

一、五星紀要一卷，原名五星管見，兼濟堂改爲"紀要"，今仍用原名。又解割圜之根一卷，係楊學山節略大測而爲之者也，原非先人之書，並去之。又句股闡微四卷，"闡微"之名係楊學山所撰，其第一卷楊書也，亦去之。其

〔一〕曆算叢書輯要，乾隆二十六年本作"梅氏叢書輯要"。

第二卷至第四卷，今編爲句股舉隅及幾何通解各一卷。大測，書名，係新法曆書中言割圓之書。

一、籌算原有七卷，原書單行，自應詳備，今同筆算彙爲蕺書，則凡算學公理大法，無庸兩書並存，故只纂存二卷，其已詳筆算者並省之，以免重複。

一、各書自具首尾，原可單行，似不必拘序次，但既輯爲一書，前後須有條理，如曆算並稱，曆常居前者，其事重也，然不明算數，則曆書不可得而讀，故稱名仍以曆居算前，而序書則以曆居算後也。自一卷至四十卷皆算書，四十一卷至末皆曆書。至於算學，必自乘除開方始，故首筆算，而以籌算、度算次之，少廣拾遺又次之。籌算、度算者，算法之别派，而少廣拾遺則開方之通法也。既知乘除開方，則方程、句股可得而言矣，故又次之。幾何通解者，句股之神妙也；三角舉要者，句股之變通也，故次於句股焉，是皆測面之術也。而方圓冪積及幾何補編則皆測體之學，故又次於三角。算學之用於人事者畢矣。若夫弧三角及環中黍尺、塹堵測量三者，皆爲測天之用算也，而通於曆矣，故殿算書，而爲曆書之先道焉。至於曆書，曆學駢枝爲授時曆法，先人從學之權輿也，故居首。而以論説致用之書次之，疑問及疑問補皆論説之書也，交食、七政、揆日候星皆致用之書也。若夫答問、雜著，則古今中西曆算之説，互見錯陳，不可類附，故另爲卷而終焉。

曆算叢書提要

武英殿本四庫全書總目卷一百七子部天文算法類存目。

曆算叢書六十二卷。安徽巡撫採進本。

國朝梅瑴成重定其祖文鼎之書也。瑴成，宣城人，康熙乙未進士，官至左都御史。文鼎初作曆算書，各自爲部，後魏荔彤屬楊作枚校刊，作枚遂合之爲一名，曰曆算全書，並附以己説及辨論之語，目爲訂補。瑴成謂前書校讎編次不善，而名爲“全書”，亦非實録，因重加編次，合爲六十卷，改題“叢書”，而附瑴成所作赤水遺珍、操縵卮言二卷於後。觀其義例，與全書辨證者凡五：一以歲周地度合考作爲雜著；一謂火星本法彙爲一卷殊欠理會；一謂五星紀要原名管見，今仍其舊；一以籌算七卷原書單行，今併筆算彙入叢書；一謂曆算並稱，曆法事重，然不明算術，則曆書無從而讀，故稱名仍以曆居算前，而序書則以曆居算後，其字句訛舛亦細加校駁。又序稱作枚編次不善，故其書不能流傳。此瑴成重刊是書之大略也，雖編次不同於文鼎書，實無損益，且二刻已並行於世，均爲著録，殊嫌重複，故仍録其先刻者，而此本則附存其目焉。

宣城梅氏算法叢書序〔一〕

乾隆元年鵬翮堂刻本宣城梅氏算法叢書卷首。

竊周公九章算法，爲規天矩地，測高深廣遠，以迄米鹽零雜之用，莫不全備，至宋不廢。自明季一禁，則士子不習矣。古者以大司徒掌之，教萬民而賓興之，誠大典大法。因於不習不講，古學湮没，人皆以算書忽視之，而方程一法遂失其傳。我聖祖仁皇帝開館訓士，復古教化，而西術大行。不知西術即九章之法，然於方程一法歸於比例，習者繁難。梅勿庵先生補方程法而歸正焉，根本河、洛，以理御數，不特於立算全備，尤爲易學之一翼。今聖天子命諸生究心五經，重實學實行，則習周易而推象數者，此書誠不可缺也。梅氏書過多，環川張安谷先生删繁就簡而成此集，則價廉而易覽，故小坊請其書而剞劂之，以爲諸君子專經之一助，非止於習算有益也。

鵬翮堂謹識。

〔一〕此爲擬題。

梅定九中西算學通叙〔一〕

康熙十九年南京觀行堂刻本中西算學通初集。

蔡　璿

吾友宣城梅定九以經義聞江以南，而獨好曆象算數之學，孜孜焉以爲寢食。每出游，行笈中必有人不經見之書，與手製測驗器。顧猶搜訪不倦，殘編隻字，不惜重購，或手抄以去，蓋二十年如一日也，其專篤如此。余嘗以古聖人言道必本於天，言理必徵於數，舍數言理，必爲虚理。故數雖六藝之一，乃制禮作樂所必需，射、御與書，無一不有數。數之爲學，聖賢窮理格物之實際，儒者所當知。嘗有志學焉，而輒苦其難。定九告余曰："不專其事，不啓其扃，則讀易書難，否則讀難書易，易與難，在人而已。且夫爲學而不辭其繁且難，乃所以爲易簡也。"於是稍出其所著算學書，面相指授，晝漏未數刻，已了乘除大意。進而開平方、立方、帶縱諸法，卒業數日，瞭如指掌，乃信定九之言不我欺也。今之好古力學者不乏也，語及算數，則頭涔涔欲卧，未嘗不有志學焉，而深畏其難如余者衆矣。然則定九之書，其可以不讀矣乎？因取而授諸梓，以廣其傳。

〔一〕亦見錢肅潤文瀫卷四。

其綱二：曰古法，曰西法。其目九：曰籌算，曰筆算，曰度算，曰比例算，曰幾何摘要，曰三角法，曰方程論，曰勾股測量，曰九數存古，總曰中西算學通。定九之言曰："讀吾之書者，一日有一日之獲，數年有數年之獲，甚或一日之獲可以勝數年。"又曰："學者患不專，專矣患不恒。始學患其無得也，既學又患其自以爲得。夫人日遊於理數之中，而夢夢然無所知，甚不可也。乃少有知，而堅其自是，其弊尤甚於不知。"噫！此可以知定九矣。定九又嘗病世之言曆者，或膠執古法，駭西法爲異説，而尊西教者，又自私其術，鄙古人爲不足學。故自漢太初以來七十餘家曆，皆爲論列其立法之大旨，與其久而必改，亦不久決不能改之故，及古今雖代改憲，而實爲踵事增華，有必不能改者在，爲曆學通攷一書，以補馬貴與文獻通考之缺，以詳邢觀察古今律曆考之所未備。其説曰："世愈降而愈精者惟曆，而自羲和以來數千年共治一事者亦惟曆。"即此見先聖後聖一揆，此心此理之不以東海西海而異。夫何故？天不變，道不變也。蓋古今言曆，未有詳確於此書者。

寧都魏叔子爲之序，將續出以告世，而卷帙多，今未能也。然天下之大，固多深思好學其人，其無有爲之表章者乎？因序算學，并及於此。

康熙庚申，石城同學弟蔡繇璣先識。

中西算學通序〔一〕

同前。

方中通

當吾世而言曆算之絶學，通得交者六人：湯子聖弘、薛子儀甫、游子子六、揭子子宣、丘子邦士與梅子定九也。通少嗜象數，初訊授時於湯子，已與薛子遊泰西穆先生所，適刊其天步真原成，語通，喜而交焉。嗣入都，聞之道未湯先生，始知游子精西曆，獲讀天經或問，屢書往復辨難，然猶迄今神交，未一見。及省親盱江，而逢揭子，寫天新語一書多深湛之思，質測旁徵，剖析無留義。丘子則遇於芝山，覽所衍倚數引伸圖，論三晝夜，往往悟合。最後得交梅子，交十五年而會於金陵者四，方慨聚晤之難，顧以視游子與湯子、薛子、揭子、丘子爲幸焉。

梅子探曆學之奥，造器立法，合七十餘家而著爲曆法通考，不獨於前人不傳之秘有所發明，能證古今之誤而改正之，而其所以精義入神者，蓋研極於算術日久耳。且夫九數非小學也，載之周禮，故凡天地、人身、禮制、樂律、音韻、兵陣、丘賦以及日用器具，莫不前民用焉，是故七十子

〔一〕亦見方中通陪集卷一。

皆通六藝。六藝以九數爲指歸,格物以數度爲中節。道寓於器,理藏於數,此固聖人之教也。迨目詞章爲才人,聞記爲博物,遂廢置實學,苟非專家深入,徒涉其大綱陳迹,吐之爲言,筆之爲文,則似乎平子、沖之、一行、康節合爲一人,及舉一端而求其故,即無以應。嗟乎!實學之失,患在才人不講,更患在博物君子標其大綱陳迹,而不窮其所以然,令周公、商高之法不盡傳於今,中學隱而西學彰。梅子二十年殫力苦心,而成中西算學通者,深有感於此耳。吁!學者固當如是乎。通嘗侍先君子欒廬合山衍易,教以一切徵諸河洛。通因悟九數皆勾股,勾股出於河圖,加減乘除出於洛書,諸算無非方圓參兩所生,謬爲數度衍二十五卷〔一〕。學淺力薄,棄之高閣,業有年所。今讀梅子之書,而通書益可終棄矣。夫今人學古人爲文章,初苦於不似,後苦於不化。其於實學,寧有異乎!始期能因,繼〔二〕期能創。梅子籌算易直爲横,筆算易横爲直,非以因爲創乎?悟尺算即勾股〔三〕,爲别立度算;明方程之和較,而九章復舊〔四〕,非以創爲因乎?曰比例,曰三角,曰幾何摘要,曰勾股測量,亦曰即因即創耳。而以九數存古終篇,又何其退讓,不欲以創自居耶!

蔡子璣先留心實學,爲刻籌算,其八種將次第成之。

〔一〕二十五卷,陪集作"二十六卷"。

〔二〕繼,陪集作"終"。

〔三〕即勾股,陪集作"之欹側"。

〔四〕而九章復舊,陪集作"爲更立新法"。

梅子書至，屬通爲序。通不敏，雖受先人遺教，象數微有所窺，顧瞻梅子，愧莫企及。而不能不深有望於梅子諸書之流通，使方内實學之士群聚而講明之，以不負此午會。惜夫諸子强半遊先君門，當時未遇一堂，以窮斯學。今者丘子已逝，游子天南，薛子山左，揭子江右，各數千里，湯子亦數百里，通與梅子相去亦復不近。齒日以增，離合不可必，實學既難其人，有其人，有其書，而又必俟之知己之力。嗚乎！刻梅子之書者，獨梅子感之已哉。雖然，天下後世之學者，集諸子之書而會觀焉，不可謂非一時之盛也。

桐城世小弟方中通拜手書於南畝之隨庽。

中西算學通自序〔一〕

同前。

梅文鼎

天下之不可不通而又不易通者，算數之學是也。人之所通而亦通焉，未敢以爲通也。學至算數，則不可以强通。惟其不可以强通也，而通焉者必自然之理。故道器可使爲一源〔二〕，天人可使爲一貫，古今可使爲一日，中外可使爲一人，何也？通與礙對，理本無礙，何待於通？自學者執其所通，以强齊乎其所不可通，於是通在一人者礙在天下，是謂通其所通，非吾之所謂通。無他，虚見累之也。數學者，徵之於實，實則不易，不易則庸，庸則中，中庸〔三〕則放之四海九州而準。器即爲道，人即爲天，又何古今中外之不可一視乎？

三代以上，未有以數學名家者，蓋夫人而能數學也。内則六歲教數與方名，則既服習之童子之年。而周官大司徒以鄉三物教萬民，一曰九數，其屬保氏掌之，以教國子。魯論言游藝在志道、據德、依仁後，孔子弟子身通六

〔一〕亦見績學堂文鈔卷二。

〔二〕源，績學堂文鈔作“體”。

〔三〕中庸，績學堂文鈔作“中”。

藝者七十二人。當其時，上以是爲治，下以是爲學，無往不資其用，算學之名可以不立。嘗觀禹平水土，以八年底績，非有數以紀之，何以率作興事，屢省考成？而導河自積石、龍門，數轉入海，經營萬里，以及河濟之分、江漢之合，高下迴曲，激湍停泓瀦洩之勢，遠近之距，淺深之度，先後之宜，功之難易久暫，人夫之衆寡，器用財貨之規畫，畎澮溝洫川塗之疏密縱横，使無勾股測量之法以爲之程度，其能尅期授功而奏平成，萬世永賴乎？周公之制禮也，自六官以至萬民，郊廟、辟雍〔一〕以逮郊坰田野，服食器用、百工技巧之事，規畫盡制，洪纖具舉，尤其較著者矣。

燔書以後，上視儒術爲迂，而士亦自荒於辭章記誦，或虛談名理，無裨實用，略形名度數爲粗迹不道〔二〕，而道德、事業乃分爲二。其弊至於尸其官不習其事，優游嘯咏，謂持大體，賦式經用一切付之胥史〔三〕之手，而叢脞益甚。然漢藝文志有杜忠、許商算術各數十卷，唐有算學博士，以十經爲學，期五年而學成。元郭若思用垜疊立招差、圓容方直、矢切勾股諸術治曆，又推其法，治河有效，則其學固不絶於世。

至於有明，承用元曆二三百年不變，無復講求。學士家務進取以章句帖括，語及數度，輒苦其繁難，又無與〔四〕

〔一〕郊廟辟雍，續學堂文鈔作“王宫”。

〔二〕不道，續學堂文鈔無。

〔三〕胥史，續學堂文鈔作“胥吏”。

〔四〕續學堂文鈔“與”下有“於”字。

弋獲之利。身爲計臣，職司都水，授之握算，不識〔一〕横縱者，十人而九也。古數學諸書僅存者，皆不爲文人所習，好古博覽之士，或僅能舉其名。儒者之言，遠宗河洛，深推律吕，又或立論高遠，罔察民故。而世傳算法，率坊賈所爲，剽竊杜撰，聊取近用，不能求其本末，而古書漸亡，數學之衰，至此而極。

萬曆中，利氏入中國，始倡幾何之學，以點線面體爲測量之資，制器作圖，頗爲精密。然其書率資翻譯，篇目既多，而取徑紆迴，波瀾闊遠，枝葉扶疏，讀者每難卒業。又奉耶蘇爲教，與士大夫聞見齟齬。學其學者又張皇過甚，無暇深考乎中算之源流，輒以世傳淺術，謂古九章盡此。於是薄古法爲不足觀，而或者株守舊聞，遽斥西儒爲異學，兩家之説遂成隔礙，此亦學者之過也。

余則以學問之道，求其通而已。吾之所不能通而人則通之，又何間乎今古？何别乎中西？因彙集其書而爲之説。諸如用籌、用筆、用尺，稍稍變從我法，亦以見西儒之學初不遠人意。若三角、比例等，原非中法可該，特爲表出。古法若方程，亦非西法所有，則專爲著論，以明古人之精意不可湮没。又具爲九數存古，以著其概。書凡九種，總曰中西算學通。

夫西國歐邏巴之去中國殆數萬里，語言文字之不同，蓋前此數千年未嘗通也，而數學之相通若此，豈非以其從

〔一〕識，績學堂文鈔作“知”。

出者固一理乎？是故得乎其理，則天道人事，經緯萬端，而無所不宜。苟其不然，咫尺牆面，欲成一小事，亦不可得。此無異故，器一道也，人一天也，故可以一人一日之心，通乎數千載之前與數萬里之外，是之謂通。傳曰：思之思之，鬼神通之。非鬼神也，精神之極也。余之寢食於斯者廿年矣，遇其所不能通，未嘗不思，或積疑至數年而後得其解，則未嘗不樂。故欲以其所通，與同志者共之；其所未通，亦望君子之幸教之也。是爲序。

庚申五月日北至，宣城勿菴居士梅文鼎定九氏書於金陵友人蔡璣先氏之觀行堂。

中西算學通凡例目録

同前。

中者，中國之法也。自隸首作算數，周禮大司徒以六藝教萬民，而賓興之，一曰九數。此算學之祖也。

西者，泰西法也。自隋開皇中，西域阿剌必年，西學始入中國。唐史九執曆不用籌策，唯以筆書，其進位則作點。此西學之祖也。

算學者，質言之也。論數之原，出於河圖、洛書。極其所用，則以仰觀星文，敬授民時。大而體國經野，平水土，制禮樂，協律吕，和陰陽，籌兵食，庀材用，天道人事備其中。而質言之，則算數而已。世之言數者，或緣飾浮説以相誇詡，而非其質也。儒者之言曰：精義入神，不離灑掃應對。余所竊比，則古之算學云爾。

通者何也？聖作明述，我不敢知。夫亦曰兩家之書具在，姑爲之通其説焉已耳。其通者，吾通之；其不可通者，固不敢强爲之説。蓋余之所通如是而已。

通之説又有二：言理略數，是冒理也；言數昧理，是淺數也。通焉而理在數中，使言理者不能遁於虚無，言數者亦不敢相矜以穿鑿荒唐，而自神其説，此理數之通也。今之言數者，中西兩家而已。譬之字音，一善爲反法，一善爲切脚，其所得之音一也。或執其一説，而廢其一説，是不學之過也。通焉而尊古者，知西法雖爲新創，初不謬於古人，而其三角八線諸法，實補古法之遺。尊西者，亦知古人之法或傳久多誤，原其立法之初，決不遜於西學，而如盈朒、方程，實亦西法所未有。二者可相資，不可偏廢。此中西之通也。爲書凡九，具詳後方。

第一書曰籌算。籌算之目七：曰乘除，曰平方，曰立方，曰帶縱平方，曰帶縱立方，曰開方捷法，曰開方分秒。乘除，算之總也，消息也，盈虛也，終始也，往復也。故邵子曰："算法雖多，不過一乘除而已。"然古傳珠算，有上、退、歸、因、乘、除、加、減八法，皆有歌括，習學頗難。今籌算惟一乘一除，不須歌括，其用甚便，學之甚易，一也；又不用珠盤而存諸片楮，可以覆核，與諸酬應不相妨廢，二也；布算之具，雜諸筆墨之間，頗爲雅稱，最宜於文人騷客，三也。原其初製，以直籌橫寫，蓋西土書用旁行故耳。余則易以橫籌直寫，既於中土筆墨爲便，而立法加詳，爲用加捷。如帶縱諸法，皆原法所缺，而定位一端，尤爲盡善。初學得此，可以數日曉了，而由此悟入，鉤深索隱無難。故以此爲第一書。此書凡三易稿，其最後相與質疑送難，且代爲謄清以成其書，則山陰何子五園、江寧余子公沛之力居多云。

第二書曰筆算。筆算者，不用籌，以備偶然之用。原法橫書，余亦易之以直，與籌算互相發明。其目六：曰加，曰減，曰乘，曰除，曰異乘同除，曰開方。大約詳於籌算者，皆不複出。或各存一則，舉例而已。然加減二法，實籌算所資，而異乘同除爲算家大法，不可不知也。異乘同除，西法謂之三率。

筆算之别有二：曰古法，曰回回法。

古法謂之鋪地錦，用之以乘，最爲妥當。雖甚棼雜，可無謬誤，不可廢也。古亦有寫除，然不如鋪地錦之妙，今亦具一則。

回回法謂之土盤，乃西域大師馬沙亦赫、馬哈麻法也。洪武中，曾命史官吴宗伯、李翀譯其書，余蓋從友人馬德稱得其説。其法以沙代紙，以竹或鐵書之，非筆也，然彼亦謂之爲筆，故附於筆算。

筆算之附又有二：曰江西法，曰桐城法。江西者，朱三爲、王若先法；桐城者，方位伯法也。位伯著數度衍廿五卷，余惟見筆算，亦大官一臠也。

第三書曰度算。度算即尺算也，以兩尺爲樞〔一〕而開闔之。其目十：曰平分線，曰分面線，曰分體線，曰更面線，曰更體線，曰分圓線，曰正弦線，曰割線，曰切線，曰五金線。十線具，則一尺而有十尺之用。凡乘除、平方、立方諸法，一瞬即得，無捉籌運筆之勞，視前兩者尤爲靈妙。而測圓八線及諸製器之法，皆可坐致。方位伯云“九章皆出於勾股”，蓋以此也。舊傳比例規解語焉不詳，又特多譌舛，其説雖具，其數則非，學者茫無津涯。今一一爲之訂證，以發其例。又以正弦線附於分圓，而别立節氣線、

〔一〕爲樞，原書壞字，據殘存字形補。

圓徑線,似尤妥確。

度算之别爲矩算。矩算者,余之創製也。其法以板或銅,如造矩度法,細分縱横之線,爲綱目形。以一角爲極,自極出諸線,如規尺。但尺之法以三角,矩之法以勾股。用三角,故以兩髀開闔;今用勾股,則徑取一線爲用。以視造尺,工力可省太半,又無立樞欹側之患,誠算家之奇器也。

第四書曰比例算。比例算者,泰西穆尼閣先生遺法,而青州薛儀甫所更定也。其目三:曰比例,曰四線比例,曰四線新比例。前二尼閣法,後一儀甫新法,皆以列表爲用。臨算不用籌尺,以加減代乘除,對數即得,法之奇也。算家自三乘四乘以上,最爲繁難。今用此法,開卷瞭然,殆非思議所及。

第五書曰幾何摘要。幾何之目三:曰線,曰面,曰體。舊有幾何原本一書,爲卷甚賾,讀者苦之。崇禎曆書摘爲要法,又頗不盡。今斟酌於二者之間,以爲詳略云。

第六書曰三角法。三角中函兩勾股,然勾股不能御三角,而三角能御勾股。此西法之最精,殊非古人所及。其目有二:曰平三角,曰弧三角。測算之學,至於弧三角,至矣盡矣,乃曆家之所賴也。

第七書曰方程論。其目六:曰正名,曰極數,曰致用,曰刊誤,曰測量,曰雜法。數有九,約之唯二:方田、少廣、商功、勾股,皆量法也;粟布、差分、均輸、盈朒、方程,皆算法也。算法之妙,極於方程;量法之妙,極於勾股。故諸章量法，皆可以勾股御之，而他章之法不可以治勾股；諸章算法，皆可以方程算之，而他章之法不可以求方程。自世所傳方程多誤，不能盡九章之用。因特論之，使九數缺而復完，亦使學者知中土舊法固有非西法之所能兼者。想見古人立法之深遠，令人興起，故特爲一書。

第八書曰勾股測量。測量之法，至三角八線盡矣。然古法之精妙，自不可廢。如測圓海鏡之法，即八線之所自生也。其目三：曰測高，曰測深，曰測遠，皆用表。

測量之別有六：曰矩度，曰矩尺，曰象限儀，曰鏡測，曰笠測，曰扇測。

第九書曰九數存古。其目九：曰方田，曰粟布，曰差分，曰少廣，曰均輸，曰商功，曰盈不足，曰方程，曰勾股。九數即九章也。九章之精者，勾股、方程，既別爲二書精論之矣，而復爲此者，何居？曰存古也。存古奈何？曰古法不可廢也。蓋古人之可見者，僅此而已，其忍廢乎？此余之意也，故以是終。

余輯古今曆法通考，算學宜附其中，而今別出，何也？曰爲之兆也。且自曆言之，則數之最精與其用之最大唯曆，而數之用不盡於曆也，猶之道原於天，而道不盡於天也。天以内人倫日用，無往非道，無往非天，故學天者自人倫日用始，學曆者自算數始。自國家之釐省考成，任土制賦，明禮和樂，授功均食，覈餉籌邊，完堅濬深，制器修備，水利農田，禦灾救患，以及民間之質劑交易，皆資算數，固須臾不可離者。余之不以算學附曆書，而別爲中西算學通，其旨如此。

以上九種之書，皆本古法，參以獨見。分而稽〔一〕之，各極指〔二〕趣所存；合而言之，具見源流之貫。余之從事於此〔三〕□二十年，不敢謂已盡其理。嘗欲請正有道，而力不□。友人蔡璣先曰：此窮理格物者所必須也。遂取而付剞劂〔四〕，以質高明。

宣城梅文鼎謹識。

〔一〕稽，原書模糊，據字形與文意補。梅文鼎全集（韓琦整理，黄山書社，二〇二〇，下同）第一册識作“觀”。

〔二〕各極指，原書模糊，據字形與文意補。梅文鼎全集第一册“指”作“旨”。

〔三〕此，原書模糊，據字形與文意補。

〔四〕剞劂，原書模糊，據字形與文意補。

書算學通後

同前。

陳　周

古人學成游藝，蓋體立而求其用也。後世理學不明，而虚無之説起，黄老流爲方伎矣，梵竺流爲機鋒矣，經史流爲時萩矣。執方伎、機鋒以求二氏，二氏任受過；執時萩以求聖賢，聖賢肯任受功乎？方今言儒之家，於禮、樂、書三者多茫然弗知，至射、御則又夷然弗屑。數云乎哉？宛陵梅定九先生淹貫經史，文章妙天下，旁獵天官曆律諸學，凡五十三變。中如黄鐘之所以九九，大衍之所以五十，晷影之所以尺丈，靡不導窾綮而登堂奥。籌算、尺算、筆算，酌日月於開方，範水土於勾股，箋解告世，使家喻而户曉。其義行將功贊羲和，不在沈、郭諸公後矣。璣先蔡子方從事理學正傳，而忽梓算學一書，是亦唐人算學科之意也夫！

庚申夏五，瀨上陳周二遊氏書於秦淮遊舫。

古今曆法通考序〔一〕

乾隆十年曆算叢書輯要卷四十六。

魏　禧

士於經世之務，惟律曆學，非專家，雖高才博學不能通其微。余資性愚下，又不能學律曆數算，諸家茫昧無所知，自非終身從事不能至也，則不如勿學已矣。然能通其學者，見之未嘗不服而自媿。余養疴金陵，與宣城梅子定九相見於王子璞庵之南樓。定九不以余爲不知，出示曆算諸書，算書將次刊行，而曆法通考世未之知也。余既不知曆學，不能言其精微之處。覽其大綱，自太初曆以降，凡七十餘家，皆陳載而論斷之，以求衷乎其不可易。梅子之輟群書而攻苦於是者幾二十年矣。余嘗聞諸師友，後人之勝於古人者惟曆法，世愈降而愈精密。蓋創始者難爲智，繼起者易於神明，理固然也。天地之運，雖有成法可測量，而必有其不齊，不能盡知之，故雖聖人不能以一成而永定。夫元氣運用，過與不及，天地恒有其不能自主之時，此所謂不可知之神也。故造曆者雖甚精，必不

〔一〕此爲擬題。魏叔子文集外篇（續修四庫全書一四〇八册影易堂刻本）卷八題作曆法通考叙。

能不久而差，而有待於後人之更定。然不考古以察其原，就今以求其不易，則遞傳至後世，將益無所考證，而欲有所更定者，道無由施。然則梅子是書，豈僅足以備一代之史，前當日之民用而已哉？余故不辭而爲之敘，使天下知有是書，必有能爲梅子刊布，且實見諸施行者，非能敘梅子之書也。余姊婿邱邦士天資高，於易數、曆學及泰西算法，不假師授，皆能造其微，桐城方密之先生歎爲神人，所著曆書未就而卒。惜夫！邦士不及見梅子之書而爲之敘之也。

寧都易堂魏禧序。

古今曆法通考序〔一〕

同前。

王　源

火雲龍鳥紀官，亮天工而治以天事也，三代下，人事耳，人不如天明矣，況以人測天而欲其不忒乎？後事最難精者，莫如律曆。中聲在天地，聖人借器以宣之；天之運不可窺，造曆象、候日景、觀中星以步之，皆聰明睿知默契乎理數之自然，非區區智巧之術所能爲者，而後世徒以人事爲之，無惑乎？器亡而黄鐘卒難恰合也，唐虞遠而曆法愈變愈繁，終難至當而不易也〔二〕。回回、泰西之曆，或謂其法勝乎中國，宣城梅子定九著曆法通考，其言曰："大法定於唐虞，所未著者，里差、歲差耳，積久而著，而後人立法以求之，合數千年、數萬里之心思耳目而後精密；而合數千年、數萬里之心思耳目以爲之精密者，適以成古聖人未竟之緒。蓋中星者，求歲差之法也；嵎夷、昧谷、南交、朔方之宅，求里差之法也。"於戲！唐虞雖遠，苟得通天

〔一〕此爲擬題。居業堂文集（續修四庫全書一四一八册影道光十一年讀雪山房刻本）卷十三題作曆法通考序。

〔二〕"中聲"至"不易也"，居業堂文集卷十三作"乃古器亡而黄鐘卒難恰合，以無可資爲復古之具。曆法則踵事而增，愈脩愈密，以有乾象昭垂，可明徵也"。

人理數、淹貫古今中外之法如梅子者，而會通以盡其變，雖亦以人測天，而人事盡，即聖人之法合；聖人之法合，而天事不庶幾乎？且夫曆法所以合天，當治以天事；天文所以示人，當治以人事〔一〕。而梅子則曰："日月星辰有常度〔二〕矣，惟曆法不明，求其説焉不得，而占家遂得附會於其間。苟曆法大著，則禨祥小術自無所托以售其欺。"余嘗謂裨竈、梓慎之術，不能不屈於子産、昭子。徐珵預知英宗北狩及南宫復辟，亦以象緯決之，則倡議遷都，北平宜必不可守。而于忠肅力排其説，一意戰守，社稷遂保無虞。是人事脩，天意無不可挽。則梅子是書豈特明曆法也乎？息邪闢妄解惑之功，亦不小矣。

北平王源序。

〔一〕"於戲"至"治以人事"，居業堂文集卷十三作"於戲！盡之矣。且夫曆法所以合天，當治以天事；天文所以示人，當治以人事。唐虞遠，而後人之法覺於天有未合，則改以合之。久之又覺其未合，更改以合之。然則後世人事之近於天，唯有曆法，苟得通天人理數、淹貫中外古今之法如梅子者，以治其事，安見唐虞之日遠乎"。

〔二〕常度，原作"常席"，據居業堂文集卷十三改。

學曆説小引

昭代叢書甲集卷四。

張　潮

事之最難學者惟曆，而世時有精通曆學之人，其人未嘗不自以爲學而知之，而吾則必以爲生而知之。蓋天體渾圓，一日一周，久則必有歲差之患，在天亦處於勢之莫可如何，而又不可以任其差而莫之正，於是特生一人焉，曉然於其所以然之故，而考訂修改之，如漢之洛下閎，唐之李淳風、僧一行，皆其選也。自明神廟時，有利瑪竇者自泰西來中國。其國人精於曆學，迄今猶遵而用之，豈天於泰西獨厚，多生異人耶？良由彼國以曆法取士，用心爲獨專耳。今曆之異於古者，如一日之爲刻九十有六及十七日之望三節之月之類是也。今曆之密於古者，如節氣之遲早、晝夜之長短、日月蝕分數之多寡，各省不同之類是也。夫後代之法密於前代，不獨曆家爲然，而曆爲尤著。然則梅子定九之所謂人當學曆，其殆以其法之密而可循歟？定九聰明獨絶，舉凡勾股乘除之學，咸能辨析秋毫，既擅天生之資，而復深之以人力之學，宜其説曆法如數家珍也。

心齋張潮譔。

學曆説跋

同前。

張　潮

三代之曆，月朔始頒，以故民間正月不知二月之大小；春月無閏，不知閏之爲夏爲秋冬也。一歲之曆且不得而有，矧得而學之乎？後世日趨於便，夏至後即頒明年之曆於諸路藩臣，藩臣仲冬即頒於諸郡邑，下至負販村氓，莫不各購一帙，亦何便也！定九曆法大抵得之泰西之學爲多，非徒從故紙中來，是以其説精而不浮，博而且當。然亦惟定九能之，豈一切之人所可學哉？

心齋居士題。

新刻曆學疑問序

日本文政三年齊政館刻本曆學疑問卷首。

日　菅原長親

曆數之術，其來尚矣。軒轅推策，帝嚳迎送。敬授民時，堯之所以爲仁；璇璣齊政，舜之所以爲聖。夏有亂日之征，商有奉時之誨，周置史官，秦設月令。其事甚重，其義至大，豈可不戒懼敬慎乎？從此已還，歷代王者無不率由焉。而日月之爲物，常動不息，則不能無盈縮遲速之差。既有其差，則占候乘除，漸失毫釐，積累之久，至非修改以合，則不可復候矣，立差追變之法所由始也。古來治曆，自太史公之徒，尚不能究之，況淺近薄劣乎？漢家造曆，一本於律。爾後或據春秋，或推易象，其説不一。如唐三百年而八改曆，蓋謀夫孔多之所致也。後世曲技雲浮，疇官失守，議論區分，討駁實繁，加之佛國洋外之説競興爲群，其精雖効忽微，而未嘗免迂怪也。晚近曆書之多，不可勝紀，要之大抵彼善於此，則有之而已。陰陽頭安倍君世掌仰觀，兼知推步，常慨學者或迷邪徑，無所適從，欲採掇家書，以立定論，寮務鞅掌，未及著録。偶得清梅定九曆學疑問，反覆數四，迺喟然嘆曰："此書該博古今，涉獵彼此，微旨奧義，要歸允當，吾之所欲演述者，旁載不漏。夫與構成稾本之持久，寧從校訂定書之便捷。”迺授剞劂，以公於世，惠恤後進之意，不亦厚乎？及成，求序於予。予雖不敏，曩既知天文博士先君，今又執雷陳之誼，不可敢辭，且盛此舉，爲題數語以贈云爾。

文正己卯重陽日，正三位式部大輔菅原長親撰並書。

曆學疑問序

同前。

日　清原宣明

昔顓頊命南正重司天，火正黎司地，堯使其後纂其業。至殷周創業改制，明大法九章，順其時氣以應天道，於是曆象推步之學大興矣。自有秦火，諸家之説紛紛分立，而不可信從者不鮮。云至近世，其法漸脩，而其理愈密，然尚洋乎茫乎，不易究極，講其學者不可不以用力也。安倍朝臣晴親世箕裘其業，廣延群儒，博講斯道，深鈎傍究，嘗有玉石同篋之嘆。頃撮抄梅定九曆學疑問，命門生加之訓傳，又親考訂上梓，以公於世，蓋欲爲講其事者標正路也。學者由此以溯，則終知治曆明時一定不變之法焉耳矣。余與朝臣有韓雲孟龍之盟，今乞一言，因不敢辭，略述其意爾。旹文政二年秋八月。

少訥言清原宣明題。

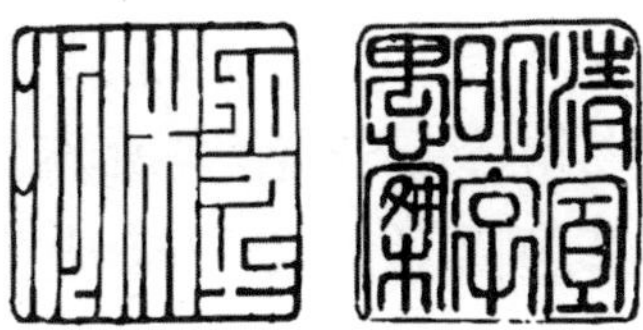

筆算序〔一〕

康熙四十五年保定刻本筆算卷首。

金世揚

宛陵梅勿菴先生所著曆數諸書既成，先後鏤版其二種，余嘗割俸以佽助之，而筆算其一也，乃因而論之。今夫數何昉乎？蓋自太極既判而兩儀生，陰陽五行絪緼變化而萬物乃蕃。然於其間，凡有形者，必有其象；凡有象者，必有其數。自天地之運行，人物之經緯者，皆是也。故聖人以六藝垂教，而數必居其一，是豈徒欲學者持籌握策，校錙銖，角尺寸，日與市人賈豎爭長而已哉？亦以爲數之既明，上可以定曆授時，佐聖帝明王之治。次凡田賦、兵車、錢穀、鹽鐵之屬，晰其盈虚消息之故，可以服官蒞民，而不爲奸猾所愚。即窮而在下，以其所得於心而應於手者昉爲成書，藏之名山，傳之其人，使聖人垂教之意不至湮没於後世。若勿菴者，亦無不可也。獨其書有繁簡，有微顯，在得心應手者，固可使同條而共貫。而學者入門之始，則不得不審所難易而先後之，是莫如筆算一書，爲簡顯而易入矣。蓋天下物類之紛賾，不知其幾何，而一

〔一〕此爲擬題。

大小輕重多寡足以該之。即大小輕重多寡之爲類，又不知其幾何，而一減併乘除足以盡之。學者握三寸管，舒尺幅楮，坐一室之中，而天下萬有不齊之數，舉莫能遁於毫端，以視珠盤之喧聒與籌策之縱衡，其勞逸之相去何如也？且究其源，貫通乎六書，神明於西法，又非鑿空捕影以示異者鄰乎！獨念士君子鉥心劌目，面屋梁，窮歲月，以求成一家言，亦冀有用於世，俾道與身俱顯耳。乃勿菴蚤謝其舉子業，殫數十年心思才力以畢萃於此書，視古之作者，殆已過之而無弗及矣。况受知於今相國安溪李公最深，既薦之於天子，嘗賜召見，言論多稱旨，特御書"績學參微"四字以褒寵之，此可謂千載一時之遇矣。假使勿菴年方壯，或由是而弁簪垂笏，如昔賢之燀赫當時，照耀奕禩，正未可知。奈何春秋已高，弗及躬贊聖朝，敬天勤民至治，而僅以空言垂後，爲可惜也。余因論次其書，而牽連及之，亦使後之學者讀其書，想見其爲人，斯勿菴之志也夫。

康熙四十五年歲次丙戌長至日，三韓金世揚題於上谷官署。

〔一〕此印章原在正文前。

梅勿庵筆算序

康熙乾隆間刻本式馨堂文集卷八。

魯之裕

古先聖王之以六藝垂教也，所以成天下後世之材，使宏博淹通用焉輒適，而有以經緯乎家國天下也。自科舉興於有唐，世皆營營於聲律文字之學。宋以後，益務言理，而斥象數爲形下。遞變至有明，挂六藝於齒頰者微矣。今聖天子聰明睿知，廣覽周通，微顯精粗靡不融徹，士之生其時者，咸思有以尋墜緒，而引使長之。於是乎江以南定九先生起焉，集九數之大成，統中西於一貫，兹筆算其一也。上之可以定曆授時，次之可以綜田賦、兵車、鹽鐵、粟絲一切貨財尺寸、錙銖、盈縮、多寡之數。丙戌冬，三韓金公鐵山曾梓其書於上谷，而布之未廣。予乙未秋過宛陵，造先生之門請業焉。先生諄諄以梓行相屬，予再拜受命，爰鏤板而播之四方，期與天下留心經濟者共之。其爲術也，簡而易，不終日而可得其端。即研而精之，要亦非莫殫究之業，固無妨於聲律文字之學也。况此亦格物窮理之一，雖形下，而形上之道寓是焉，非猶夫博弈、機械之技之不足術者也。學者而人皆旁通之，而用奚不適？即古聖王垂教成材之至意，亦由斯其不泯也已。

曆算合要序

乾隆四年國子監刻本曆算合要卷首。

范錫纂

自古聖人御宇，爲政首重明時，於是乎有曆。然曆非數莫紀也，於是乎有算。有曆與算，而凡天道之爲盈虛、爲休咎，人事之爲兵農、爲錢穀者，皆可坐致焉。無如治曆者多昧於象，積算者恒苦於煩。我朝相國安溪李公學貫天人，知周象算，欲使人之共明夫曆之象，共神其算之法也，遂參西曆，以爲曆象本要。採定九梅先生算法，集成全書，以覺萬世，其功亦溥矣哉。予嘗獲是書，而研窮有年矣。但慮夫習之者或浩博而難通，因於全集中擇取曆象一册、筆算一册，彙爲一帙，付之剞劂，名曰曆算合要，庶幾使天下後世之公卿大夫士明乎曆之象者，可以窮天地之變；明乎筆之算者，可以切日用之恒。且合象算而兼精之，顯之可以驗經濟之宏，微之可以通性命之奥，豈曰小補之哉？

乾隆己未歲季春月，真寧范錫纂序。

方程論序〔一〕

乾隆元年鵬翮堂刻本宣城梅氏算法叢書方程論卷首。

潘　耒

古之君子不爲無用之學，六藝次乎德行，皆實學，足以經世者也。數雖居藝之末，而爲用甚鉅：測天度地，非數不明；治賦理財，非數不核；屯營布陳，非數不審；程功董役，非數不練。古人少而學焉，壯而服習焉，措諸政事工虞水火，無不如志。後世訓詁帖括之學興，而六藝俱廢，數尤鄙爲不足學。一旦有民社之責，會計簿書，頭岑目眩，與一握算，不知顛倒，自郡縣以至部寺之長，往往皆然，於是黠胥猾吏得起而操官府之權，姦弊百出，而莫能詰，則亦不學數之過也。古算經諸書多不傳，九章諸術今人不能盡通，由於學士大夫莫肯究心，而賈人胥史習其法而莫能言其意。近代惟西洋幾何原本一書詳言立法之故，最爲精深，其所用籌算亦最簡便。然惟曆家習之，世莫曉也。吾邑有隱君子曰王寅旭先生，深明曆理，兼通中西之學。余少嘗問曆焉，知學曆必先學算，於是粗通算術，惜未竟學罷去。今寅旭亡久矣，余徧行天下，求彷彿其人者而不

〔一〕亦見遂初堂集卷七、曆算叢書輯要卷十一。

可得。歲丙寅過宣城，始得梅子勿菴。勿菴儒者，學行醇篤，覃精曆學若干年，洞見根柢，多所著述，於數學尤鈎深索隱，發前人不傳之秘。蓋九章中最難明者，無過勾股、方程二事，西人論勾股割圜之法詳矣，方程則有所未盡。於是勿菴著論六卷，專明方程。其於正負減併之數、和較雜變之情、帶分疊脚之術，銖分縷析，創例立法，以盡天下無窮之變。數學至此，神矣妙矣，不可以復加矣。其見於文辭也，晦者使之明，煩者使之約，俗者使之雅，質而文，雜而有倫，俾覽者因言以得數，因數以知法，因法以悟理，洞然明白，而不苦於難習。庶幾數學復明，而人多綜理練達之材，其有裨於世，豈淺尠哉？夫得浮華之士百，不如得實學之士一；得名世〔一〕之書百，不如得傳世之書一。使寅旭、勿菴而見用於世，高可爲杜預、劉宴，下亦不失爲洛下閎、一行。乃勿菴尚沉淪一經，未知遭遇何如，而其書則既成矣，可以傳矣。吾獨悲寅旭遯世埋名，坎壈憔悴以死，著書僅有存者。吾學不足以窺其深，而力不足以表章之也，其以勿菴爲地上之子雲，可乎？

康熙庚午孟春，松陵潘耒撰。

〔一〕名世，曆算叢書輯要本作“詞賦”。

刻方程論序

同前。

李鼎徵

方程論，宛陵梅先生所作也。方程之法作自先生乎？曰：古法也，今亡矣。然則數書所載方程，何法也？曰：僅存耳，闕略而不知所以爲算，窋滯而不知所以爲用，則此章之有待於作也久矣。竊意今人之不古若也，不可以數計而尺量。即以今之字法論之，篆籀變而分隸，分隸變而行草，古意已無復存。然在許氏説文，僅載恍惚，猶可想其法象之廣、義理之精，而非流俗所及。三代數學，獨傳周髀一篇，錯簡脱文已難盡考，然所言用矩之道，已括泰西八線三角之要；七衡六間、蓋笠覆槃之喻，已備西人簡平諸儀、弧線諸表之術。自漢唐精算者，徒以爲古人逸書，而莫或究其歸趣，即此知古學之失傳。而後之所謂心解獨悟者，皆散見於古人之微文碎義，而莫能出其範圍也。上蔡謝先生曰："孟子殁，天下學者不識自家寶藏，被外氏窺見一班，遂擎拳竪脚，敢自尊大。使聖學有傳，豈至是乎？"上蔡此言，蓋歎道也。然如九數之術，世之傳者，文不馴雅，法亦荒略。彼方程者，尤爲特甚。不惟學士大夫惘然莫知其原，即疇人子弟終日握算，亦莫審其所用之端，六藝殘闕，以致於此。梅先生生千載後，獨以好古爲心。取方程遺文數條，尋思演繹，以成此編。推其體之所因，究其用之所極，原原委委，八萬餘言，不惟可以補此章之缺，實可以抉九數之精。然先生之論方程也，又不謂己作，而直以爲周官遺文、先聖墜緒，至今日而闡幽發翳，意蓋自等於叔重說文、君卿算注。然二書採摭其未亡，而此論獨發於既湮，則意加健而力加勤，豈謝氏所謂識得自家寶藏者耶？使古人復生，質之不媿，必如此論而後可。先生著書多種，皆極道數之妙，方程論其一也。

鼎徵辛未春在都門，謁見先生，語次偶歎方程爲絶學。先生賞其知言，出此以授，再拜如獲拱璧，遂請歸閩中而梓之。

旹康熙己卯孟夏庚子朔，受業安溪李鼎徵謹識。

梅勿菴先生方程序

同前。

吴　雲

聖人之學,自志道始,而以游藝終;游藝以禮始,而又以數終。人亦知聖人之意乎?極天下之賾而易亂人者無如數,期三百六旬有六日,以閏月定四時、成歲功,以及封十有二山,疏理四瀆九河,上中下壤田賦,六律六吕、八音八風、五行四時,以共歸於河圖、洛書、洪範之内。即德本無數,而聖人又分一誠、三道、三德、五常、九經之屬,然則數亦統道之全矣。數若不統道之全,萬有一千五百二十,當萬物之數,何以會於八卦、四象、兩儀、一畫哉?三代以來,數失其宗,他不能具論。予每思神禹之治水,必能會方程、勾股之數,幾何之地當用幾何之人,幾何之水當用幾何之力,幾何之力當用幾何之費,先有一成數於心中,然後按數而計工,計工而克效。若泛泛然多寡不知,繁省無定,若理亂絲,而全無所緒,九年其何以成之乎?故周官以大冢宰而司會計,聖人何以一算博士之任,而必煩一統百官之冢宰?蓋民財出於民力,民力關於民命,混用財賦則民困,淆訛會計則國竭。所以貪臣理財,利於天子之不知數,以便彼上下其手,盈縮其弊。即如予邑,嘉靖時有布政司奸吏爲飛添伏減之術，暗加糧賦於予邑，以陰除其私邑之糧，遂致予邑暗困而不知，賴鄒文莊公留心民瘼，求精數學者以察之，而後除其害。以此而推，何地可免乎？惜數學之不傳也。昔吾先友周編修耻菴太史精於勾股，刻有成書，今其板猶存，而未及於方程。方程之學比勾股更精，中國之學多未及知，即西學亦未及詳。宣城有道梅勿菴先生，自以精思神悟而得之，有此一書，冢宰可以司會計，而貪臣無所容其奸；司空可以用民力，而勞人必不至於瘁。豫定其數，適合其節，人與工稱，事同物宜，民力何致於困耶？此吾儒經治天下之務，而必不可少者也。不然，經界均役、疏水築城、籌邊發餉，何代無之？爲臣不知此，而必蒙猾吏之欺，甚至以十爲千，以億爲百，既誤國，而又誤己，尚不知自覺也，其可乎哉？若夫志道、據德、依仁，興於三百之詩，立於三千之禮，成於九成之樂，正於百步之身，和於九曲之響，神於八卦之數，偏多以數而養德者，此又聖人之神明已。梅有道因精心之故，而和氣充身，於其中則又有所得已。知加一倍法，上而羲文周孔，下而周程邵張，亦必數矣，是又天德之所當深念也。予何時選可以遊梅有道之門者，從有道而學焉？若予，則有志而未逮者也。謹序。

匡廬隱者吴雲撰。

刻梅氏籌算跋〔一〕

光緒十三年陝西求友齋刊本梅氏籌算卷末。

劉光蕡

籌算三卷，宣城梅定九先生曆算叢書之一也。原書七卷，其孫文穆公去其與筆算重複者，定爲二卷。今未刻筆算，則加減法及命分、約分、開方分秒、隅差法，均學算所有事，不可闕也。定九先生發明算術，立法淺顯，設例詳盡，文似繁冗而非冗也，蓋反覆推明，惟恐人之不知也。今法例均依其舊，而平方、立方通用捷法，各附帶縱於其後，則文穆所定也。夫算有九章，盡於加減乘除。開方爲無法之除，用之方田、句股，而其他則皆加減乘除之變化而已。學者苟神明於加減乘除，算術雖深，不難次第就理，蓋亦猶書之盡於八法云。

光緒十三年夏五，求友齋主人識。

〔一〕亦見煙霞草堂文集卷三。

刻平三角舉要跋〔一〕

光緒十四年陝西求友齋刊本平三角舉要卷末。

劉光蕡

平三角舉要五卷，亦宣城梅定九先生著。求友齋以經史等學課士之第四年，貴筑黄陶樓先生陳臬秦中，以培養人材爲急務。既爲關中書院購書數萬卷，而以求友齋課法，矯空疏之弊，於先生購書之意爲有合也。擇課卷之佳者，大加膏奬，於算學奬誘尤殷。今歲春，移藩吴會，留五十金於求友齋，作刻書之用。時刻籌算畢，即以先生資，取平三角舉要刻之。從兼濟堂本，故言三率及鈍鋭角形，較文穆公本特詳。三角必用八綫，原書無表，不便學者，今附焉。夫先生司刑名而獨加意人材，加意人材而尤注意算術，此其深識遠慮。凡受先生賜者，可不默識其意而刻刻自勵者乎？其門下士咸陽劉光蕡任校勘之役，謹識其緣起如此。

光緒戊子秋七月，求友齋主人識。

〔一〕亦見煙霞草堂文集卷三。

附録三　梅文鼎傳記資料

送梅定九南還序

民國二十五年四明叢書本石園文集卷七。

萬斯同

宛陵梅子游燕山，余得與之定交。其人温然君子也，而詩文落筆驚人眼。所著古今曆法考、中西算學通諸書，詳而核，博而辨，卓然可垂世行遠。信哉！其足以成名也。余客燕山久，四方賢豪長者至止，多與縞帶言歡，要皆浮華鮮實之士，若學成而可名士者，亦無幾人。梅子既善詩文，又旁通曆學如此，此豈今世文章之士可得而並駕耶？

嘗慨曆之爲學，帝王治世之首務，而後代率委之疇人子弟，致膠其法而不能通其義。如有明三百年中，學士大夫非無通曉其學者，往往不見用；其所用者，不過二三庸劣臺官，死守一郭守敬之法而不知變。夫守敬之法非不善，然在當時已不能無少誤，乃歷三百年之久，猶且堅執其死法，其於曆果能無誤耶？故古今曆法之疏，無如明世之甚，由專委之疇人不知廣求學士大夫講明其義也。迨西法既入，其説實可補中國所未及。崇禎初，嘗設官置局，博徵天下通曉曆法者與相辨析，於是西人所著即名崇禎曆書，而以元年戊辰爲曆元，其書實可施用。今世所行西洋新法曆書，即崇禎曆書也，但易其名而未始易其説。乃世之好西學者至詆毁舊法，而確守舊法者又多抉摘西學之謬，若此者，要未兼通兩家之學而折其衷也。

梅子既貫通舊法，而兼精乎西學，故其所著曆學辨疑〔一〕旁通曲暢，會兩家之異同，而一一究其指歸。乃知西人所矜爲新説者，要皆舊法所固有；而西學所獨得者，實可補舊法之疏略。此書出，而兩家紛紜之辨可息，其有功於曆學甚大。

梅子又能制器，所制窺天測影諸儀，大不盈尺，而曲盡其精藴，方之於古，即一行、王朴、沈括之流未之能過。不意文人之中有斯絶技，余能不低頭下拜耶？

余與梅子交五載，昕夕過從，交相得也，今於其歸，胡可以無言？

〔一〕曆學辨疑，當作"曆學疑問"。

送梅勿菴遊武夷序

乾隆元年梨雲閣刻本杜谿文稿卷一。

朱 書

宣城梅勿菴先生文鼎性好山水，多藏書，於書無不讀，而特好曆算之學，曰此儒者事也。著撰甚富，論曆算者凡七十五種，自以隸首、羲、和復起，可質之無疑也。今安溪李大中丞刻其曆學疑問於大名，弟李安卿刻方程論於泉，而籌算書則蔡璣先先刻白門，然於勿菴書未十一也。

六藝數居其一，而數莫難於曆。曆自黄帝訖秦凡六改，漢五改，魏訖隋十三改，唐訖周十六改，宋十八改，金元三改。明因元曆，更授時名大統，而法不變，又兼設回回科，步交食淩犯進呈，與大統參用，並三百年無改。是時明算科久廢，學士大夫視爲末藝，罕通其説，而曆亦實無大差，未乖施用也。其間建議，如元統之改憲，但有其名；他若童軒、俞正己、周濂、鄭善夫、樂頀、華湘、周相諸人，皆未得肯綮。惟鄭世子載堉、邢雲路並著書明授時法，唐順之、周述學、陳壤、袁黄會通回曆，皆未獲盡行其説。至崇禎間，徐光啓、李天經奉詔開局，譯治西洋法，亦未及頒用。於是曆學有中西兩家，未有以折其衷也。

吾江南上游文獻，蓋推桐城方氏、宣城梅氏。方氏則前學士曼公以智及子位伯中通，深明曆算，顧心折勿菴。曼公爲僧青原，嘗遣侍者致書，索觀勿菴象數書。位伯著數度衍，自謂集中西大成，其子公執正珠以曆律聞於天子，賜召見，數度衍遂獲進呈。然位伯書成時，嘗自粵東寄書千餘言，請勿菴爲序，且遣公執屬勿菴重晤就正，而位伯遽殁，勿菴言及，未嘗不喟然也。崇禎末，宣城沈耕巖壽民、麻孟璿三衡與曼公諸君子集金陵，爲小東林，意氣傾一時。而勿菴尊人傘眲處士，顧獨不欲以聲譽相援附，惟攻經史學。嘗作周易麟解，以春秋二百四十年行事與易象爻相比附，發明聖人用世微旨。國變後，棄諸生服，間治天文、兵法，講求實用。勿菴方受經爲童子，聞處士與客縱談，輒伏聽，謹識之，輒成帙。夜侍仰觀，輒知其次舍運旋大意。嘗問以尚書蔡注璿璣玉衡之製，輒答如響。竹冠道士倪觀湖正，雅前代遺民也，工書法，善詩文，與弟樂翁貽耕湖濱，黄冠野服，飄然若仙，尤邃於地形天家。勿菴師事之，受麻孟璿曆法書一帙，不數日悉通曉。爲之注釋訂補，成曆學駢枝四卷，竹冠見之大驚，以爲非意所及也。勿菴則以爲曆學當不止是，乃陳廿一史所載七十餘家曆，率其二弟文鼐、文鼏次第講究，而深考其立法之源與沿革之故。嘗言漢曆莫善於劉洪之乾象，隋莫善於劉焯，唐莫善於大衍，五代莫善於王朴，宋莫善於紀元、統天，而至元授時，測算加密。要以天道幽遠，積候乃見，故曆以屢改乃益精。而自羲和以來，共治一事，不過以終古聖人未竟之緒而已。然是時西曆初行，言古曆者多疑西法。勿菴則謂曆以後起精，西法在大統、回回二曆後，既未習其説，何以懸斷其非？乃多方購致西曆書讀之，歎曰："徐文定公真解人哉！然要亦吾聖人舊耳，吾疇人失之，而彼土得之，數傳以後，忘其所自，易其名以相夸。今觀其言北極下一年爲一晝夜，其説具周髀算經；而地正員不方，則自大戴禮已言之，非彼人創立也。其所擅長者，五星緯度、三角八綫、簡平象限之測，高庳視行、小輪加減之用，皆足以佐古法。大段巧密，若精而求之，則其自相矛盾者，彼書中多不免，不但分宫置閏顯違古義也。夫曆求合天而已，苟其步算有裨，中西何擇？不則，雖古人之法又屢改焉，况西術乎？或泥古而黜西，或尊西而偏護，皆私也。是惟以天爲憑，以理爲斷，而無以成心與焉而已。"於是合古曆、西曆，參以諸家之議，爲古今曆法通考，以補馬氏文獻通考之缺，以詳律曆考之所未備。寧都魏叔子禧、成都費此度密皆嘗爲作序。

勿菴好苦思，雖布算無差，必進而求其所以然，或忘寢食累日夕，及其既得，則如江河之決，洋溢四達，而無所不到。嘗從老友劉景威汝鳳處得所鈔曆書語及書肆中測量殘本，皆以意作爲圖，補其未備，及得全書，皆不出所謂云云也。而未嘗以此自多，殘篇斷章，所在手鈔，一字異同，必兩存待考。尤好問，凡精算之士，若舊臺官子弟及西域官生，不惜造訪。人有問，亦好告以所得。故皆樂以藏書相質，而所聞益廣。會修明史，同里施愚山侍講以書問，勿菴因爲曆志贅言寄之，史局亦亟欲得勿菴。又數年，始至京師，局中皆大喜，以曆志屬詳定。勿菴曰："大統即授時也，説者知尊授時，而隨聲詆大統，何邪？且授時既有元志矣，今惟是三應改用之率，盈縮遲疾立成之數，實步算要領，而黄赤道弧矢割圓之術，七政平立定三差之原，尤作者精意所存，元史皆缺載，亟宜補輯。"乃出所藏通軌、曆草，詳爲詮次，而大統始爲完書，史局服其精核。又言回回曆明既兼用，宜備載本術。至唐順之、周述學之語，則分别附載，直書姓名，無亂原文，始合體例。又鄭世子載堉黄鍾曆法業經進呈，奉旨褒嘉，而陳壤亦上書言改曆，今世所傳袁黄曆法新書即其本也。準以前代庚午元諸曆，兩者並得附載，識者韙之。又以算數、儀器，曆所必需，故於中西算學多所撰定，而古今儀象皆精考其制。嘗詣觀象臺，觀新制六儀及元簡儀，皆如素所習。或損益舊法，手製測器，雖西人無以過。其於中西之法，既心無適莫，一時言曆者衷焉。輦下巨公，人人欲一見勿菴，或遣子弟從學。勿菴書説稍流傳禁中，臺官甚畏忌之，而勿菴雅不欲以其學與人競。會天子欲講明徑一圍三、徽率古率之同異，於是公執應召進書，而勿菴則以事出都久矣。又二年，和碩裕親王迎致府中，有加禮，稱先生不名，月餘辭歸宣城。

然勿菴好學益不倦，冀得後起之彦，付託此學，皇皇行天下，期一遇不可得，今且老矣。往者嘗欲授余里差測景法，今同在閩一年，益得其書觀之，顧性不耐算，未能卒學也。客有言武夷山多隱者,年六十以上得終老焉,供億悉具。且有洞藏古今書,海内著作家多置副本其中,後有取,輒可得弗失。勿菴嘆曰:"吾書縱不能傳之其人,獨不可藏之名山乎!今且束裝北歸,道武夷,將遂規畫爲棲隱計。擬至家一了祠墓諸事,即攜所著書入武夷,不復出。"余謂先生宜用康節法,以春秋出遊,冬夏讀書,則杖屨所至,即爲武夷,豈必斤斤九曲之勝?抑余更有説,方崇禎末,天下多故,江上諸君子文社聿興,綱羅奇士,幾於美盡東南。豈知猶有屏處闇修,不可得而親疏,如傘眀處士其人者。要所守同歸於正,而先生紹明庭聞,繼千古之絶學,與曼公父子相望於一江之隔,豈非三百年文治遺澤,而吾江國之多才也哉?易曰:"匪我求童蒙,童蒙求我。"先生其毋以失傳爲慮,天留先生以明此學,其無有聞而興起者乎?且先生有弟同志,而子若孫皆能讀先生之書,得其門户,又親見先生之孳孳問學,先生其遂以授之,如宋康節之於伯温,邇者曼公之於位伯、公執,則所謂傳之其人者,不出户庭得之,又何介介焉?由前之言,則先生所在即武夷;由後之言,則先生且將偕其兄弟子孫,游處於先生之武夷。一門師友講習,以終其天年,以上慰傘眀處士之心,不亦可乎?勿菴聞之,默不應,良久,竟去不顧。

梅先生傳〔一〕

知不足齋叢書本勿庵曆算書目。

毛際可

曩者歲在戊辰，余與梅定九先生晤於西湖，遂傾蓋定交，日載酒賦詩，余爲題其飲酒讀書圖而别。今己卯冬，先生自閩中北歸，停楫湖墅，復枉道訪余西湖邸舍。忽忽十餘年，兩人鬚鬢盡白，幾不能辯識矣。問無恙外，盡出所著曆學算學書相示，且屬爲傳曰："鼎〔二〕覃精於此四十年矣，自謂足以闚古人之精思，衷曆家之定論。而足跡經南北，求其人以繼此學，尚未得也。庶幾藉先生大文以傳，俾當世學者知有此事，而相與求之乎。"余唯古人生不立傳，然後此恐相見無期，已如隔世，而先生之學不可不使人知之，遂不辭而爲之傳。

先生姓梅氏，名文鼎，字定九，别號勿菴，江南宣城人也。宣城梅氏自宋以來多聞人，先生之父曰織䏚處士，改革後棄諸生服，嘗以六十四卦爻與春秋二百四十年行事相比附，著書一編，謂之周易麟解。經史而外，多所該洽，

〔一〕此傳包括毛際可本傳與梅庚跋兩部分，亦見績學堂文鈔卷首。會侯先生文鈔卷十一收録毛際可本傳，文字多有删併與錯訛。

〔二〕鼎，績學堂文鈔作"某"。

務求實用，尤精象數。先生兒時，侍父及塾師羅王賓仰觀星氣，輒了然於次舍運旋大意。年二十七，師事前代逸民竹冠道士倪觀湖，受麻孟璿所藏臺官交食法，即爲訂補注釋，成曆學駢枝四卷。竹冠歎服，以爲智過於師云。織目故多藏書，益以己所購致，凡數萬卷。中年喪妻，更不復娶，枕藉簡帙，以自愉快。而特好曆算，凡推步諸書，人不能句讀者，先生讀之輒解。遇所疑處，輒廢寢食思之，必通貫乃已，蓋其性然，似有夙慧也。凡測算之圖與器，一見即得要領，如古者六合、三辰、四遊之儀，以意約爲小製，稱具體焉。西洋簡平、渾蓋、比例規尺諸儀器，書不盡言，以意推廣爲之，皆中規矩。又自製月道儀、揆日、測高諸器，皆自出新意。嘗登觀象臺，流覽新製六儀及元郭守敬簡儀、明初渾球，指數其中利病，皆如素習。而孳孳蒐討，至老不倦，殘編散帙，必手抄之，一字異同，亦不敢忽。尤虚懷善下，聞有能是者輒喜，雖在遠道，不憚褰裳相從。若舊臺官疇人子弟及西域官生，皆折節造訪。人有問者，亦詳告之無隱，故所得藏本益多，而聞見益博。至京師日，纂修明史諸公以曆志屬詳定，蓋謂晉、隋兩天文志實出淳風，唐書曆志、五代司天攷皆出劉羲叟，從來此事必屬專家也。先生曰："説者知尊郭太史授時，而隨聲詆大統，不知大統即授時也。但曆經既成之後，閏應、轉應、交應三數俱有改定，又太陽盈縮、太陰遲疾及晝夜永短皆有立成之表，而黄赤二道相求、弧矢割圓諸法及平差、立差、定差立法之源，元史並皆缺載，不可不補，補之則今其時矣。"

乃出曆草及日月五星通軌，詳爲詮次，以發明王恂、郭守敬不傳之祕，授時、大統始爲完書，史局服其精核。於是輦下諸公皆欲見先生，或遣子弟從學，而書説亦稍稍流傳禁中，臺官甚畏忌之。然先生素性恬退，不欲自炫其長，以與人競。會天子欲講明方圓圍徑、劉徽古率與西法之得失，有應召往者，而先生襆被出都久矣。又二年，裕親王以禮延致府中，稱梅先生不名，月餘亦辭歸〔一〕。

先生嘗病中西兩家之曆聚訟紛紜，與其弟文鼐、文鼏盡發廿一史所載曆法七十餘家及西學諸書，參訂攷究，各求其立法根本與改憲源流，務得其久而不得不改之端與夫不久亦不能改之故，及中西名異實同，即因爲創有雖屢改而終難盡改之理，一一爲之撰定，爲古今曆法通攷，以補馬氏文獻通攷之缺及邢氏律曆攷之所未備。稾存篋笥，歲時增改，而論撰益富，凡著曆學書五十餘種、算學書二十餘種。其言曰："曆以敬授人時，何論中西？吾取其合天者從之而已。天不變，道亦不變，故自羲和至今數千年，不過共治一事，以終古聖人未竟之緒。雖新法種種，能出堯典範圍乎？若其測算之法，踵事而增，如西人八線三角及五星緯度，適足以佐古法所不及，至分宫置閏，尚宜酌定。又其書非出一手，不無矛盾，瑕瑜亦不掩也。且周髀算經言北極之下朝耕暮穫，以春分至秋分爲晝，秋分至春分爲夜；大戴禮曾子告單居離，謂地非正方；漢人言

〔一〕"又二年"至"辭歸"句，績學堂文鈔無。

月食格於地影。此皆西説權輿，見於古書者矣。彼驟聞西術而駭，與尊西太過而蔑視古法，皆坐不讀書耳。”又曰：“吾爲此學，與年俱進，皆歷最艱苦之途而後得簡易。有從吾遊者，坐進此道，而吾一生勤苦皆爲若用矣。吾惟求此理大顯，使古人絶學不致無傳，則死且無憾，不必身擅其名也。”安溪李大中丞見其書，歎曰：“梅先生曆學，趙緣督、陳壤、周述學、魏文魁諸人皆不逮也。”爲刻其曆學疑問於大名，其弟安卿刻方程論於泉州，前此蔡璣先刻籌算於白門，然於未刻書未什一也。蓋自元郭守敬以後，一人而已。先生他著撰詩文皆質直，自言其意，處事惟敬，兹不具論，論其學之大者如此。嘻！可以傳矣。子以燕登癸酉賢書，能世其學。

鶴舫氏〔一〕曰：堯典首重授時，而數爲六藝之一，固儒者要務也。而世之學者竟置高閣，何也？梅先生致力四十年，而始有成書，後之善讀先生書者，不過歲月，而已得其梗概矣。則能梓行全書，以公諸海内，其津梁後學之功可勝道哉！余翹首俟之。

按：是傳作於康熙己卯冬〔二〕，時先生久已名騰都下〔三〕。親王隆禮延接，所著曆算諸書流傳禁中，不可謂闃

〔一〕鶴舫氏，績學堂文鈔作“遂安毛際可”。

〔二〕按是傳作於康熙己卯冬，績學堂文鈔作“是傳己卯冬作也”。

〔三〕都下，績學堂文鈔作“海内”。

然一無所遇者也〔一〕。顧鶴舫毛氏〔二〕猶以未獲親承顧問，發抒畢生之所獨得，深致惋惜。越乙酉閏夏〔三〕，召見於德水舟次者三，從容奏對，賜坐移時，至尊親灑宸翰，錫賚駢蕃〔四〕。臨辭，又賜“績學參微”四大字〔五〕顔其堂。

嗚呼！本朝開國以來，以韋布受特達之知，未有如先生者也。先是壬午冬，今相國清溪李公巡撫順天時，曾以曆學疑問三卷上呈〔六〕御覽，蒙奬許備至，故引見。出，復謂清溪曰：“此學今鮮知者，當世僅見也。其人亦佳士，惜乎老矣。”殷勤眷注之隆如此。此皆鶴舫〔七〕傳未及述者也，謹臚識於簡末，俾後世知聖明之道數淵通，不遺微細；元輔之進賢得士，克副主知。而先生之閉户獨精，不求聞達，受知於吾君、吾相，胥於是乎足徵焉〔八〕。

丁亥二月既望，姪雪坪庚拜跋〔九〕。

〔一〕“親王隆禮”至“所遇者也”，績學堂文鈔作“所著書且流傳禁中”。
〔二〕鶴舫毛氏，績學堂文鈔作“毛子”。
〔三〕閏夏，績學堂文鈔無“閏”字。
〔四〕至尊親灑宸翰錫賚駢蕃，績學堂文鈔作“宸翰珍饈，錫賚稠疊”。
〔五〕四大字，績學堂文鈔無“大”字。
〔六〕上呈，績學堂文鈔無“上”字。
〔七〕鶴舫，績學堂文鈔作“毛子”。
〔八〕胥於是乎足徵焉，績學堂文鈔無“乎足”二字。
〔九〕姪雪坪庚拜跋，績學堂文鈔作“姪庚謹識”。

徵刻曆算書啓

乾隆十年刻本曆算叢書輯要卷首。

朱　書

蓋聞儒者之道，惟識貫乎三才；聖人之門，必身通乎六藝。是以虞典傳政，首崇欽若之文，而魯史尊王，先正首春之月。禮詳月令，詩儆日微。大衍著於羲爻，履端明於左氏。行夏時之正，尼父所以爲邦；窮日至之期，子輿因而知性。概舉經傳，燦若日星。惟昔聖賢，咸通象數。若留侯武鄉之經濟，以時務爲先；濂洛關閩之儒脩，以身心爲本。亦復窮數測理，驗人合天。未有仰戴而星躔罔識，改歲而分至茫如。推步諉之疇人，曰非大儒所急；儀象迷於曆局，謂非吾道宜先。如斯人者，豈不惑哉！宜乎先哲之精意淹没於雜流，異説之紛紜矜奇於聖教。我無以精乎其事，彼有以乘乎其衰。乃至禨祥小數，混列天官；太史之占，下同巫覡。璀罼玉瓚，究非禳火之需；除道成梁，不稽夏令之故。爾乃大都刻漏，顯背曆經；高表簡儀，僅存虚器。加以律嚴私習之禁，官無明算之科，求許文正之復生，如張平子之特出，卓乎逸矣。於是循禮失求野之遺，轉問途於乾方之册；因不詳古疏今密之論，徒驚異於斐録之傳。聖學無人，於斯爲極。

宣城梅勿菴先生世尊儒業，性好讀書。幼受庭聞，即識璇璣玉衡之義；長資友教，漸窮方程、句股之微。歷之困苦而得旁通，廣以咨諏而歸一是。匯中西爲一貫，集曆算之大成。以歐邏巴每月中定氣不齊之法實始北齊，而利瑪竇北極下歲一晝夜之談已見周髀。里差即暘谷、幽都之舊制，置閏終羲仲、和叔之良規。凡所發明，不可移易。著書滿室，大半皆測驗之言；奇器盈箱，手製悉渾儀之用。四十年苦思堅志，想造化已生於其心；數千載疑義奇文，即鬼神若潛爲之告。顧茫茫六宇，誰是同心；邈邈九原，不可復作。聰明俊杰，或消磨於制舉之途；高爽名流，每忽遺夫算數之學。窮年矻矻，常憂此道無傳；識者寥寥，能得其門或寡。而家無甔石，書成有待於殺青；抑年漸衰頽，稾本恒虞其散佚。近者金臺憲府疑問初刊，泉郡孝廉方程載布，籌算先鐫於建業，雜著略刻於敬亭，然錮鏤未及其一斑，而表章尚需夫歲月。嗟乎！翰音時夜，蟋蟀吟秋，是小蟲猶能知候，況人爲萬物之靈？且權明輕重，度分長短，是微物猶可相資，況天爲道原所出？乃方名算數，童而習之，或白首而多昧；日月星辰，目所共覩，竟終身而莫諳。惟此書之大行，斯古道之可復。凡今學者，豈乏通人？與其探秘笈於嫏嬛，多屬浮夸之論；集遺文於金石，止爲筆墨之娱，何若使五緯不失其纏，在璣衡於片楮；七政咸歸其度，通渾蓋以單辭。而群言退聽，毋以僞亂真；絶學昭明，不以今掩古。或任全書之廣布，如勒貞珉；或抽一卷以流傳，合光梨棗。庶名山石室，良書呵護以長留，而月窟天根，至教昭垂於不敝。予言豈同河漢，自有知心；此道未至荆榛，可勝翹首。

康熙四十八年〔一〕仲秋，宿松朱書譔。

〔一〕此文與施彦恪文作於同一年，“四十八”當作“三十八”。

徵刻曆算全書啓〔一〕

同前。

施彦恪

粤稽帝王御世，道在承天；賢聖修身，學通知命。五行媾運，定甲子之斡旋；二氣冥孚，驗黄鐘之根本。奠鼇立極，想始行推步之年；規矩準繩，在既竭心思之後。幼教方名書數，迺遊藝復次於依仁；日觀弦朔晦明，信易理莫昭於懸象。故經緯天人之學，道重儒先；元會運世之文，理資河洛。然而道以人存，書缺有間。五百年當差一日，至開元始破其疑；廿四日多下一籌，匪隸首疇徵其信。況葭灰卦筴，例逾紛而驗罕符；奇耦生成，理自明而言則晦。悠悠千古，代有通人；落落吾徒，寧無達者。乃刳心捷獲，既視以迂遠而弗爲；或有志參稽，又阻於畏難而中輟。律且嚴夫私習，算遂乏於專門。郭邢臺術妙割圓，遺編飽蠹；鄭端清心覃古法，讒口群咻。西域官生，莫或自言根數；靈臺漏刻，徒知各靳私傳。占測分科，不相通曉，矧伊新術，能無齟齬？利氏來賓，西書群詑。在天道幽遠，固屢析而逾精；論師授源流，亦本同而末異。不有高識，誰辯

〔一〕亦見知不足齋叢書本勿庵曆算書目卷首。

根宗？若夫蒐討網羅，綜群言而求至當；制器尚象，因成法而得精思，大有人焉，生斯世矣。

吾宣梅勿菴先生，江東世冑，宛水名家。幼是鄭玄，却紛華而弗事；長同干寶，搜經史以爲糧。璇璣玉衡，讀尚書而遂通其製；方程句股，攷周官而輒洞其微。北海榻穿，參盡天官之祕；中山穎秃，鈔殘宛委之書。求友探奇，燕越無難遠涉；舊儀新器，異同不厭詳徵。集其大成，衷諸獨見。謂馬沙亦黑七政經緯之度分，於泰西已爲藍本，而授時曆草圓容方直之巧算，較三角豈有懸殊？度里求差，亦守敬、一行之遺法；歸邪舉正，實唐虞三代之成模。術皆踵事而增，難忘創始；道在順天求合，何别中西？釋從前聚訟之紛，去諸家畛域之見。闇解還期共曉，立言總出虚公。曆術七十有餘家，由疏漸密，各具短長，一一能言其改憲之故；圓周三百有六十，以平御渾，互相準測，了了能知其弧度之真。開萬古之心胸，羅星辰於几案。匪惟交食陵犯，不勞出户以前知；乃至山海高深，悉可運籌而坐致。準今酌古，前賢如在一堂；俯察仰觀，天上從今不夜。假令見諸施用，懸知天驗爲多，無俟大衍之候清臺；即其副在名山，共信千秋可俟，奚啻劉焯之傳皇極者矣？然而編摩既就，流布無期；草本益增，殺青有待。白雲怡悦，空懷持贈之心；寶劍深藏，誰辯斗、牛之氣？且行年七十，斵輪深懼無傳；而著論詳明，發篋原堪衆賞。惟昔璣先蔡子，首鋟籌算於白門；亦有冰叔徵君，亟冠弁言於通考。疑問三卷，見燕山節度之新刊；方程一編，得泉郡孝廉而廣布。然而分來片玉,定想昆岡;折得一枝,益思鄧圃。曆法書五十八種,算數法二十二書。字計[一]萬言,帙惟八十。欲成全璧,必取資於衆擎;所望高賢,竭表揚之雅好。或任鋟小卷欣賞,可以孤行;或分任大編輻輳,斯呈衆訬。償書給值,光溢牙籤;展卷披圖,心通渾象。數十載精勤所獲,庶人人皆可與能;千百年史志存疑,亦一旦泮然冰釋。苟循途而序進,由淺能深;更即事以徵文,無微不顯。知九數不離日用,司徒之教非迂;信大圜無改東西,馮相之占可據。詧二道之盈朒,圭景知天;悟萬國之環居,丸球測地。名刊遠布,見吾道之不孤;奧義宣昭,明儒術之有用。稱名小而取類大,用力少而見功多。減賓餞之一臠,奇文駐世;損倉庾之餘粒,絶學流通。公祕笈於良朋,竊深引領;成藝林之嘉話,敬告同聲。

康熙己卯嘉平上浣,同里雙溪施彦恪拜首譔。

〔一〕字計,知不足齋叢書本勿庵曆算書目作"卷輒"。

恭紀

績學堂文鈔卷首。

李光地

乙酉歲二月，南巡狩，臣地以撫臣扈從。上問曰："汝前道宣城處士梅文鼎者，今焉在？"臣地以"尚留臣署"對，上曰："朕歸時，汝與偕來，朕將面見。"蓋前歲西巡，荷問隱淪之士，臣地曾列關中李顒、河南張沐及文鼎三人名，而上亦素知顒及文鼎。及駕駐西安，顒以老不能赴召，賜匾額示寵焉。後訪沐，沐已死，故文鼎於是蒙憶及。閏四月十九日，臣地與文鼎伏迎河干。越晨，俱召對御舟中，從容垂問，至於移時，如是者凡三日。上謂臣地曰："曆象算法，朕最留心。此學今鮮知者，如文鼎真僅見也。其人亦雅士，惜乎老矣。"於是連日賜御書扇幅，頒賚珍饌再三。臨辭，特賜四大顔字，曰"績學參微"，則是月二十八日也。

臣地謹考歷代山林之士，荷蒙三接，賜坐講論，而且恩錫便蕃以奬其歸者，蓋不多見也。在宋初，惟王昭素講易殿上，而陳摶、种放被遇太宗、真宗之朝，延問道術，禮數優渥，遂其初衣。諸子皆以深於易象天道，取重當時，非尋常以文藝材略受知者比，是以奕世傳之，以爲僅事。

文鼎湛心經術，旁通諸家，不特以隸首、商高之業進，故上以儒者待之，盼睞殊異，於古有加焉。後之覽是蹟者，無徒夸知遇之不世，以爲布衣盛節，必也仰窺建極協用之深心，然後知華袞之賁，鄭重不苟。而其人其事，皆足以依附天章而與世長流也。臣地身睹其事，故敢恭紀其後。

文淵閣大學士兼吏部尚書臣李光地恭紀。

梅定九恩遇詩引

榕村全集卷十三。

李光地

梅先生定九曆算之學，超越前代。蓋昔者僧一行、郭太史之術至矣，然當時西學萌芽而未著，故二子不得兼收其長，爲有恨也。近年徐文定公及薛儀甫、王寅旭諸賢始深其道，然於中土源流反有忽遺。惟先生能會其全而折其中，故其學大以精，而其言公以當。先時，地曾以其曆學疑問三卷獻之至尊，蒙獎許焉。歲乙酉南巡還，召見舟次者三，皆賜坐移時，垂問道數精微甚悉。先生既出，上謂地曰："此學今鮮知者，當世一人也。其人亦佳士，惜乎老矣。"連日賜御筆扇幅，頒賚珍饌。臨辭，又賜四大顏字，曰"績學參微"，爲閏四月二十八日。蓋自前歲西巡，惟關中李顒中孚承此曠典，熙代以來，并先生兩人而已。中孚以老疾不能對，而先生燕見從容，榮寵其歸，布衣三接，史册僅覯。後之觀者，不徒知先生以絶學被遇，又足以仰窺聖人之閫奥，建用皇極，而兼明夫隸首、商高之業，爲天縱極軌也。先生南旋，在朝鉅公素相知及聞名者，作爲詩歌以美之。地親覩厥盛，故敬紀其事，以爲之引。

雜記訓言後〔一〕

文淵閣四庫全書本鐵廬外集卷一。

潘天成

先生父諱士昌，字期生，號織田處士。改革後棄諸生業，著有惜陰草、織田隨語等書。嘗以六十四卦爻與春秋二百四十年行事相比附成書，謂之周易麟解。經史外尤多該洽，且一一期裨實用。生四子，長即先生也。

先生年十五，補郡博士弟子員。順治戊戌，織田公捐館，先生哀毁骨立。而遭家多故，生計日窘，兩弟俱尚幼，先生拮据承家，苦心獨喻，不以告人。康熙壬寅，學使王公同春歲試，拔第一，受廩。是歲，胡太孺人見背，先生同弟爾素公諱文鼐。奉湯藥，衣不解帶者月餘。其時諸弟俱能自立，恐食指日繁，累先生，欲析箸，先生固止之不可。不得已於次年分爨，作分爨説，述祖宗創業艱難，以互相勉勵，所有逋負皆自任之。壬子歲，陳孺人棄世，遂不復娶。念祖父兩世淺土，躬自跋涉，營求葬地，風雨寒暑無間。閱數年，乃得二穴，葬費不貲，公貯弗給於用，先生舉

〔一〕潘天成鐵廬外集卷一有勿庵先生訓言一文，記潘天成與梅文鼎問答之語數則。此文在勿庵先生訓言後。

貸竣事，諸弟請均償，先生辭曰："弟姪俱貧，而我勉襄大事，實已分當盡，何均償爲？"自是子職俱盡，遂息意爲四方遊，知交日廣。

先生生平善取友，所至盡友。其善士雖一技一能有微聲者，聞其名，亦親訪之。而於當途薦紳，先生必因其來而後往。是時有據要津者頗喜延納，願締交，託友人道意者至再，先生終不一往。留京師數載，名日起，漸達禁中。裕親王雅好士，招致詣府，備加禮遇。先生因族中祖業爲他姓所偪，恐先人墳廬不保，遄歸里門。甲戌，族人請主祠政，固辭不獲。先生念族蕃不教，恐難整率，乃嚴立條約，戒家訟，禁賭博，抑强暴，獎善良，興文會，族中長幼益習禮教，孝友敦睦之風駸駸乎日上矣。

癸未，安溪李公巡撫畿内，寓書請梓先生所著曆算叢書，遂客上谷數年，凡刻諸書七種。而曆學疑問三卷，安溪視學時已付梓，呈御覽，蒙特嘉許。歲乙酉，上南巡，安溪以撫臣迎駕。問署中有何人，遂以先生姓名對。上曰："朕久知此人，回鑾後可與偕來。"遂於四月二十日引見於德州龍舫，賜坐講論，垂問平生所學甚悉。隨賜御書扇幅，尚御珍饌，如是者凡三日。以下缺。

倪觀湖先生，别號竹冠，以大統曆授先生，亦未嘗講貫，先生數月而著曆學駢枝。馬貴與文獻通考缺曆律，先生與弟爾素作曆律考補之。先生著書八十六種，已鋟者十數種，曆學駢枝、曆學疑問、方程論〔一〕、籌算、筆算、尺算、平三角舉要、弧三角舉要、塹堵測量、勾股測量、環中黍尺、日月交食、九數存古。先生嘗製比例尺〔二〕，銘曰："數立象呈，算因量得。何以遊心象先，觀萬物之所從出？"濟南劉魯南名汶。曰："繇其言以知其藴。"蓋先生之學於是乎至，而非星官曆翁之所得而比絜也。先生曰："康節天理流行於中，心境活潑，觀擊壤集，可見真千古風流人豪，予不能及也。至於曆學，或可過之。非能過康節也，有康節開其端，繼其緒者多人耳。嘗論古聖賢之學至今日而多晦，曆學至今日而益精。蓋古人舉其要，後人盡其詳，然終不能出堯典'乃命羲和'數節也。"天成深察先生議論，處處要天人合一，元善之氣，暢滿於中，庶幾有康節之遺風焉。

嘗與諸友論梅先生算法，一友問曰："孝悌、忠信、仁義、禮智，亦用算乎？"對曰："惟不知算，故不孝不悌、不忠不信、不仁不義、無理不智也。試想父母生我，自三朝、彌月、週歲，少長請先生教書，不知費多少錢財。況置田宅以遺我，使我安居樂業，安得而不孝乎？自考童生，以至中舉人、中進士，不知費朝廷多少錢糧。況既做官，有禄以養我，衙役護從，百姓供應，又不知費幾許也，安得而不忠乎？兄弟有幾，好朋友有幾，最爲難得，自然不得不

〔一〕方程論，"方"原訛作"商"，據方程論原書校改。

〔二〕比例尺，"比例"二字原爲小字，據文義調。

悌，不得不信也。”聞者莫不爽然。又曰：“仁一家者，看父母兄弟妻子共幾何人，財之入者幾何，出者幾何，必使仰足以事父母，中足以養兄弟，俯足以畜妻子，可以仁一家矣。仁天下者，通盤打算，户口多少，財賦多少，墾田多少，山海之利多少。上無過取，下惟正供，彼此均平，凶荒有備，家給人足，教化可興，可以仁天下矣。義者將天下通盤打算，官吏之俸幾何，軍餉幾何，當與者不尅減，不當與者不濫與，侵漁有禁，壅滯須通，義可行於天下矣。禮有度數，有等級，費用有多寡，豐不過奢，儉不至吝，禮可行也。智則無令利昏，將天地古今之理細細推出源流，遡源窮流，以一爲萬；遡流窮源，合萬爲一。凡天地古今之事，無不算明利弊，無利不興，無弊不去，豈非天下之大智乎？”聞者莫不悚然，然後知梅先生之算法博大而精微矣。我梅先生曆象算數之學，總要發明天地生物之心，以吾人之心與之合一。

祭梅勿菴先生文

同前。

潘天成

維年月日，受業門人潘天成謹以生芻一束，致奠於勿翁老夫子之靈。曰：嗚呼痛哉！嗚呼痛哉！生死存亡之際，無不悲喜係之，况數百年間，氣所鍾之人，受數十年教育之益者乎？自羲文周孔而後，參天兩地倚數，觀變陰陽設卦，發揮剛柔生爻，和順道德而理於義，窮理盡性以至於命。顔曾思孟得其精蘊，其餘諸子各得其一體，由是漸失其傳，高者流於空虚，卑者滯於術數。天人之際，判而爲二。漢儒惟董仲舒道之大原出於天，發明天命之性；諸葛孔明寧静致遠，實操戒懼慎獨致中和之功。至於晉魏清談，唐人詩賦，無足述矣。且漢唐以來曆算之學，如洛下閎、鮮于妄人、李淳風之流，止能明其數而不能得其所以然之理，終非天人合一之學也。至宋濂溪著太極通書，明天人合一之旨，二程、張、邵繼其緒，朱子集其成。宗朱子者徒誦習詞章，以爲獵取科名之具，而不能得其意，周程張邵之學晦矣。周程張邵之學晦，而羲文周孔之所傳者，益無從窺其萬一也。吾師挺生數百載之後，於參兩圓方之數，天之不可階而升，地之不可尺寸度者，器以測之，籌以布之，度以量之，筆以紀之，不差毫黍。凡觀變陰陽，發揮剛柔，和順道德，窮理盡性，隨時隨物，觸處洞然，以人合天，以天合人，羲文周孔不傳之秘，粲然復明於天下。易知簡能，一而萬，萬而一，數日可以啓其端，數十年而不能盡其藴。

天成自齠齔時侍大父側，聞鄉先生陳二游稱宣城有梅勿菴先生者，得羲文周孔不傳之秘，爲當世一人，心焉慕之。十數齡，輒履屩屢叩先生之門。先生多出遊，不一遇，既而汝爲師引見先生於皖江書院。先生憐予自幼苦心，誨之不倦。數十年以來，凡先生之所得者，自無不告之於我，而我未能有以盡得也。政欲請益，求得其所未盡，奈何遽舍我而逝也？嗚呼痛哉！

然先生所著之書具在，苟能殫心究之，其所未盡者，庶幾可以得之。况吾師兩孫俱負傑出之才，長孫玉汝已爲天子之侍從，次孫玉青擢高科，登顯仕，直指顧事耳。其所遇亦奇，將有以發抒吾師之所未竟者。曾孫濟濟，蘭茁其芽，皆王國之瑞。遊於夫子之門者，雖無如愚之顏子，或有真愚之高柴，固多結駟連騎、肥馬輕裘之士，而尤有捉衿露肘、不耻惡衣惡食之徒，行道傳道，自有人也。吾師亦可浩然長往，而無憾於九原矣。嗚呼，尚饗！

梅徵君墓表〔一〕

績學堂文鈔卷首。

方苞

徵君姓梅氏，諱文鼎，字定九，江南宣城人也。康熙辛未，余再至京師，時諸公方以收召後學爲名，天下士負時譽者，皆聚於京師，而君與四明萬季野亦至。季野，浙之隱君子也，君亦不事科舉有年矣。余詫焉，皆曰："吾懼獨學無友，而蔑以成所業也。"季野承念臺劉公之學，自少以明史自任，而兼辨古禮儀節。士之欲以學古自鳴及爲科舉之學者皆輳焉，旬講月會，從者數十百人。而君所抱曆算之説，好者甚稀，惟安溪李文貞及其徒三數人從問焉。君常閉户殫思，與吾友崑繩、北固遊，時偕來就余，而余亦數相過。乃知君博覽群書，於天文地理莫不究切，得其所以云之意，所爲記序書論，亦有異於人人。北固嘗與同舍館，告余曰："吾每寐覺，漏鼓四五下，梅君猶篝燈夜誦，昧爽則已興矣，吾乃今知吾之玩日而愒時也。"其後，李文貞以君曆算書進呈。聖祖仁皇帝南巡，召見於德州行在所，命坐賜食，三接皆彌日，御書"積學參微"以賜。

〔一〕亦見望溪先生文集卷十二。

於時公卿大夫群士皆延跂願交，而君亟告歸，營祠廟，定宗禁。又數年，壬辰，詔開蒙養齋，修樂律曆算書，下江南制府，徵其孫瑴成入侍。律吕正義成，驛致命校勘。辛丑夏，曆算書成，瑴成請假歸省。逾月而君卒，時年八十有九。上聞，特命有地治者紀其喪，爲營窀穸。由是世士皆榮君之遇，而歎季野獨任明史而蔑由上聞。丙子之秋，余與季野别於京師，即預以誌銘屬余。及余北徙，而季野卒於浙東，過時乃聞其喪。爲文將以歸其子姓，叩之鄉人，莫有知者。而瑴成與余供事蒙養齋，爲昵好。自徵君之殁，閲月逾時，相見必以銘幽之文爲言。而衰疲日以底滯，既不逮事，乃略叙以列外碑。

梅氏自北宋家宛陵，徵君之先與聖俞同祖别支，世有聞人。自徵君爲族長，梅氏無公庭獄訟幾三十年，族屬數千人，無敢博戲者。或侮其父兄，辟宗祠扑擊之甚痛，君殁，赴弔哭失聲。父士昌，隱居治易、春秋。母胡氏。子以燕，癸酉舉人。君及妻陳氏，以瑴成貴，誥贈如其官階。所著曆算叢書八十六種，勿庵詩文集若干卷，筆記若干卷。惟曆學疑問、曆學駢枝、交食蒙求、三角法舉要、弧三角舉要、環中黍尺、塹堵測量、筆算、方程論九種〔一〕，李文貞鋟版行於世。

乾隆三年夏六月，桐城方苞表。

〔一〕"曆學疑問"至"九種"，望溪先生文集作"平三角舉要、弧三角舉要、環中黍尺、塹堵測量、筆算、曆學駢枝、交食蒙求七種，曆學疑問三卷"。

書李文貞公與梅勿菴先生手札後

乾隆十五年刻本圭美堂集卷二十三。

徐用錫

宣城勿菴梅先生冢孫通參君，以文貞公貽先生十札手蹟見示，且令書其後。公及先生皆吾師也，伏惟文貞公殆應五百年名世之期而生，沿魯鄒之道脉，而宏經書之緒，見其大而析之精，説之詳而提其要，濂閩以來，觀於海矣。又志廣而心公，六藝之射御無論矣，禮樂有纂述，書則購藏顧氏寧人音學之板而論定之，曆算則推先生訂正周髀，追尋發明，直與符合，爲集中西之大成。篇中所云"天佑絶學，周公有鬼"者，豈虚語乎？計余侍公，自提學遷撫軍至入輔大政，凡二十三年。先生之再至保署也，實與余同居藹棠軒，見其持籌握管，殆無虚日。秋冬宵永，晚必飽餐，炳炬攤帙，輒眉舞色飛，樂而忘勌。每薄暮，斷生葵寸莖，置大盂且隆起，備精詣深思時拾啖之，以潤暍喉，盡盂乃就寢。蓋五夜之漏將下，率以爲常。

公與先生之學，皆面承聖祖仁皇帝之指授，誠所謂見而知之者。今天子聖以繼聖，景運維新，公之孫侍讀君方録公之著作，云備四方漸知景嚮。江陰楊宗伯得公之所學，實精且深，内得講説於宫廷，外得宣闡於胄監，爲文教之源、人材所出。納蘭成翰林，獲經義之正傳，又相與賡續而研究之。先生書聞有全刻，質寄吴中，可以就購。通參君實能與廣川魏宗伯、交河王閣學精習舊聞，守先待後，俱在朝列，稟道化以襄文治。雖以某之無似，道藝兩無所成，猶得與公孫侍讀君同被詔命而聯官階，則公所云後學之幸，太平之符者，盡驗之矣。嗣有論世知人爲文獻者，將於是取徵焉，則此卷不獨爲通參君之家琛已也。余既際時之盛，幸觀厥成，縱崦嵫已迫，而羹墻如昨，不得固以不文辭，而書其名於尾。

文峰梅氏宗譜梅文鼎傳〔一〕

乾隆七年文峰梅氏宗譜卷四。

文鼎字定九，行鼎一，號勿庵。治易經，由郡廩生應康熙乙亥歲貢。生而英異，九歲熟五經，通史事，有神童之目。十五補博士弟子員，首拔食餼。性至孝，侍親疾，衣不解帶累月。居憂悉遵古禮，尤篤愛同氣。析分後公事皆獨任，營求葬地，以妥數代先靈。舉貸不欲均償，惟以敦本睦族爲念。遇歉歲，捐百金糴麥以濟。至掩曝骨，興祀田，無不可爲後來法式。合族請主祠政，嚴立條約，戒家訟，禁賭博，興文會，雍穆之風駸駸日上。家廟爲溪水所齧，改建蒲干，自捐三百金，倡始斂費鳩工，多方區畫，克以告成。又搆家塾於祠後，課子姓讀書。

公生平無他嗜，惟酣書籍，耄年不釋手。道經釋典、刑名兵法以及醫卜星命皆得其要領，而堪輿之學尤與曆算同稱獨步。公之遨遊四方也，知交甚廣，名傾都下，與安溪李公尤善。裕親王招至詣府，備加禮數。所著曆學疑問，李公呈御覽，甚蒙獎許，召見龍舫三次，皆賜坐移時，賜御書扇幅“績學參微”四顔字，詳李公恭紀。歸田

〔一〕光緒間重修文峰梅氏宗譜亦載梅文鼎傳，據此文删節而成，個别内容有增改。此據韓琦編梅文鼎全集第八册録文。

後，上猶推恩後人，召長孫内廷供奉。越數年，給假歸省，適值公病，得侍疾，數月而卒。特命江寧織造曹公治喪，營葬地。公之資忠履信以進德，修詞立誠以居業，嚴整持己，動合禮法，專求自慊於心，不事暴者。卒之名動當寧，譽流遐邇，非唯一族之光，實乃八方之表，宜子孫之食報於無窮也。

實行詳傳志，所著有勿庵文集、詩集，并曆算數十餘種，江鎮道柏鄉〔一〕魏公皆已付梓〔二〕。孫瑴成恭遇覃恩，貤贈奉政大夫通政使司左參議，進贈中議大夫、順天府府丞、提督學政。生明崇禎六年癸酉二月初七日亥時，歿康熙辛丑閏六月二十二日，壽登八十有九。娶南街庠生陳公士銑女，孝舅姑，和妯娌，慈僕婢，尤善教子，敬事西賓，治家不屑屑較錙銖，而條畫得宜。徵君公所以挾策四方，無内顧憂者，賴淑人之力居多。以孫貴，貤贈宜人，進贈淑人，歿與公合葬田獨山達莊。生子一，以燕；女二，長適教諭宋興渡張延世子侯信，次適北門詹大全。

〔一〕柏鄉，原作“北鄉”。按：魏荔彤爲直隸柏鄉人。同音誤字，今據改。

〔二〕“所著”至“付梓”，光緒文峰梅氏宗譜卷六作“著有績學堂詩文集、天文算法書八十餘種。江鎮道(北)［柏］鄉魏公刻兼濟堂曆算全書，後文穆公家居，重加删訂，刻梅氏叢書，並行於世，所著皆入四庫全書”。